인류와
미래에너지

인류와 미래에너지

에너지의
원리와 응용부터
현황과 전망까지

조재흥 지음

자유아카데미

머리말

본 교재는 2021년부터 한남대학교의 '인류와 미래에너지'라는 교양과목을 강의하면서 준비했던 내용을 교재로 정리하여 출판한 것이다. 이 교과목은 10년 전쯤 물리학과에서 개설하였던 '에너지와 환경'이라는 이름의 교양과목에서 출발하였다. '에너지와 환경'은 주로 에너지에 주안점을 두었으며 여러 강사분들을 초빙하여 진행되었다. 그러나 추후에 교양과목으로서의 목적을 달성하면서 환경을 강조하기로 하였고, 범석훈 교수, 박경호 교수와 같은 훌륭한 분들께 본 강의를 의뢰하면서 점차 틀이 잡혀가기 시작하였다. 이처럼 다른 교수가 본 교과목을 맡아주신 동안 자료와 내용이 상당량 정리되었고, 덕분에 저자가 다시 강의를 맡은 2021년에는 이미 어느 정도 집필이 가능한 최소한의 준비가 완료된 상태였다. 거기에 저자가 다시 많은 자료를 추가하고 내용을 정리하면서 이와 같은 교재 집필이 이루어질 수 있었다.

1학기용으로 집필된 본 교재는 1부 '에너지의 빠른 이해'와 2부 '에너지의 깊은 이해'로 구성되었다. 1부는 1장 에너지의 정의, 2장 화석 에너지의 개요, 3장 핵에너지의 개요, 4장 대체 에너지의 개요, 5장 신에너지의 개요, 6장 세계 에너지의 현황과 지구온난화와 같은 총 6개 장으로 구성되었으며 에너지와 환경에 대한 내용을 빠르고 쉽게 이해할 수 있도록 집필하였다. 2부는 7장 수력 에너지의 이해, 8장 바이오매스 에너지의 이해, 9장 원자력 에너지의 이해, 10장 풍력 에너지의 이해, 11장 태양 에너지의 이해, 12장 해양 에너지의 이해, 13장 지열 에너지의 이해, 14장 연료전지의 이해와 같은 총 8개 장으로 구성하였다. 2부는 화석 에너지를 제외한 다른 모든 에너지에 대한 원리, 종류, 정책 방향 등을 1부보다 깊고 넓게 취급하였다. 이공계 성향의 독자들에게는 이 내용들이 쉽게 느껴지겠지만, 인문사회계나 예체능계 성향의 독자들에게는 어렵게 느껴질 수도 있을 것이다. 그렇지만 이 내용들은 에너지를 절감하고 지구온난화를 지연시키고 줄이기 위해 교양적으로 알아야 하는 내용이라고 판단하였다. 또한 새로운 분야에 입문했을 때에는 기술적 내용을 어느 정도 알고 있어야만 정책 및 동향파악이 수월해지므로 다소 어렵게 느껴지는 부분이 있더라도 잘 따라와주기를 기대한다. 추후 독자들의 반응을 보면서 일부 내용은 보다 쉽게 수정할 수 있으며, 오탈자 등 책에서 나올 수 있는 수정사항 등은 자유아카데미 홈페이지(www.freeaca.com) 자료실에 제공할 예정이니 참고하길 바란다.

본 교재를 정리하고 집필하는 동안 교재 내용에 따라서 수업 자료가 일부 바뀔 때에도 불만없이 이해하고 성실하게 따라와준 '인류와 미래에너지' 수강생들에게 감사를 전한다. 그리고 이로 인하여 다소간 연구지도에 부족함이 생긴 저자 연구실(광센서공학과 응용광학실)의 석박사과정생들인 손현주, 이종구, 윤석재 군에게 감사와 고마움을 느낀다. 아울러 본 집필 기간 6개월 동안 묵묵히 가정을 돌보고 상의해준 아내 한호은과 두 딸 조정민, 조정수에게도 사랑과 감사를 전하는 바이다. 또한 이 교재가 나올 때까지 신경을 많이 써주신 자유아카데미 여러분들에게도 심심한 감사를 드린다. 모든 독자들에게 행운과 행복이 가득하기를 바라며 서문 인사를 대신하는 바이다.

2024년 2월 한남대학교의 고요한 저자 연구실에서

한남대학교 교수 조재흥

차례

Part 1

에너지에 대한 빠른 이해

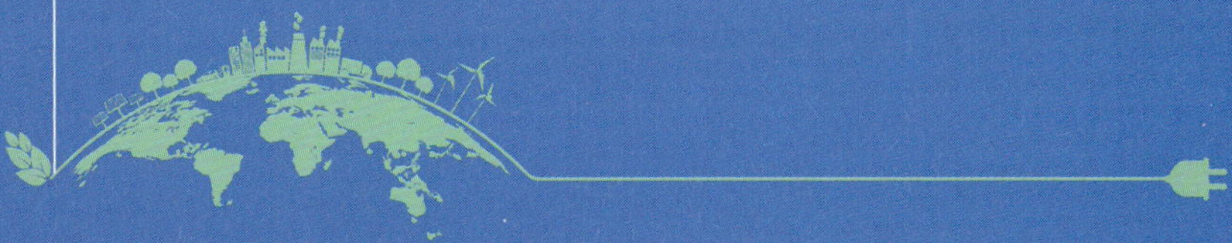

Chapter

1

에너지 정의

1 일과 에너지는 무엇인가?

우리는 살아가면서 에너지라는 단어와 일이라는 단어를 일상적으로 사용하고 있다. 〈그림 1-1 (a), (b)〉에서 보는 것처럼 논과 밭을 갈 때는 일을 한다고 하고, 〈그림 1-1 (c), (d)〉에서 보는 것처럼 배가 고파서 밥을 먹거나 자동차에 휘발유를 주유하는 것은 에너지를 공급한다고 흔히 말한다. 이처럼 에너지와 일은 서로 분리시킬 수 없는 불가분의 관계를 가지는 것처럼 보이며, 이는 〈표 1-1〉에서 언급하는 것과 같이 실제로 물리학적으로 정의된 '일과 에너지의 등가원리'라는 내용과 100% 일치한다. 즉, 물리학에서는 물체에 힘($\vec{F}$)을 주어 물체가 힘의 방향으로 일정한 거리($\vec{S}$)만큼 이동한 경우에 일(W)은 $W = \vec{F} \cdot \vec{S}$로 정의한다. 그러나 실제로 힘과 거리는

그림 1-1 실생활에서 나타나는 에너지와 일의 관계

자료: (a) Park Jong-jin, Wikimedia Commons

표 1-1 일과 에너지 정의 및 주요 특징들

일	에너지
물체에 힘을 주어 물체가 힘의 방향으로 이동한 경우 ($W = \vec{F} \cdot \vec{S}$)	일을 할 수 있는 능력
– 물체에 일을 해 줄 때: 물체의 에너지 증가 – 물체가 일을 할 때: 물체의 에너지 감소 – 에너지의 단위 = 일의 단위 = J	

벡터이며 곱을 표현하는 '·'는 스칼라곱을 의미하지만, 여기에서는 벡터의 개념 대신에 두 벡터의 크기를 그냥 표기하고 이를 서로 곱한 것으로 단순하게 이해하고 가고자 한다. 이러한 일은 '일과 에너지의 등가원리'에 따라 물리학에서는 포텐셜 에너지의 차로부터 설명하지만 점진적으로는 우주에 존재하는 모든 에너지로 의미를 확대한 후에 이를 적용한 일이 에너지와 등가임을 설명한다. 그러므로 에너지는 〈표 1-1〉에서 나타낸 것과 같이 상식과 일치하는 '일을 할 수 있는 능력'이라고 일반적으로 설명할 수 있다. 그래서 물체에 일을 하면 물체의 에너지가 증가하고, 물체가 일하면 물체의 에너지가 감소하는 것이다. 당연히 에너지의 단위는 일의 단위와 같으며, 이는 줄(Joule)이라는 단위인 대문자 J로 표기한다. J라는 단위는 〈그림 1-2〉에서 보는 열역학의 창시자인 영국인 제임스 줄(James Joule)을 기리어 사용하는 것이다. 그리고 에너지는 〈그림 1-3〉처럼 석탄, 석유, 원자력, 수력, 풍력, 태양광 등과 같은 모든 에너지원에서 에너지를 받아서 사람, 동물,

그림 1-2 영국인 제임스 줄(1818~1889). 열역학 제1법칙과 일과 에너지 등가원리 발견자이며, 줄(J)은 에너지 단위를 의미하기도 한다.

기계를 통하여 일을 하는 것이다.

이러한 에너지는 다양하게 분류할 수 있으나 일반적으로 〈그림 1-4〉에서 보는 것과 같이 에너지의 발현을 따지는 근원적 분류에 따라 역학적 에너지, 열 에너지, 원자핵 에너지, 화학 에너지, 전기 에너지, 빛 에너지로 나뉘며, 이들 사이의 변환 관계는 파란 화살표와 빨간 화살표 방향으로 이루어진다. 이 중에서 퍼텐셜 에너지를 제외한 다른 에너지들은 〈그림1-4〉의 에너지를 발현하는 방법을 보면 쉽게 이해할 수 있으므로 설명은 생략하기로 한다. 역학적 에너지는 어렵게 느껴질 수도 있으나 높이에 따라 저장되는 중력 퍼텐셜 에너지를 활용하는 수력발전으로, 회전 운동을 유지하려는 회전 퍼텐셜 에너지는 자동차에 들어가는 플라이휠이나 달리는 자전거 등을 예로 들면 이해가 쉬울 것이다. 특히 이러한 에너지들은 질량으로 바꾸어 생각할 수 있

그림 1-3 에너지원, 에너지, 일의 흐름

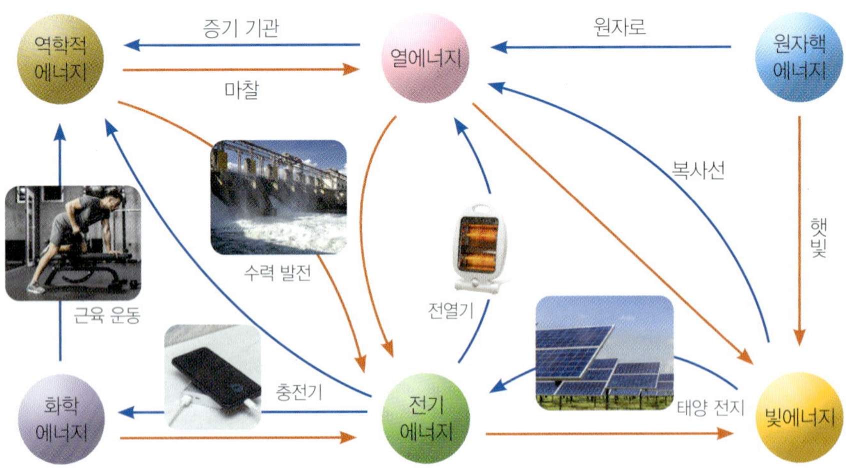

그림 1-4 여러 에너지들 사이의 변환 관계와 이들을 서로 연결하는 전달 수단들의 관계

는데, 이는 그 유명한 알베르트 아인슈타인(Albert Einstein)의 질량(m)–에너지(E) 등가법칙인 $E=mc^2$이라는 식에 따라 〈그림 1–5〉처럼 물체의 질량과 에너지가 등가로 서로 순환하는 형태로 이해할 수 있다. 여기에서 c는 빛의 속도인 약 30만 km/s를 나타내는 상수이다.

지금까지 에너지의 정의, 의미, 에너지의 종류, 에너지 순환체계 등을 물리학적 관점에서 살펴보았다. 그런데 우리는 이보다 〈표 1–2〉에서 보는 것과 같이 직접적인

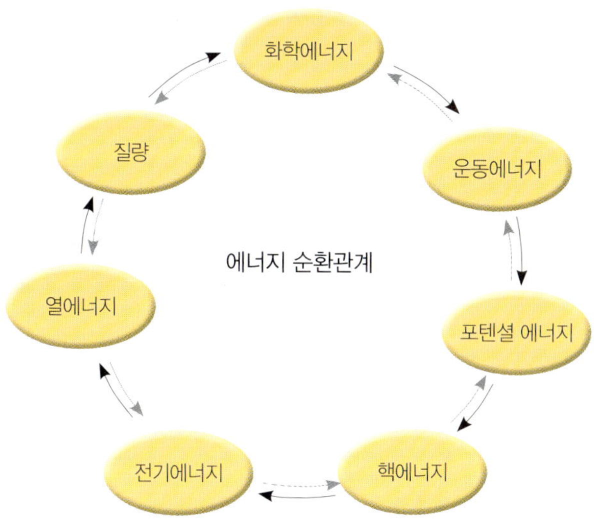

그림 1–5 〈그림 1–3〉을 정리한 에너지들 사이의 상호 순환 관계

표 1–2 에너지의 의미와 주요 내용들

에너지의 의미	복합적인 의미
자연과학 분야 사용	자원의 문제 경제적 문제 정치적 문제

- 유한한 자원: 재생성 및 순환성 중요
- 원유의 상승, 원자력, 조력 다양한 에너지
- 안전보장과 국방
- 에너지의 문제는 인류에게 복합적 의미

산업과 사회 전반에 필요한 자원적 의미로, 국제적 힘의 논리인 정치학적 관점으로, 또는 가장 중요한 나라와 국민의 삶의 양과 질을 지배하는 경제학적 의미로 에너지를 보는 것이 더욱 중요하다. 즉, 에너지는 지구라는 한정된 공간에서 창출되는 유한한 자원이기 때문에 다시 사용하는 재생성과 다른 효율이 높은 에너지로 바꾸어 사용하는 순환성이 매우 중요한 요소가 된다. 최근에는 다양한 지정학적 문제와 정치적 문제로 원유가가 상승하였는데 이로 인해 야기된 경제적 문제와 환경문제 등을 고려하지 않을 수 없게 되었다. 그 결과 모든 국가와 국제 기구는 기존의 석탄, 석유, 천연가스와 같은 화석에너지를 대체할 원자력, 조력, 태양광, 바이오매스, 연료전지 등과 같은 고효율이면서 오염이 덜한 신재생에너지의 개발 및 보급에 매진하기 시작했다. 이와 같이 에너지 문제는 모든 사람, 그리고 이들이 소속된 국가, 더 크게는 모든 인류적 측면에서 미래의 지속성, 즉 안전보장과 국방으로 연결되는 중차대한 문제이다. 그러므로 에너지의 문제는 인류의 지속성 문제와 연결된 복합적 의미로 이해하고 접근하면서 기술개발, 생산, 보급, 홍보, 정책개방 등을 두루 살펴보아야 한다.

2 에너지의 역사

그리스-로마 신화를 보면 프로메테우스(Prometheus)로부터 불을 받았는데, 이 불은 인류가 제대로 에너지를 이용한 첫 사례라고 할 수 있다. 실제로도 〈그림 1-6 (a)〉에서 보는 것과 같이 불(열 에너지)은 인류가 자연을 이용하여 에너지를 만들어 낸 첫 번째 시도이며, 이로 인해 인류의 문명은 비약적으로 발전하기 시작했다. 〈그림 1-6 (b)〉에서 보듯이 100만년 전의 원시인은 2,000 kcal를, 10만년 전의 수렵인은 5,000 kcal를, 600년 전의 농경인은 26,000 kcal를, 150년 전의 산업혁명기에는 77,000 kcal를, 현대인은 230,000 kcal의 에너지를 하루에 대략 사용하고 있다. 현대인은 에너지를 원시인의 115배의 에너지를 사용하면서 문명을 이룬 셈이다. 그러나

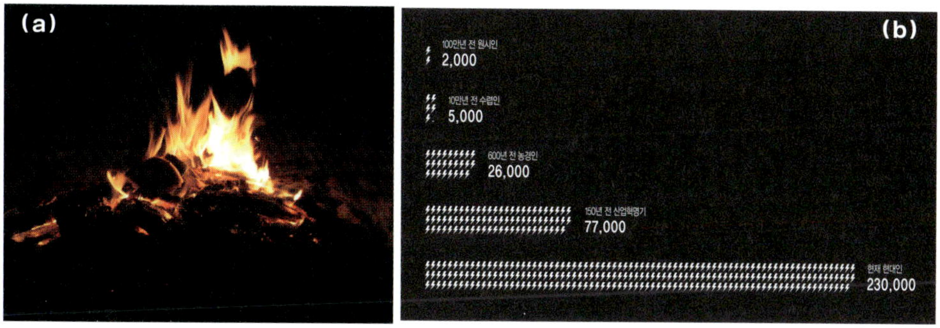

그림 1-6 (a) 인류의 에너지 사용은 불(모닥불)을 발견하면서 시작함, (b) 인류의 시대별 일일 에너지 사용량 비교

자료: (a) Chenspec, Wikimedia Commons

에너지의 대량 사용은 지구온난화와 환경오염이라는 대가를 치르게 했다. 즉, 에너지의 사용은 인류와 지구에 발전 및 편리성이라는 양지와 에너지 고갈 및 환경오염이라는 음지를 동시에 발생시키는 양면성을 지니고 있다. 이처럼 에너지 사용에 따른 양면성은 앞으로 자세히 살펴볼 예정이다.

3 에너지의 효율과 질

〈그림 1-7〉에서부터 〈그림 1-10〉까지를 보면 약 600년 전 농경문화가 정착된 후로 서서히 인구, 에너지 소비, 생산량 등이 약간씩 증가하다가 산업혁명기부터는 이 모든 것이 급속도로 증가하기 시작하는 것을 알 수 있다. 이러한 급격한 에너지 증가의 원인은 18세기 산업혁명의 결과인 증기기관 등에서 찾아볼 수 있는데, 자원의존형 산업이 시작되면서 1차 세계대전 전까지는 저렴한 석탄을 주로 사용하다가 그 이후로는 석유를 주로 사용하는 산업 및 경제구조로 모든 것이 바뀌었기 때문이다. 특히 1차 세계대전 이후로 중동의 대규모 유전이 개발되어 석유가 싼값에 공급되었으

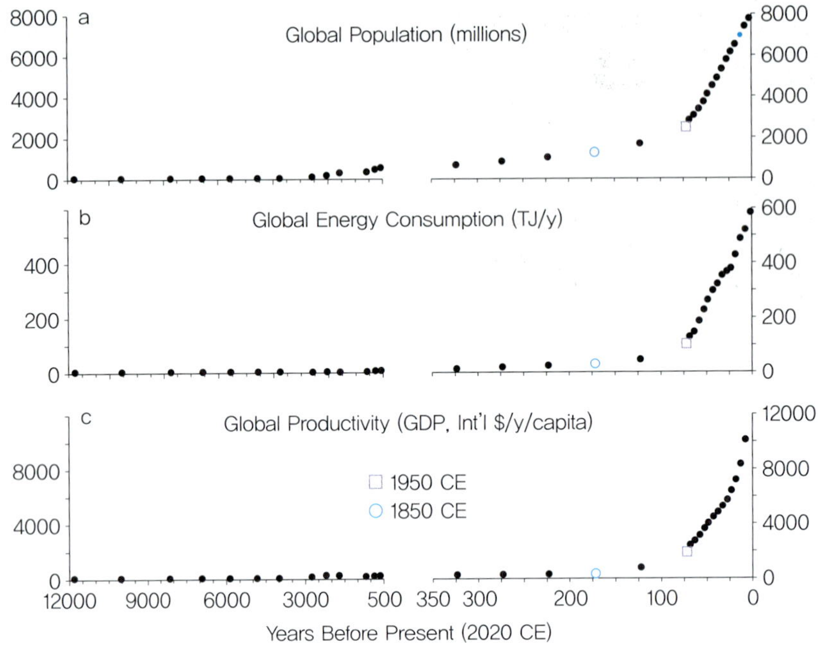

그림 1-7 12000년 전부터의 (a) 전세계 인구수(단위: 백만 명), (b) 전세계 에너지 소비량(단위: TJ/year), (c) 전세계 생산량(GDP, $/year/capita) 그래프들

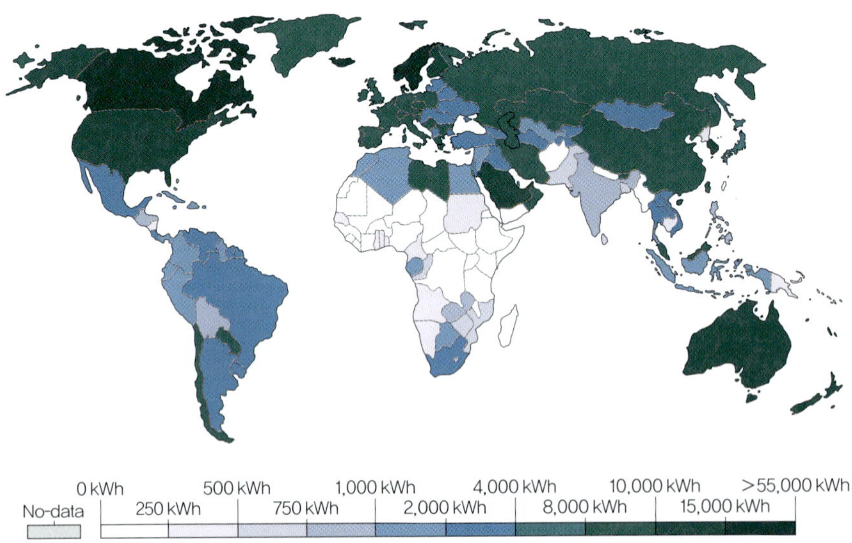

그림 1-8 세계 각국 1인당 전력 소비(2020년 기준)

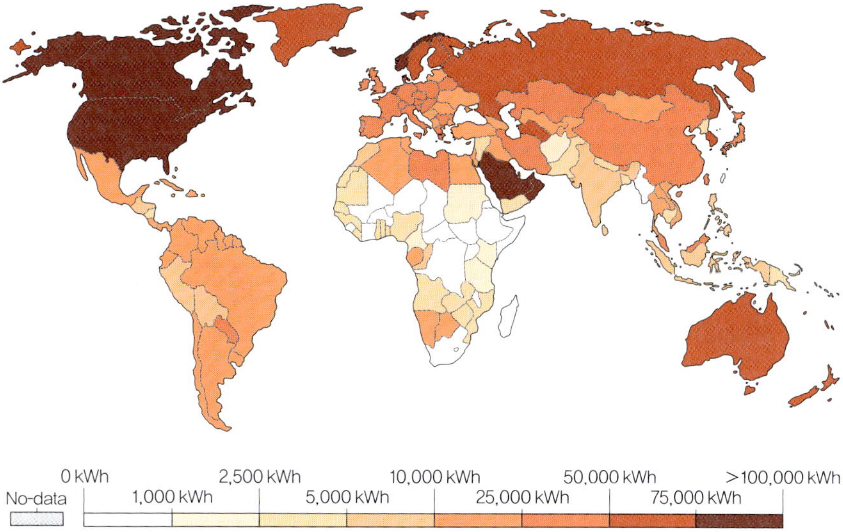

그림 1-9 세계 각국 1인당 에너지 소비(2020년 기준)

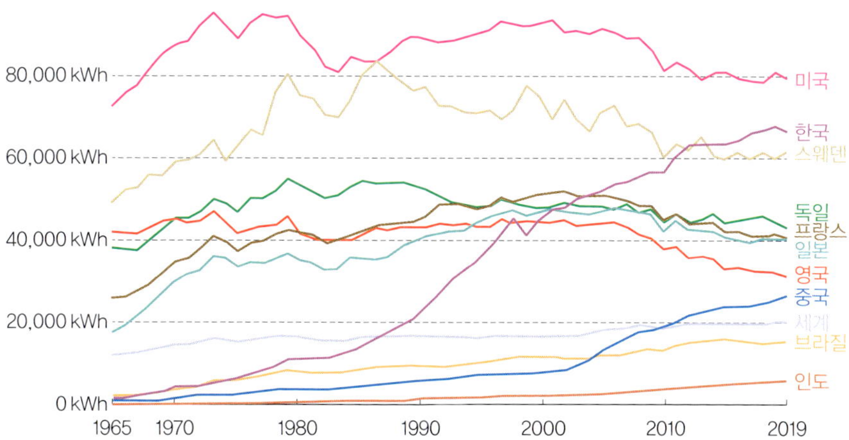

그림 1-10 세계 1인당 에너지 소비 추이(1965~2019)

나 1차(1972년)와 2차(1978년)에 걸친 국제 석유 파동으로 인하여 OPEC를 중심으로 한 일부 특정 산유국에 막대한 부의 집중이 일어나는 부의 편중 현상이 현재까지도 지속되고 있다.

에너지 효율은 투입한 총에너지에 대한 유익한 동력(유효 에너지)으로 회수하는 비율이기 때문에 다음과 같이 표현할 수 있다.

$$에너지\ 효율(\%) = \frac{유효에너지}{사용된\ 총에너지} \times 100$$

일반적으로 원유에서 만드는 경유, 등유, 휘발유, 제트오일 등을 위의 식으로 계산한 에너지 효율은 평균적으로 25% 근처이며, 나머지는 대부분이 열로 변하여 대기 중으로 흩어져 버린다. 지금까지 발명된 에너지 변환장치의 에너지 효율은 〈표 1-3〉에서 보는 바와 같이 다양하다. 특히 여러 가지 환경 문제 및 에너지 고갈 문제로 우

표 1-3 에너지 변환장치 효율(±10%)

에너지 변환장치	평균 효율(%)
백열전구	5
태양전지	10
열전자 전환기	15
형광등	20
고상 레이저	30
산업용 가스터빈	34
핵반응기	39
액체연료 로켓	47
연료전지(수소-산소)	60
가정용 가스로	85
수력 터빈	92
전기발전기	99
증기기관	8
열전지	13
회전엔진(뱅클)	18
내연기관	25
증기발전	32.5
항공기 가스터빈	36
증기터빈	46
MHD 발전기	50
전기 저장전지	11
건전지	90
전동기	93

리가 사용해야 하는 최신 신재생 에너지용 에너지 변환장치인 태양전지는 약 10% 정도이고 원자력발전소의 핵 반응기는 39%, 연료전지는 60%, MHD 발전용 에너지 변환장치는 50%로, 고효율의 고전적 에너지 변환장치인 수력발전 터빈의 92%, 전기발전기의 99%, 건전지의 90%, 전동기의 93%인 에너지 효율에 비해서는 낮으므로 앞으로 신재생 에너지의 에너지 변환장치를 고도화해서 에너지 효율을 더더욱 높이는 방향으로 기술개발을 진행하여야 한다. 또한 가정용 에너지 변환장치의 대략적인 에너지 효율은 70% 정도이고 산업용 에너지 변환장치의 에너지 효율은 대략 80%이므로 이를 90% 이상으로 에너지 효율을 개선하려는 노력이 필요하며, 버스, 전철, 기차, 승용차, 비행기와 같은 수동 수단의 효율도 최대한도로 높여야 한다.

일반적으로 다음과 같은 요소들이 좋아야 에너지의 질이 높다고 판단한다.

- 에너지가 깨끗한가?
- 수송 및 저장이 쉬운가?
- 칼로리는 높은가?
- 자동적 이용이 가능한가?

즉, 에너지의 오염물질 배출 정도, 수송 및 저장의 용이성, 에너지 효율의 고도화, 사용의 편리성에 초점을 맞추어 에너지의 효율성을 종합적으로 고려하여 선택하여야 한다. 그 결과 지금까지 개발된 에너지 변환장치는 〈그림 1-11〉에서 보는 것처럼 열에너지 → 광 에너지 → 화학 에너지 → 전기 에너지 → 기계 에너지 순서대로 에너지의 질이 높다고 볼 수 있다. 그러나 앞으로는 신재생 에너지인 광 에너지, 화학 에너지, 전기 에너지의 에너지 효율을 높여서 이들의 질을 높이는 방향으로 연구개발 및 정책 방향을 조정해야만 한다.

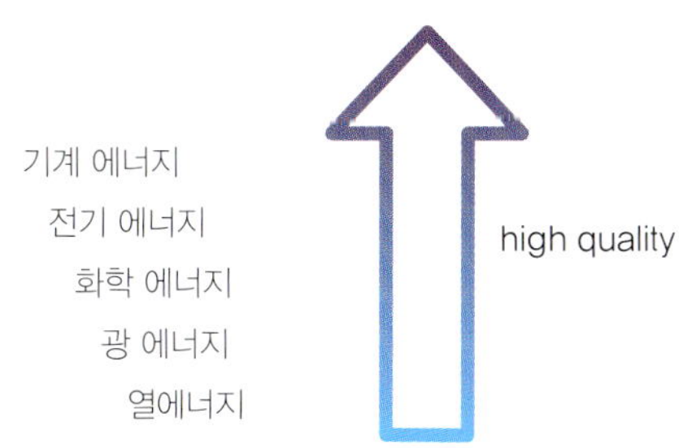

그림 1-11 에너지 종류별 순환 가능성으로 본 품질 정도

4 에너지 분류

화석 에너지는 〈그림 1-12〉에서 보는 것처럼 석탄 에너지, 석유 에너지, 천연가스 에너지를 총칭하는 말이다. 과거 수억 년 전에 살았던 식물들이 지하에 묻혀 땅의 고온·고압의 압력으로 탄화(탄소 물질로 변화하는 정도)되어 생긴 것이 석탄이고, 동물과 미생물의 사체가 탄화수소 물질로 변질되면서 절묘한 지질 구조의 변화로 생긴 배사 구조에 집중적으로 모여서 생긴 것이 석유와 천연가스이다. 이것들은 주로 지하자원에서 채굴하므로 가채량이 유한하고 에너지 효율이 높지 않으며 많은 오염물질을 배출하는(단, 천연가스는 예외) 에너지원이다. 이 중에서 석탄은 〈그림 1-12〉에서 보듯 지하에서 보낸 시간의 흐름과 열, 압력, 탄화 정도에 따라 이탄(peat), 갈탄(lignite), 석탄(coal)으로 분류하여 말하지만, 이 모든 것들을 석탄이라는 일반화된 단어로 칭하기도 한다. 구체적으로는 탄화 정도에 따라 세분하여 분류하는데 이에 대해서는 2장 1절에서 자세히 살펴볼 것이다.

핵에너지는 원자력 에너지를 말하며, 핵분열에 의한 에너지 발생을 말한다. 정확히 표현하면 핵에너지에는 핵분열 에너지와 핵융합 에너지가 있지만, 현재 자원으로 사용 가능한 것이 핵분열 에너지이므로 이를 원자력 에너지라고 말한다. 원자력 에너지원이라고 하면 보통 지하자원으로 채굴하는 방사선 물질인 우라늄 광석과 같은 것을 의미하므로 앞에서 언급한 일반적인 화석연료와는 구분을 지어 핵에너지 또는 원자력 에너지라고 말한다. 원자력 에너지인 핵분열 에너지는 〈그림 1-13〉에서 보는

그림 1-12 화석 에너지의 종류와 화석 에너지의 일종인 석탄의 종류

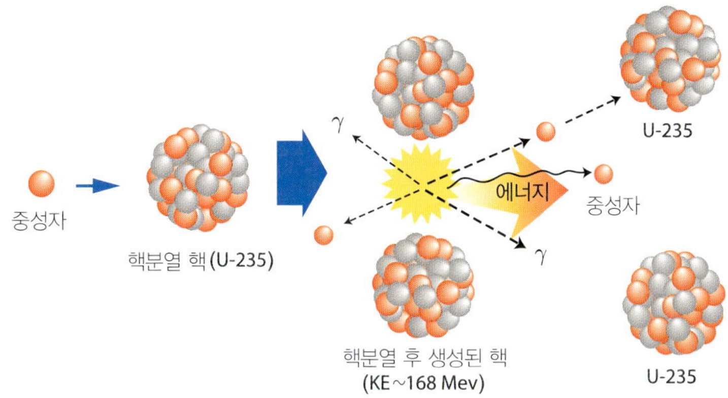

그림 1–13 핵 에너지의 종류인 핵분열로 작동하는 원자력 에너지

것처럼 $^{235}_{92}$U에 고속 중성자를 충돌시켜 $^{235}_{92}$U의 핵분열을 유도하면서 순차적으로 더 많은 고속 중성자와 다량의 열에너지를 발생하는 과정에서 생기는 에너지를 말한다. 이 과정에서 방사선인 알파 입자, 베타 입자, 감마선이 발생하는 문제가 생긴다. 이와 같은 내용을 포함한 핵분열 에너지에 대한 자세한 내용은 3장 1절에서 논의할 예정이다.

앞서 설명한 화석 에너지를 대체하는 대체 에너지로는 〈그림 1–14〉에서 언급한

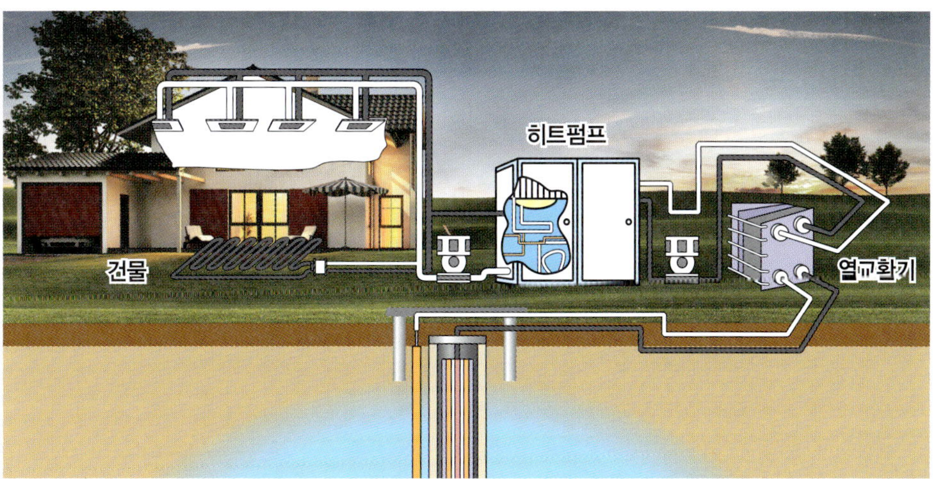

그림 1–14 대체 에너지 종류 및 대표적인 지열 에너지의 작동원리 그림

지열 에너지를 포함한 수력 에너지, 풍력 에너지, 해양 에너지가 있으며, 이들은 태양에너지가 지구에 의해 흡수 또는 반사되어 물, 바람 등의 형태로 2차적 · 범지구적으로 나타나는 오염물질이 없는 퍼텐셜 에너지 또는 운동 에너지와 지구 자체의 지열에 의한 에너지로 정의할 수 있다. 이 중 지열 에너지에 대한 작동원리가 〈그림 1-14〉 하단에 나와 있는데, 자세한 내용은 4장 1절에서 설명하고자 한다.

신에너지는 태양에너지(태양열과 태양광), 연료전지, 자기유체역학(magnetic hydro-dynamics, MHD) 에너지, 바이오매스(biomass) 에너지, 핵융합 에너지를 말하는 것으로 전체 에너지에서 화석 에너지, 핵분열 에너지, 대체 에너지를 제외한 1950년 이후로 새로운 개발한 에너지를 말한다. 그리고 〈그림 1-15〉 하단에서 보여주는 것은 신에너지인 핵융합 에너지의 발생 원리를 보여주는 모식도로, 중수소와 삼중수소가 고온 고압의 환경에서 핵융합을 하면 헬륨과 고속 중성자가 발생하면서 이들 사이의 질량 차이로 대량의 열과 빛의 에너지가 발생하는 과정을 보여준다. 이에 대한 자세한 내용은 3장 2절에서 설명할 예정이다.

〈그림 1-16〉에서는 〈그림 1-12〉부터 〈그림 1-15〉까지 나온 화석 에너지, 원자력 에너지, 대체 에너지, 신에너지를 총정리하여 2가지 분류로 나누어 보여준다. 즉 화석 에너지와 원자력 에너지를 합친 비신재생(non-renewable) 에너지와 대체 에너지

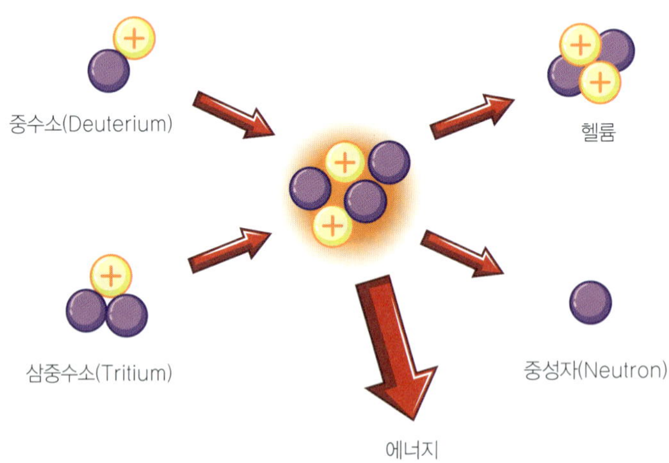

그림 1-15 신에너지의 일종인 핵융합 에너지의 발생 원리

와 신에너지를 의미하는 신재생(renewable) 에너지로 나누어서 보여준다. 즉, 태양에너지에 의해서 자란 동식물과 미생물들이 지하에 묻혀서 만들어진 에너지를 비신재생 에너지로 표현하며, 대체 에너지와 신에너지를 합친 신재생 에너지로 나타낸다. 앞으로 이 두 분류에 따라 비신재생 에너지인 화석 에너지와 원자력 에너지를 살펴보고, 순차적으로 신재생 에너지인 대체 에너지와 신에너지를 1부와 2부에 걸쳐서 살펴보고자 한다.

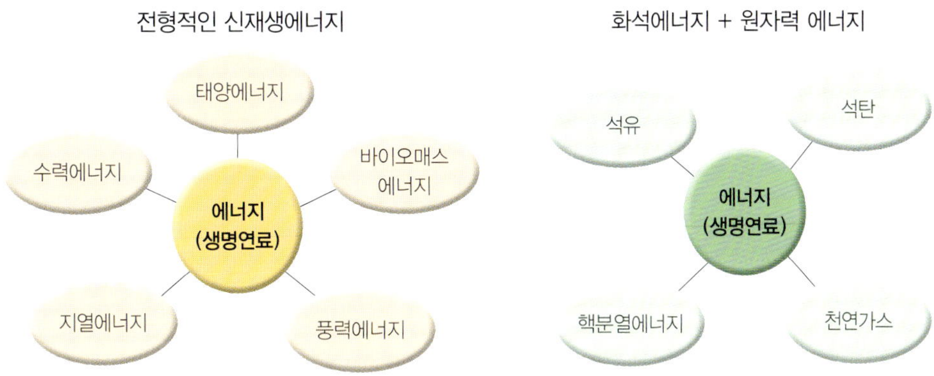

그림 1-16 전형적인 신재생 에너지 5가지와 비신재생 에너지 4가지(화석 에너지 3가지와 원자력 에너지).

Chapter

2

화석 에너지의 개요

1 석탄 에너지

석탄은 〈그림 2-1〉과 〈표 2-1〉에서 보는 것과 같이 가해진 압력과 시간에 따라 탄화(탄소 함량이 높아지는 과정)가 진행되는 정도에 따라 거의 식물 덩어리인 이탄(peat)에서 시작하여, 갈탄(lignite), 아역청탄(sub-bituminous), 역청탄(bituminous), 무연탄(anthracite) 순서대로 탄화가 진행되는데, 각각 60%, 70%, 80%, 93%의 탄소

그림 2-1 (a) 석탄의 종류와 (b) 시간과 압력 및 온도에 따른 다양한 석탄의 생성과정
자료: * MacIomhair, Wikimedia Commons, ** Edal Anton Lefterov, Wikimedia Commons

표 2-1 석탄의 종류에 따른 특징들과 탄소 함량

석탄의 종류	특징	탄소의 함량
이탄	식물의 덩어리(탄화가 채 진전되지 않은 것)	60%
갈탄	점성이 약함(부드럽다)	70%
역청탄	주된 사용 대상	80%
무연탄	탄화가 과도한 것	93%

함량을 기준으로 정한다. 일반적으로 아역청탄 및 역청탄과 무연탄을 석탄으로 사용한다. 아역청탄과 역청탄을 유연탄이라 하는데, 연료로 사용하기에는 탄소 함량이 낮고 휘발유 성분이 높아 연기가 많이 발생하지만 불을 쉽게 붙일 수 있다는 특징이 있다. 우리나라에서는 대부분 수입을 통해 들여온다. 반면에 무연탄은 탄소 함량이 높고 휘발유 성분이 없어서 거의 완전 연소가 일어난다. 따라서 연기가 생성되지 않으며 재가 많이 남지만 불을 붙이기가 어렵다. 우리나라에서 생산되는 석탄은 대부분 무연탄이다.

석탄의 가장 큰 장점은 범지구적으로 자원량이 풍부해 많은 국가에서 발견되는 비교적 구하기 쉬운 에너지원이라는 점이다. 전 세계적으로 확인된 석탄의 가채 매장량은 약 7,000억 톤이며, 미확인 매장량은 약 5조 톤으로 추정하고 있다. 이처럼 전 세계적으로 지역의 편중성 없이 많은 국가에서 생산된다는 장점이 있지만 단점 또한 존재한다. 열량이 작고 오염물질과 재가 많이 발생하며, 가채량이 유한하고 대부분 수백 년간 채굴한 결과 채굴이 심지로 내려가는 문제와 재, 유황분, 질소분과 같은 오

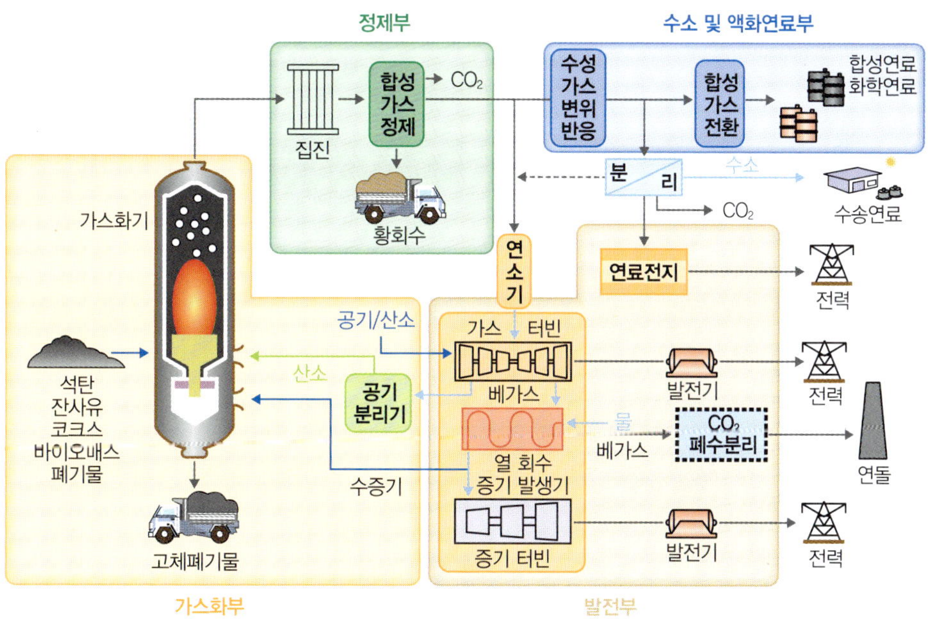

그림 2-2 석탄의 가스화/액화를 이용한 고도화된 석탄발전의 전체 개요도

염물질이 많이 나온다는 것이다. 이를 극복하기 위해 이후에 설명할 석탄의 액화/가스화 기술 및 유동상 연소 기술 등과 같은 새로운 연소 기술을 개발 중이다.

석탄 가스화 기술은 석탄 또는 석유 증류에서 중유와 아스팔트 같은 중질의 잔여 석유 산물인 중질잔사유를 가스화하는 기술로 가스화 복합발전기술(integrated gasification combined cycle, IGCC)이라고도 한다. 이 기술은 석탄, 중질잔사유 등의 저급 원료를 고온·고압의 가스화기에서 수증기와 함께 한정된 산소로 불완전 연소 및 가스화시켜서 일산화탄소와 수소가 주성분인 합성 가스를 만든 후, 이를 정제하는 공정을 거친 뒤 이를 가스터빈 및 증기 터빈 등에 공급하여 터빈을 구동하게 하여 전기를 발전시키는 신기술이다. 그리고 석탄 액화 기술은 고체 연료인 석탄을 휘발유 및 디젤유 등의 액체 연료로 전환시키는 기술이다. 이 방법은 고온·고압의 상태에서 용매를 사용하여 전환시키는 직접 액화 방식과 석탄 가스화 후 촉매상에서 액체 연료로 전환시키는 간접 액화 기술이 있다. 석탄 가스화 기술을 상세히 살펴보면 〈그림 2-2〉에서 보듯이 우선은 석탄, 중질잔사유, 바이오매스, 각종 폐기물 등을 발전기의 가스터빈에서 공급받은 일부 산소와 발전기의 열회수 증기발생기에서 공급받은 수

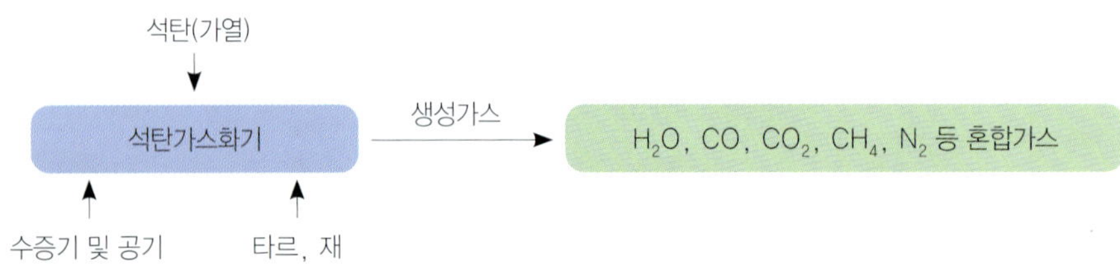

그림 2-3 석탄의 가스화기에 주입되는 에너지원과 생성되는 가스

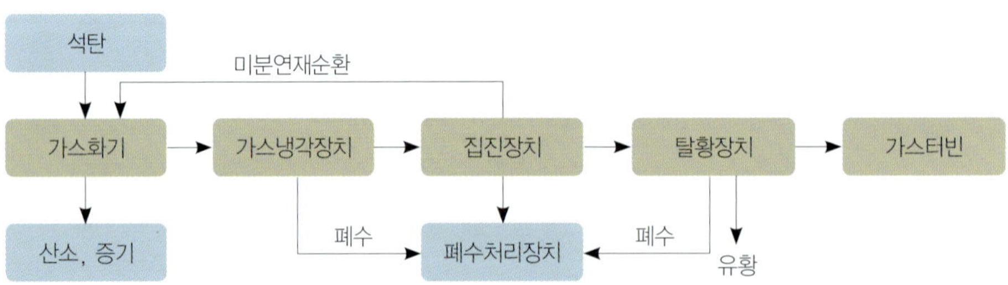

그림 2-4 석탄의 가스화 복합발전 기술 중 가스정제공정의 흐름도

증기를 '가스화기'에서 같이 섞어 고열로 태운다. 그렇게 만들어진 가스를 '정제부'에서 황화물과 이산화탄소를 제거한 후, 곧바로 '연소기'에 있는 가스터빈과 증기 터빈을 돌려서 전기를 생산한다. 그리고 정제부에서 나온 가스를 '수소 및 액화연료부'에서 수소가스와 합성 가스를 만든다. 이렇게 제조한 수소 가스는 연료전지로 보내 발전을 하고, 합성 가스는 각종 합성 연료와 화학 연료로 사용한다. 가스화기를 중심으로 한 주입되는 연료와 발생된 가스를 좀 더 보기 좋도록 간결하게 정리한 것이 〈그림 2-3〉이다. 〈그림 2-4〉는 〈그림 2-2〉의 복잡한 석탄 가스화의 복합발전 과정을 보다 이해하기 쉽도록 가스정제공정의 흐름도로 정리하여 보여주는 그림이다.

석탄 에너지를 이용하여 발전하는 곳이 전통적으로는 석탄 화력발전소이다. 〈그림 2-5〉는 이러한 전통적인 석탄 발전 기술의 전체 개략도를 보여준다. 석탄을 태우는 연소기와 여기서 생긴 열을 이용하여 고온 · 고압의 수증기를 만드는 보일러로부터 만든 증기 터빈과 발전기를 이용하여 전기를 생산하고, 연소기와 보일러에서 나온 각종 폐기물은 정전기 집진장치와 가스 세정기 등을 통하여 오염물질을 최소화하며 배

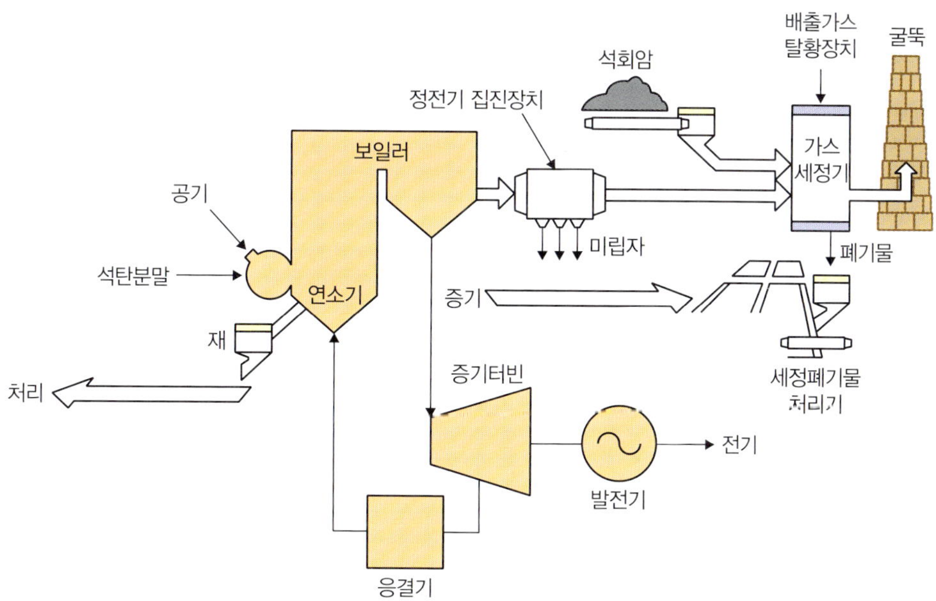

그림 2-5 전통적인 석탄 발전 기술의 전체 개략도

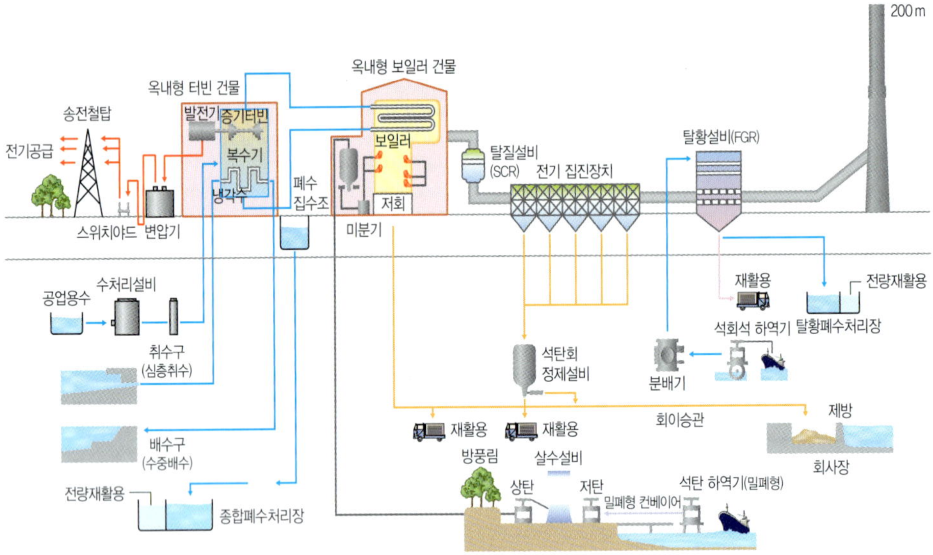

그림 2-6 석탄화력발전의 원리를 보여주는 개요도

출한다. 이 과정에서 필요한 냉각수의 공급 과정 및 항구로부터 석탄을 공급받는 과정, 그리고 각종 폐기물을 버리고 처리하는 과정은 〈그림 2-6〉에 나타내었다.

석탄은 앞에서 언급한 대로 다른 에너지원보다는 어느 정도 고르게 전 세계에 매장되어 있지만, 그럼에도 불구하고 대량으로 석탄이 매장된 상위 10개국을 〈표 2-2〉에서 볼 수 있다. 현재 석탄은 주로 철광석 생산과 화력발전에 사용하기 때문에 이 응용 부분이 발달한 나라에서 석탄 수입이 많다고 보면 된다. 대부분의 국가에서는 자체적으로 석탄의 채굴이 심부로 들어가는 문제로 인하여 생산량이 줄어들고 있으나, 임금이 싸거나 노천광산 형태로 채굴을 하는 러시아, 호주, 인도, 인도네시아가 수출의 여력이 있으며, 이 수출 물량의 다수는 중국, 한국, 일본이 수입하고 있다. 그 예로 〈그림 2-7〉을 보면 중국이 석탄을 수출할 여력이 있는 인도네시아, 호주, 러시아, 몽골 등에서 수입한다는 사실을 알 수 있으며, 중국은 이를 대부분 화력발전에 사용하고 있다. 〈그림 2-8〉을 보면 한국 또한 유연탄과 무연탄을 호주, 러시아, 인도네시아 등지에서 주로 수입함을 알 수 있다. 이러한 석탄의 전 세계적인 매장량과 채굴 가능한 지역은 〈그림 2-9〉에서 보는 것과 같다. 즉 북미, 유럽, 독립국가연합,

표 2-2 전 세계 석탄매장량 상위 10개국의 매장량 및 점유율(BP, 2005년 통계)

나라 이름	무연탄&역청탄 (단위: 백만 톤)	갈탄&이탄 (단위: 백만 톤)	합계 (단위: 백만 톤)
미국	220,167	30,052	250,219
러시아	69,634	90,730	160,364
호주	70,927	76,508	147,435
중국	130,851	7,968	138,819
인도	96,468	4,895	101,363
인도네시아	26,122	10,878	37,000
독일	3	36,100	36,103
우크라이나	32,039	2,336	34,375
폴란드	20,542	5,937	26,479
카자흐스탄	25,605	0	25,605

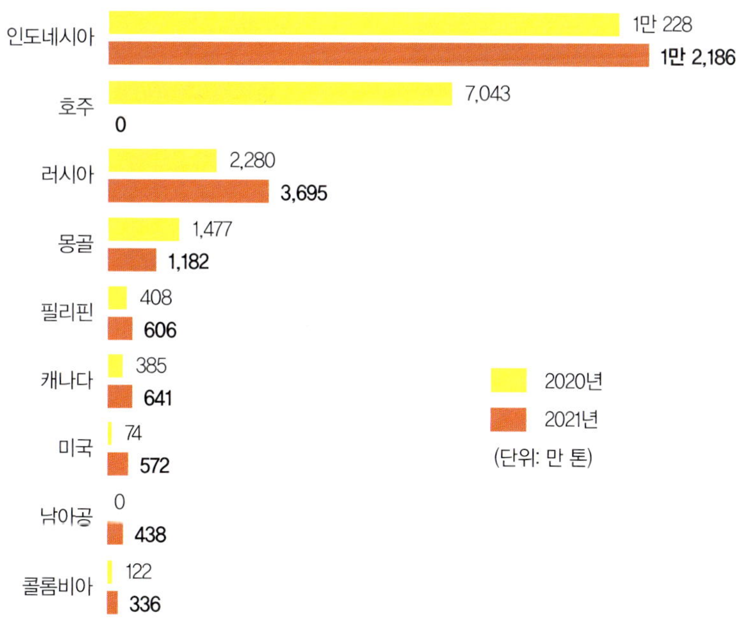

그림 2-7 중국의 석탄 수입국(2020~2021년 통계)

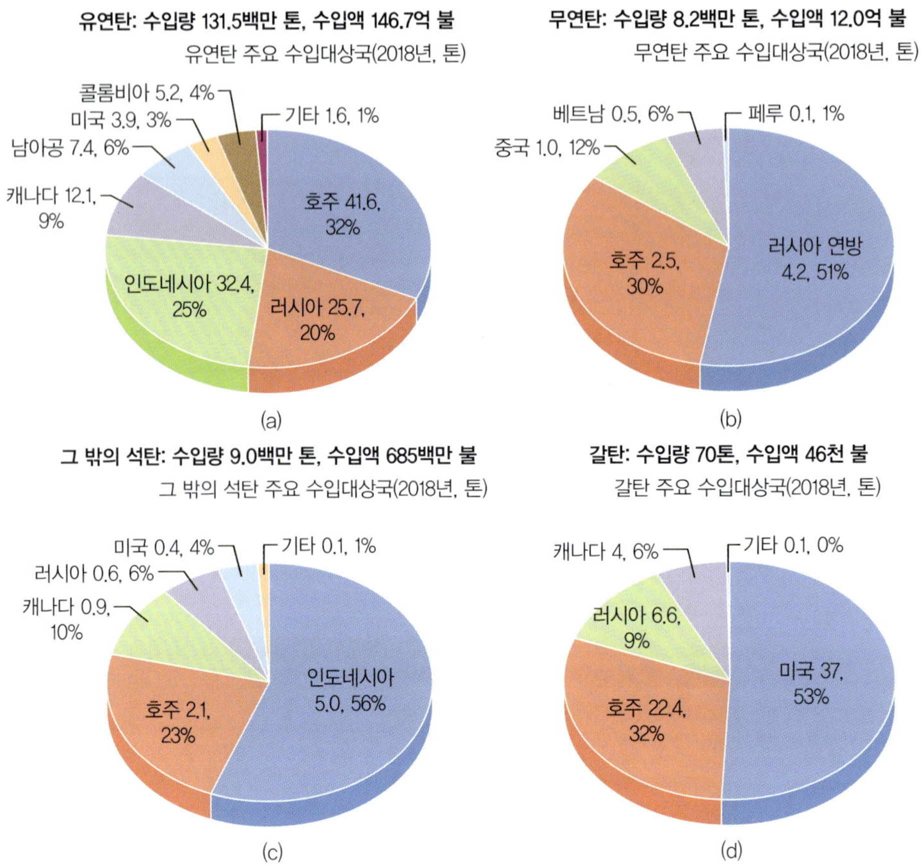

그림 2-8 대한민국의 석탄 수입물량 및 수입국 분포(2018년도 통계)

호주, 중국에 채굴가능한 석탄 매장량이 많고, 남미, 서아시아(중동), 아프리카 지역에는 석탄 채굴 가능 매장량이 매우 적다. 그리고 〈그림 2-9〉의 아래 막대그래프를 보면 2013년 기준으로 독일을 비롯한 유럽지역의 석탄 생산량이 상당량 있지만 이는 대부분 갈탄 위주로 철광석 생산에 사용되고 있으며, 현재 유럽지역의 매장량은 〈표 2-2〉에서 보듯이 미국, 러시아, 호주, 중국, 인도, 인도네시아 등에 밀려 소량이다. 이러한 석탄 에너지는 오염물질 배출도 많고 채굴이 어려워짐에 따라 가격이 상승하고 있다. 하지만 〈그림 2-10〉에서 보듯이 석유 에너지(추정 가채연수: 약 40년)나 천연가스(추정 가채연수: 약 60년) 등과 같은 다른 화석 에너지에 비해 채굴이 가능한 추정 가채연수가 약 200년이기 때문에 원자력 에너지와 신재생 에너지가 널리 보급되더라도 석탄은 그 용도에 따라 상당 기간 에너지원으로 사용할 수 있으며, 경제력이 약한 나라에서는 지속적으로 활용될 가능성도 있다.

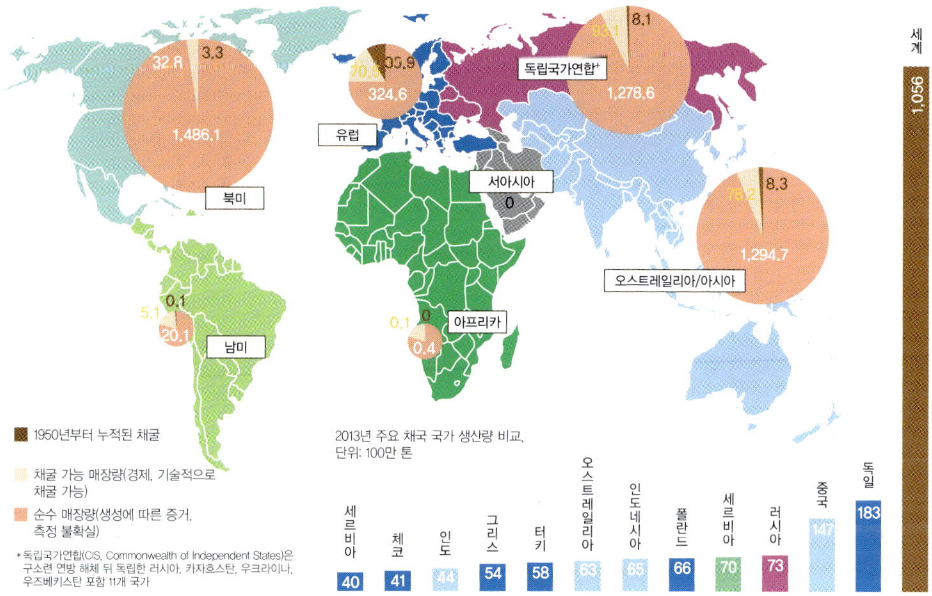

그림 2-9 2013년 기준 주요 채굴 국가의 이탄 생산량 비교 (단위: 백만 톤)

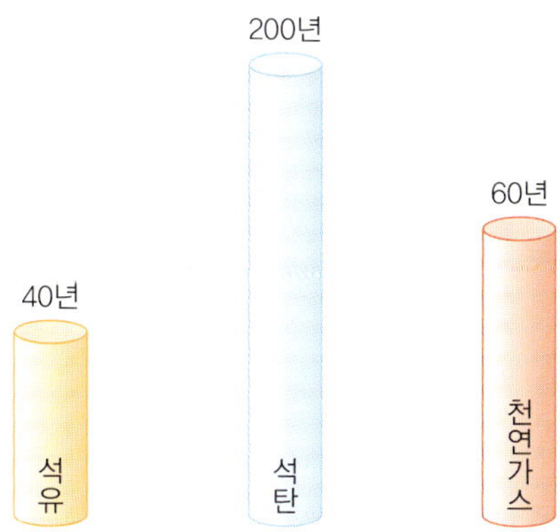

그림 2-10 화석 에너지의 가채연수

2 석유 에너지

그림 2-11 원유의 생성 과정 6단계

석유는 탄소와 수소 성분으로 된 탄화수소(hydro-carbon) 물질이다. 이 석유는 〈그림 2-11〉에서 순차적으로 보여주듯이 (1) 고대에 동물과 미생물이 대량으로 죽어서 퇴적된 후, (2) 그 사체들이 지하로 매몰되어 (3) 고온·고압에 의하여 근원암 지층에서 원유가 만들어지면서 (4) 습곡 작용에 의하여 지층이 변화가 생기고 (5) 이 원유들이 스며들어 석유를 품고 있는 저류암층에서 서서히 석유가 위로 나오다가 셰일, 이암, 석회암, 증발암 등으로 된 배사구조의 상층부 덮개암층을 만나면서 (6) 고인 것이 천연가스와 석유가 된다. 보통 지하 150~7600 m 암석층에서 유전이 발견되는데, 석유 매장지(oil reservoir)의 암석 구조로 저류암층이 다공성 사암(sandstone)이면 유전에 셰일가스 및 셰일오일이 모이고, 저류암층이 석회암(limestone)이나 비다공성 셰일층인 경우에는 원유와 천연가스가 유전층에 고인다. 대부분의 유전에는 물이 존재하는데 석유의 비중이 물의 비중보다 낮기 때문에 물 위에 석유가 고이고 그 위에 천연가스가 존재하게 된다.

석유는 문헌에 따르면 5천 년 전 유프라테스강 근처에서 수메르인, 아시리아인, 바빌로인들이 간헐적으로 발견하여 사용하였다고 하며, 심지어 고대 이집트에서는 상처 부위 치료나 설사제로 사용하였다고도 한다. 그리고 페르시아가 아테네를 공격할 때에도 기름을 화살촉에 묻혀 불화살로 사용하였다는 기록이 있다. 이후에도 초기 기

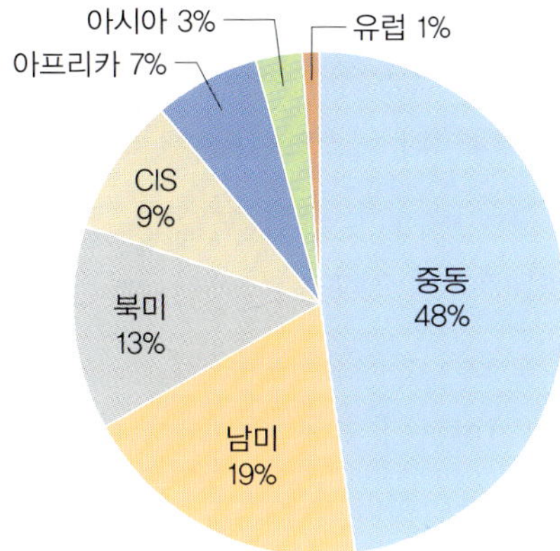

그림 2-12 전 세계 지역별 원유 매장량 분포

독교 시대에 아랍인 또는 페르시아인이 석유를 증류해서 군사적인 목적으로 사용하였지만, 대부분은 민간에서 등잔불용 기름으로 석유를 사용하였다. 현대에는 유전에서 채굴한 원유를 원유공장에서 비등점을 이용하여 LPG(liquefied petroleum gas)부터 아스팔트까지 다양한 유종을 생산해 난방, 수송, 각종 섬유제품, 도로 등의 에너지원이나 소재로 다양하게 사용하고 있다.

현재 원유(2017년 자료) 매장량은 〈그림 2-12〉에서 보는 것과 같이 사우디아라비아, 쿠웨이트, 바레인, 오만, 이란 등을 지칭하는 중동에서 48%, 베네수엘라를 대표로 하는 남미에서 19%, 미국과 캐나다인 북미에서 13%, 러시아, 아제르바이잔, 카자흐스탄 등의 독립국가연합(CIS)은 9%, 나이지리아, 앙골라, 적도 기나, 카메룬 등의 아프리카는 합쳐서 7%, 중국, 브루나이 등의 아시아는 3%, 그리고 노르웨이, 영국 등의 유럽이 1% 정도로 추정된다. 다만 최근에 미국의 셰일가스/셰일오일 생산과 베네수엘라의 경제 파탄으로 인한 원유감축 때문에 남미의 순위가 바뀐 것으로 추정된다.

원유는 다음과 같은 1차적 회수 방법, 2차적 회수 방법, 3차적 회수 방법을 사용하여 유전에서 채굴하여 사용한다.

- **1차적 회수 방법**: 온도, 압력, 지질학적 조건을 이용하여 유전에서 자동으로 오일

을 채굴하는 방법을 말한다.

- **2차적 회수 방법**: 유전의 지질학적 조건이 좋지 않을 때 사용하는 방법으로, 외부에서 에너지를 활용하여 물이나 가스를 유전에 주입하여 그 압력으로 석유와 천연가스를 회수한다.
- **3차적인 방법**: 유전 내의 원유의 점도가 높아서 1차적, 2차적 방법으로는 보통 유전에 들어있는 부존량의 30% 정보만을 채굴할 수 있다. 그러므로 나머지를 채굴하기 위해 여러 가지 물리화학적 처리를 하여 유전 내의 원유의 점도를 낮춘 후 채굴하는 방법이 3차적인 방법이다.

유전에서 채굴한 원유는 일반적으로 〈표 2-3〉에서 보는 바와 같이 주로 탄소 83~87%, 수소 10~14%, 질소 0.1~2%로 구성되며, 기타 산소, 황, 금속들이 미량 포함되어 있다. 이러한 성분비는 유전이 위치한 지역에 따라 약간씩 차이가 있지만 대부분의 석유는 탄소와 수소가 가장 큰 비중을 차지하고 있음을 알 수 있다.

유전에서 채굴한 원유를 석유화학 공장에서 각종 석유화학 제품을 만드는 과정을 〈그림 2-13〉에 나타냈다. (1) 유전서 채취한 원유를 (2) 유조선이나 송유관을 따

표 2-3 원유에 포함된 원소의 대략적인 구성비

원소	구성비
탄소	83~87%
수소	10~14%
질소	0.1~2%
산소	0.05~1.5%
황	0.05~6.0%
금속	0.1% 이하

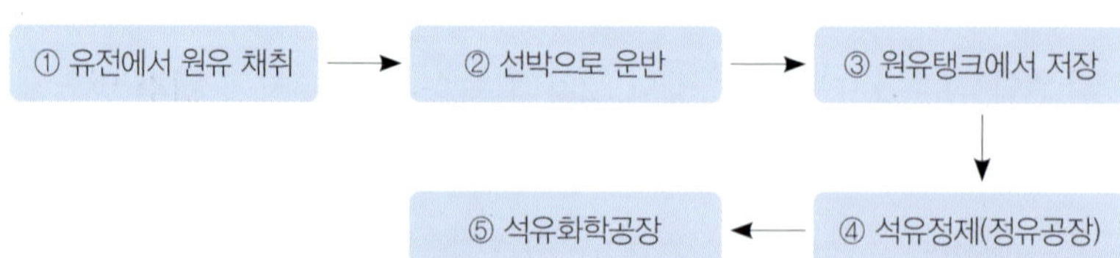

그림 2-13 유전에서 채취한 원유가 석유화학공장까지 거치는 단계

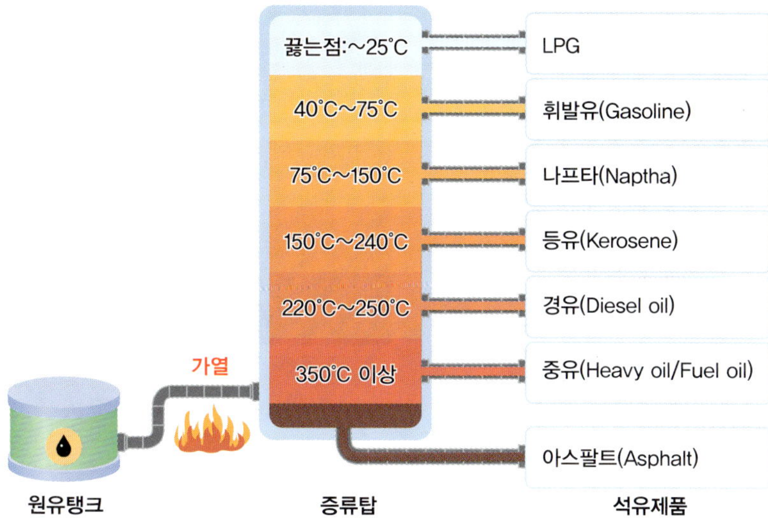

그림 2-14 원유의 분별 증류에 의한 석유제품들 분류

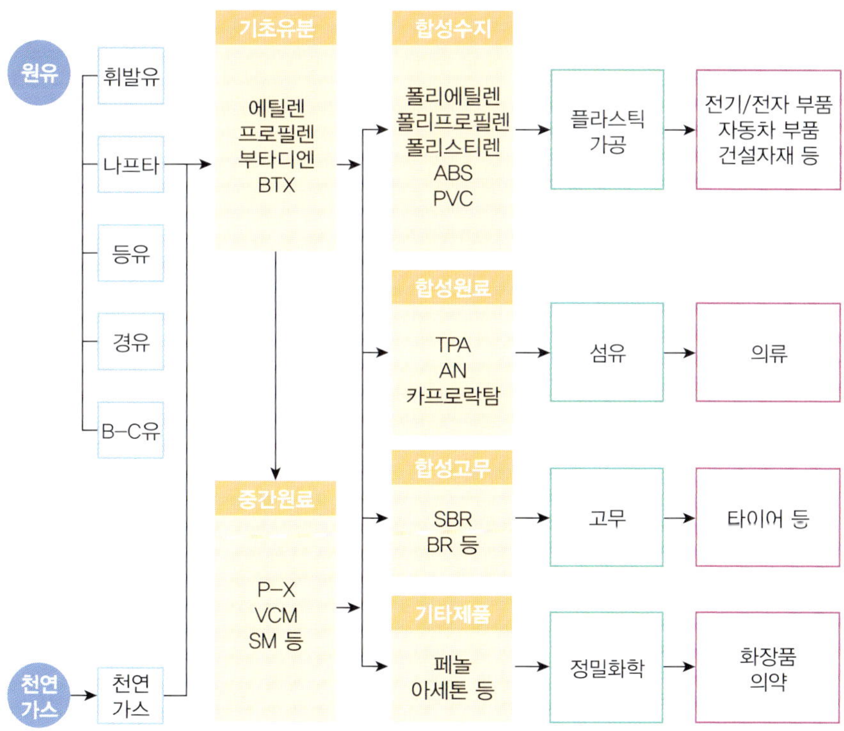

그림 2-15 석유화학 및 수요산업의 생산 계통도

그림 2-16 생활 속의 고분자 제품. (a) 운동화 고무, (b) 비닐 하우스의 비닐, (c) 전선 피복, (d) 타이어
자료: (a) Val Vannet, Wikimedia Commons, (b) Brooke Fishwick, Wikimedia Commons

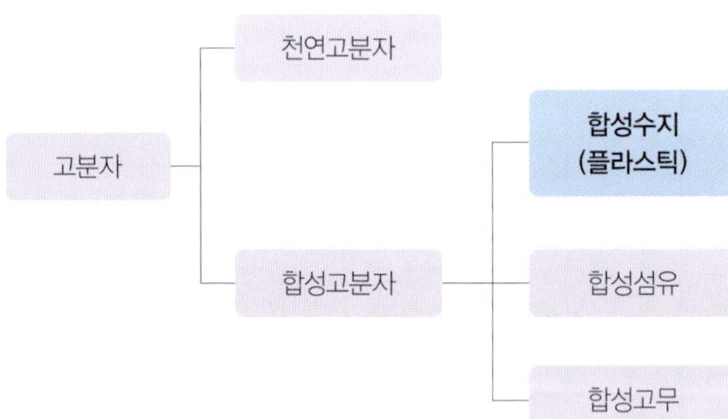

그림 2-17 고분자 구분

라 (3) 원유탱크로 이동하여 저장한 후, (4) 이를 석유정제공장(보통 정유공장이라고 함)의 증류탑에서 휘발유, 나프타, 경우 등과 같은 각종 유류 및 유류 부산물을 정제하여 생산하고, (5) 생산된 유류 중 나프타는 석유화학 공장에서 기초유분에 따라 합

성수지, 합성원료, 합성고무, 기타 제품으로 재가공된다. 〈그림 2-13〉의 석유정제 공장의 증류탑에서 비등점에 따라 LPG, 휘발유, 나프타, 등유, 경유, 중유, 아스팔트로 나누어져서 나오는 과정을 〈그림 2-14〉에서 상세히 제시하여 놓았다. 그리고 이를 좀 더 상세히 공정상으로 분류하여 원유/천연가스부터 시작하여 석유산업 → 석유화학산업 → 가공산업 → 최종제품까지의 공정을 알아보기 쉽게 정리한 것이 〈그림 2-15〉이다. 여기에서 석유화학산업의 기초유분은 나프타와 천연가스로부터 만들어지며, 기초유분과 중간원료로부터 합성수지, 합성원료, 합성고무 및 기타 제품이 생산된다. 그리고 가공산업에서 각각 이를 원료로 하여 고분자/전기 부품, 자동차 부품, 건설자재와 같은 각종 플라스틱 가공, 의류용 합성 섬유, 타이어로 사용되는 합성고무, 화장품이나 의약제품으로 사용되는 정밀화학제품을 생산하며, 이 모든 제품은 플라스틱을 대표로 하는 고분자 제품들이다. 〈그림 2-16〉에서 우리의 생활 속에서 사용하는 원유로부터 만들어지는 각종 고분자 합성제품의 사진을 보여준다. 고분자는 〈그림 2-17〉처럼 천연고무, 아교, 젤라틴, 키틴과 같은 천연고분자 소재와 앞서 원유/천연가스로부터 석유화학산업을 통하여 인공적으로 제조한 합성고분자 소재가 있다. 합성고분자 소재는 다시 플라스틱과 같은 합성수지류, 합성섬유류, 합성고무류 등으로 분류할 수 있는데, 이는 이미 〈그림 2-15〉에서 설명한 것과 동일하다.

3 천연가스 에너지

천연가스는 지하에 매몰된 여러 가지 유기 물질이 산소가 없는 상태에서 박테리아에 의해 분해되어 가스인 메탄이나 다른 탄화수소가 된 상태로 지질학적인 배사구조에 고여서 생긴 화석 에너지의 일종이다. 여기에서 유기 물질(organic matter)이란 자연적이고 공학적인 탄소기반 화합물의 대규모 조직을 일컫는 용어로, 대부분 탄소(C)와 수소(H)를 포함하면서 분자가 큰 특징을 갖는다. 천연가스는 지하에서 석유와 공존하나 따로 존재할 수도 있는데, 〈표 2-4〉에서 보듯이 천연가스의 주성분 70~98%는 메탄이고 그 외 에탄, 프로판, 부탄이 0~20% 비율로 섞여 있다. 일상적으로 사용하는 액화천연가스(liquefied natural gas, LNG)는 유전에서 나온 천연가스에서 수분이나 질소와 같은 불순물을 제거한 후 매우 낮은 온도에서 액화시킨 것이다. 주성분은 메탄과 에탄으로 공해 요인이 거의 없으며, 금속 배관으로 가정이나 업소로 보내기 때문에 이를 도시가스라고 말한다. 반면에 액화석유가스(liquefied petroleum gas, LPG)는 〈그림 2-14〉에서 보듯이 석유정제공장에서 원유를 정제하는 과정에서 나온 가스로 프로판과 부탄으로 구성되어 있으며 휘발성분이 LNG보다는 적어서 압축용기로 보관 이동이 가능하다. 그리고 압축천연가스(pressed natural gas, CNG)는 천연가스를 실온에서 200~250 기압으로 압축하여 사용하는 것으로 주로 버스나 트럭에 사용된다. 이를 〈표 2-5〉에 용도별로 구분해 놓았다. 도시가스는 앞서 설명한 대로

표 2-4 천연가스의 성분과 비율

성분	기호	비율(%)
메탄	CH_4	70~98
에탄	C_2H_6	0~20
프로판	C_3H_8	
부탄	C_4H_{10}	
이산화탄소	CO_2	0~8
산소	O_2	0~0.2
수소	N	0~5
황화수소	H_2S	0~5
기타	He, Ne 등	거의 없음

표 2-5 천연가스의 이용분야 및 주요 이용기기

분야		주요 이용 기기
도시가스		가정용 연료, 냉난방 기기
연료	산업용	가스보일러, 천연가스 버스
	발전용	화력발전, 연료전지 발전
냉열		냉열발전, 저온 분쇄, 식품 가공

LNG이며, 산업용 연료는 주로 LPG와 CNG이고, 발전용 연료는 LNG, 냉열 분야에서는 LNG를 주로 사용한다.

천연가스는 이란에서 최초로 발견되었는데, 이 지역은 현재 카스피해 동쪽에 위치한 중동지역인 아제르바이잔의 바쿠(Baku) 지역으로 이곳에서 석유와 천연가스가 지상으로 소량 스며 나왔다는 고대 기록이 있다. 그렇게 스며 나온 소량의 천연가스에 불이 붙어 천연가스가 발견되었으리라고 추정된다. 천연가스는 공기보다 가벼우며, 앞서 설명한 바와 같이 대부분 메탄가스이다. 이는 화학적으로 탄소 원자 1개에 수소 원자 4개로 이루어진 탄화수소, 즉 CH_4로 기술하는 간단한 분자이다. 메탄가스가 주종인 천연가스는 고도로 불이 잘 붙는 가스이며, 무색무취하기 때문에 사람들은 냄새나 색깔로 이 천연가스를 찾거나 구별할 수가 없다. 그러므로 천연가스 공급회사는 썩은 달걀 냄새와 유사한 강한 향을 천연가스에 섞어서 금속 배관으로 소비자에게 공급한다. 만약에 LNG 배관이나 옥내에서 천연가스가 모종의 이유로 극소량이라도 누출되면 이런 냄새가 바로 퍼지고, 이런 냄새가 난다면 무조건 대피해야만 한다. 즉, 어떤 전기 장치도 켜거나 만지지도 말고 즉시 대피해야 하는데, 이유는 전기 스위치에서 발생하는 초소형 불꽃이라도 극소량의 천연가스를 쉽게 폭발시킬 수 있기 때문이다. 물론 도시가스를 공급할 때 도시가스 공급회사가 튼튼한 금속 배관, 각종 자동 센서, 냄새를 섞는 방식 등의 충분한 안전장치를 하지만, 인위적 사고나 불가항력적 문제로 인하여 실내에 조금이라도 이러한 냄새가 느껴진다면 안전을 위하여 빠르게 대피해야만 한다.

2017년 기준으로 천연가스 생산량 10위까지의 국가는 〈그림 2-18〉에서 보듯이 미국과 러시아가 압도적인 1위와 2위이고, 그 뒤를 이어 순차적으로 이란, 캐나다, 카타르, 중국, 노르웨이, 호주, 사우디아라비아, 알제리이다. 즉, 대부분이 산유국들과 비슷하다는 것을 알 수 있다. 미국은 자국에서 소비하고 남는 것을 대부분 동아시아와 유럽에 수출하고 있으며, 러시아는 주로 유럽과 일본 및 중국에 수출하고 있다. 우리나라는 〈그림 2-19〉에서 확인할 수 있듯이 2019년과 2020년에 비슷한 4,000만 톤 정도의 천연가스를 다수의 국가로부터 수입하는데, 2020년 기준으로 살펴보면 천연가스 수입이 장기계약에 의한다는 특성으로 인하여 우리나라 수입국은 카타

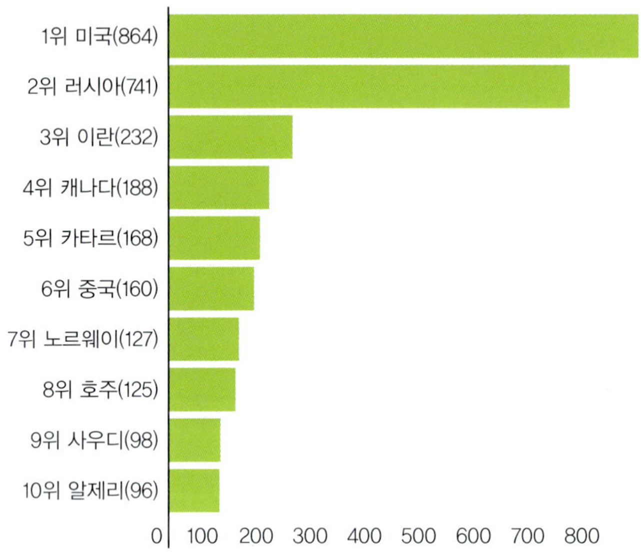

그림 2-18 국가별 연간 천연가스 생산량 순위 (2018년 단위: bcm)

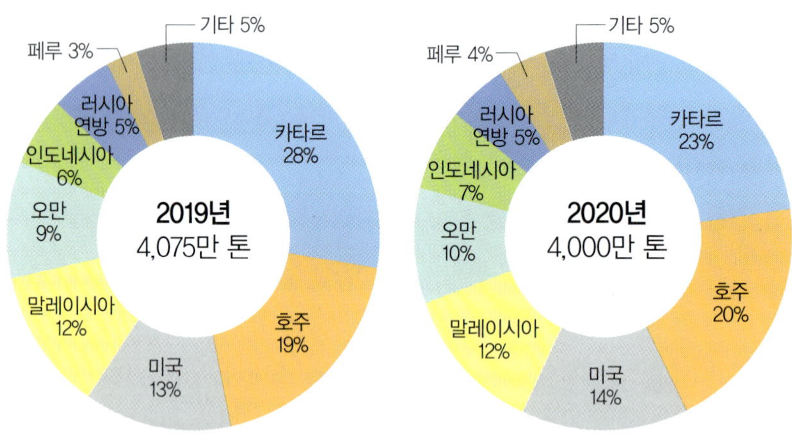

* '기타' 포함 국가(수입량 많은 수)
(2019) 나이지리아, 브루나이, 파푸아뉴기니, 아랍에미리트, 이집트, 트리니다드토바고, 적도기니, 싱가포르
(2020) 앙골라, 나이지리아, 브루나이, 파푸아뉴기니, 아랍에미리트, 카메룬, 프랑스, 벨기에, 적도기니, 싱가포르, 이집트, 트리니다드 토바고, 마이너아우틀링합중국군도

그림 2-19 대한민국의 2019년과 2020년 천연가스 수입국

르(23%), 호주(20%), 미국(14%), 말레이시아(12%), 오만(10%), 인도네시아(7%), 러시아(5%), 페루(4%)의 순서대로 유지되고 있다. 이렇게 수입한 천연가스는 석탄이나 석유보다는 비교적 깨끗한 에너지원이지만, 가격이 비싸고 가채량이 한정적이므로 빠른 시일 내에 신재생 에너지로 대체해야 할 필요가 있다. 우리나라에 수입된 천연가스는 대부분이 발전용과 산업용으로 사용되기 때문에 당분간 화력발전소나 기업의 대체 에너지원으로 사용하다가 원자력 에너지로 이를 대체하고, 궁극적으로는 적절한 신재생 에너지로 대체해야만 한다. 우리나라의 천연가스 수입국은 비교적 고르게 분포해 있어서 경제적인 면에서나 정치적인 면에서 안정적으로 수입이 가능하다. 그러나 지구온난화 방지를 위해 신재생 에너지 개발 기술과 육성 정책이 완전하게 뿌리를 내릴 때까지만 천연가스를 수입하도록 해야 한다. 한편 천연가스는 화석연료 중 비교적 깨끗한 에너지라고 널리 알려졌기에 탄소 중립과 지구온난화 방지를 목적으로 전 세계적으로 그 사용량이 늘어날 수 있으며, 이는 곧 가격 급증으로 이어질 것이다. 이러한 천연가스를 대체하기 위해 현재로서는 원자력 에너지를 일정 기간 사용할 수밖에 없겠지만, 궁극적으로는 태양에너지, 풍력 에너지, 해양 에너지 등과 같은 신재생 에너지의 고효율화와 보급률 확대를 이루어야 한다.

Chapter 3

핵 에너지의 개요

1 핵분열 에너지

핵에너지는 크게 핵분열(fission) 에너지와 핵융합(fussion) 에너지로 분류할 수 있다. 이 중 핵분열 에너지는 보통 원자력 에너지라고 지칭하며 지하자원으로부터 캔다는 의미에서 화석 에너지로 분류하지만, 동식물이나 미생물 사체로부터 발생하는 것이 아니라 광석으로 채굴되는 것이기에 화석 에너지와는 구별하여 핵분열 에너지 또는 원자력 에너지로 지칭하는 식으로 따로 분류한다. 여기서는 핵분열 에너지와 핵융합 에너지를 간단하게 살펴볼 예정이지만, 핵분열 에너지는 현재 화석연료를 대체하면서 당분간 실질적인 전기 에너지의 공급원이기 때문에 2부 제9장에서 보다 상세하게 다룰 것이다.

이러한 핵분열 에너지는 원자력발전처럼 응용할 수도 있고 〈그림 3-1 (a)〉처럼 원자폭탄으로 응용할 수도 있다. 그리고 핵융합 에너지는 〈그림 3-1 (b)〉에서 보는 것과 같이 태양에서 일어나는 태양에너지의 원리이며 인간의 새로운 기술을 통해 인공적으로 만드는 에너지원이기에 신에너지로 분류한다. 이러한 핵융합 에너지와 핵분열 에너지의 원리, 에너지 방출량, 연료, 폐기물, 상용화에 대해 서로 비교해 놓은 것이 〈표 3-1〉이다. 여기에서 보듯이 핵융합 과정은 중수소와 삼중수소가 고온 · 고압의 환경에서 핵융합을 하고 그 결과로 헬륨과 고속 중성자 및 열과 빛 에너지를 얻는 것이며, 핵분열 과정은 원자번호가 매우 큰 방사선 물질의 핵에 고속 중성자가 충돌하여 핵이 분열하면서 고속 중성자와 다량의 열과 빛을 방출하는 것이다. 보통 농축우라늄 1 kg에서 나오는 핵분열 에너지는 석탄 3,000톤이 타면서 내는 에너지와 비슷하고, 중수소 200 g과 삼중수소 300 g을 가지고 생산하는 핵융합 에너지는 100만 kW급의 원자력발전소가 내는 에너지와 비슷하다고 보면 된다. 당연히 핵융합 과정에서 나오는 폐기물은 거의 없는 반면에 핵분열 과정에서는 다량의 핵폐기물과 오염된 물, 자재들이 발생한다. 그렇지만 핵분열 에너지를 사용하는 원자력발전은 이미 1950년대부터 기술적으로 완성되어 이용되고 있지만, 핵융합 에너지는 여러 가지 장

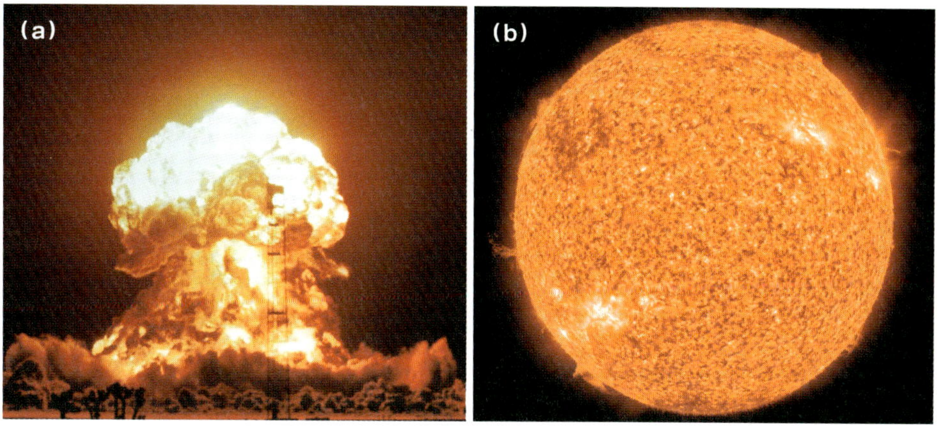

그림 3-1 (a) 원자폭탄 폭발 장면(핵분열 에너지의 사용 보기) (b) 태양 사진(핵융합 에너지의 사용 보기)

표 3-1 핵융합과 핵분열 발전의 차이점

	핵융합	핵분열
에너지 발생 원리	초고온 · 초고압의 플라즈마 상태에서 중수소와 삼중수소 원자핵이 융합해 헬륨 원자핵으로 바뀔 때 발생한 질량 손실이 에너지로 방출	우라늄이나 플루토늄이 중성자를 흡수하면 둘 이상의 다른 원자핵으로 쪼개지면서 에너지 방출
에너지 방출량	중수소 200 g+삼중수소 300 g=100만 kW급 발전(고리원전 1호기 2배)	농축우라늄 1 kg = 석유 9,000 드럼 (석탄 3,000 t)
연료	중수소, 삼중수소 등(바닷물에서 채취)	우라늄, 플루토늄 등
폐기물	저준위 방사선폐기물 극소량 발생, 폐기물 처리 용이(방사능: 핵분열의 0.04%) * 온실가스도 배출되지 않는 청정에너지원	고준위 방사성폐기물 대량 발생, 주요 구조물은 영구 폐기
상용화	최소 10년 후 또는 수십 년 후 전망	1950년대부터 원자력발전소 가동

자료: 워싱턴포스트(WP), 과학기술정보통신부

점에도 불구하고 기술적 문제와 재정적 문제로 인해 현재까지도 실험 및 파일럿 단계에 머물러 있다. 이러한 핵분열 에너지도 핵융합 에너지도 모두 〈그림 3-2〉에서 보여준 아인슈타인의 질량-에너지 등가원리에 의하여 핵반응 전과 핵반응 후의 질량 차에 의한 에너지임을 알 수 있다. 예를 들어 보면 〈그림 3-3〉과 같은 핵분열에서 우라늄 235($^{235}_{92}U$)의 핵에 고속 중성자 1개가 고속으로 충돌한 후, 세슘 140($^{140}_{55}Cs$)과 루비듐 92($^{92}_{37}Rb$) 및 2개의 고속 중성자를 방출하면 그 질량 차는 대략 중성자 2개 정도이며, 이를 에너지로 간단하게 환산하면 200 MeV 정도가 된다. 이 값이 의미하는 바는 앞의 〈표 3-1〉에서 기술하였으며, 이후에 자세한 논의를 추가하도록 할 것이다. 그리고 $^{235}_{92}U$의 농축이 90% 이상이 되면 급격한 핵분열이 일어나면서 원자폭탄이 되고, $^{235}_{92}U$의 농축이 2~5%가 되면 핵분열이 아주 천천히 진행되면 원자력발전이 된다.

현재 세계적으로 약 30개국에서 약 450대의 원자력발전소(핵분열 에너지 사용)가 가동 중이다. 우리나라도 에너지 및 자원 빈국이기 때문에 석탄과 석유에 의존하는 화력발전과 강의 물길에 의존하는 수력발전의 한계를 인지하고 있었다. 그 결과 1960년대 초부터 실험용 원자로부터 시작하여 자체 원자로 및 원자력발전소를 설계하고 건설하였다. 2021년 7월 기준으로 총 25기가 운영 중이며, 4기를 건설 중인 세계 6위의 원전 강국이다. 국내의 원자로는 바닷물 냉각수 공급을 위하여 대부분 동해안과 서해안에 건설되어 작동한다. 이를 바탕으로 힘들고 어려운 국제적 상황에서도 2009년 12월에는 아랍에미레이트(UAE)의 바카라 원전을 국내 원전산업을 시작한 이래 최초로 수주하게 되었다. 그리고 최근인 2022년 8월에는 이집트 엘다비 원전 사업에 일부 참여가 확정되었다.

그림 3-2 아인슈타인이 말한 질량-에너지 등가원리

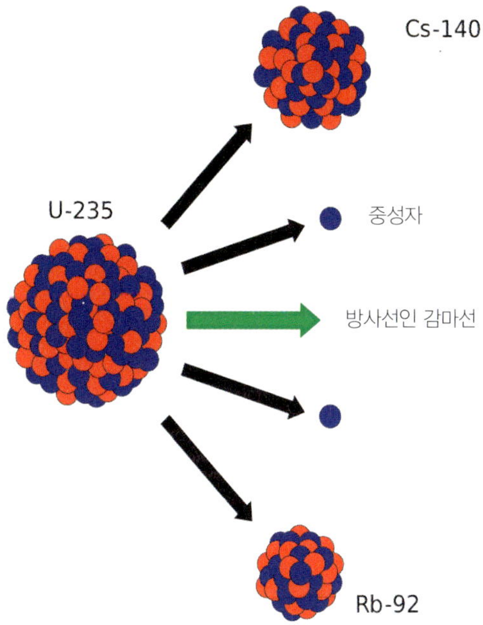

그림 3-3 핵분열의 원리
자료: Nicolas Eynaud, Wikimedia Commons

핵에너지를 간략하게 이해하려면 원자 모델 및 원자 구조, 그리고 동위원소와 우라늄 농축에 대한 이해를 갖추어야 한다. 여기에서는 전문적인 내용을 줄이고 가능한 한 일반인도 이해할 수 있도록 설명하고자 한다. 〈그림 3-4〉는 지금까지 역사적으로 나온 대표적인 원자 모델에 대한 다양한 모형을 보여준다. 먼저 화학반응이 일어날 때 지켜져야 할 질량 보존의 법칙과 일정 성분비의 법칙을 설명하기 위하여 영국의 화학자인 존 돌턴(John Dalton)이 1803년에 제안한 원자 가설이 있다. 이 원자 모형에서는 원자라는 것을 가장 작은 물질의 단위로 인지하고 같은 원소의 원자는 모든 성질이 같고 다른 원소의 원자는 성질이 다르다고 본다. 그러나 돌턴의 원자 모형은 동위원소를 설명하지 못하고 있었다. 이를 수정한 것이 조지프 존 톰슨(Joseph John Thomson)의 원자 모형인데, 1897년 톰슨이 음극선을 연구하다가 음전하를 가지는 전자를 발견하면서 원자 안에 전자가 박혀 있다고 생각하게 되었다. 한편 톰슨의 제자인 어니스트 러더포드(Ernest Rutherford)는 1911년에 알파 입자 산란 실험을 통하

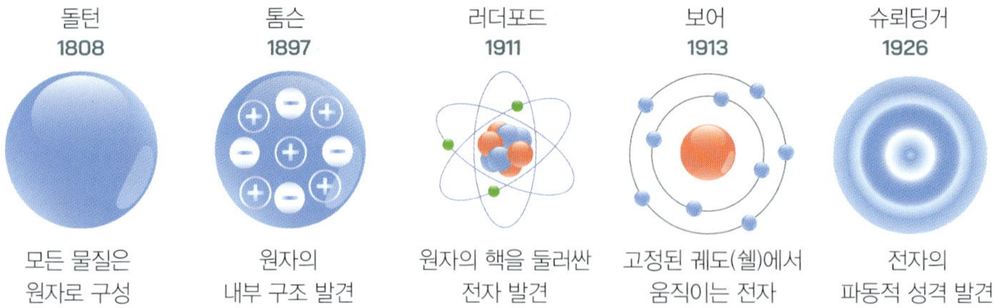

그림 3-4 원자의 구조에 대한 다양한 모형

여 양전하는 아주 작은 공간인 핵에 몰려있고 그 주위를 음전하의 전자들이 회전하면서 떠돌고 있는 것으로 보았다. 그러나 고전 전자기학 이론에 의하여 회전하는 음전하를 갖는 전자가 회전가속운동에 의한 에너지 손실로 양전하의 핵에 전지적으로 끌려 들어가서 전자가 다시 핵과 합쳐지는 결과를 유발하는데, 이는 러더포드 본인이 실험한 산란 실험의 결과와는 배치된다. 그래서 1913년 덴마크 출신인 닐스 보어(Niels Bohr)가 러더포드의 원자 모델을 수정하여 전자는 원자 내에서 일정하게 정해진 여러 궤도를 돌면서 에너지가 소멸되지 않는다는 현대적 개념의 원자 모형이 완성되었다. 그리고 1932년 제임스 채드윅이 원자핵에서 중성자를 발견하면서 원자가 양전하의 양성자와 전하를 띠지 않는 중성자를 가지는 원자핵, 원자핵을 중심으로 일정한 궤도를 도는 음전하의 전자로 구성되어 있다는 사실이 밝혀졌다. 이러한 원자 모형은 〈그림 3-5〉에서 볼 수 있다. 물론 이 현재적인 원자 모형도 최근에는 슈뢰딩거와 보른의 양자역학적 설명에 따라 각 전자는 확률적 분포에 따라 원자핵 주변에 퍼져 존재하되, 앞서 설명한 전자의 궤도는 가장 존재 확률이 높은 공간적 배치로 이해하고 있다. 즉, 지금은 〈그림 3-6〉과 같은 확률적 전자 구름 모형이 주된 주류이며, 이 모형에 따르면 원자의 전자는 전자의 양자상태에 따라 여러 가지 분포로 존재하게 된다. 〈그림 3-6〉에서 괄호 안의 숫자는 앞에서부터 전자의 양자 상태를 표현하는 주양자수, 궤도양자수, 자기양자수를 의미하며 '–'는 전자가 존재할 확률이 낮고 '+'는 전자가 존재할 확률이 높다는 것을 나타낸다.

일반적인 원소(주기율표상의 수소, 헬륨 등과 기본 물질)의 원자들은 음전하를 갖

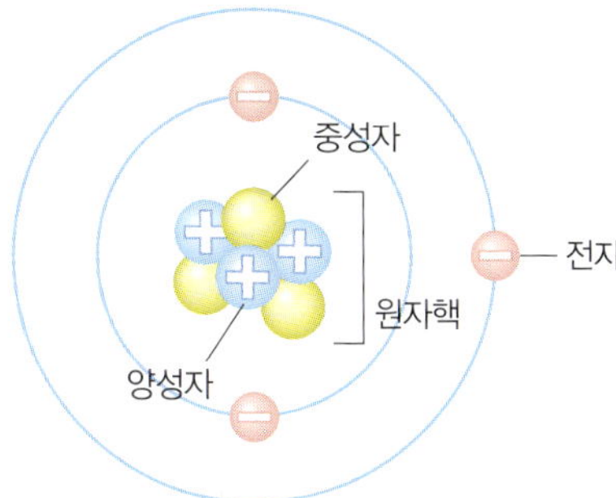

그림 3-5 원자의 구조–보어 모델

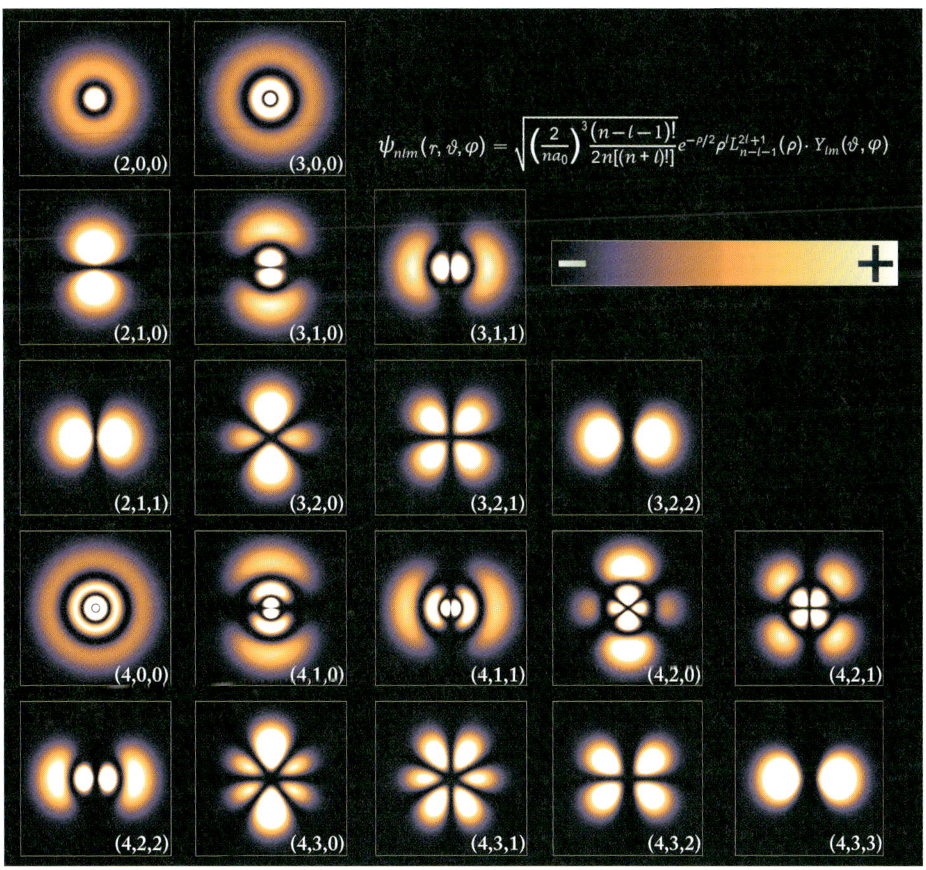

그림 3-6 수소원자의 전자에 대한 현대적 확률분포(확률밀도함수)

는 전자의 수와 핵 속의 양전하를 갖는 양성자의 수가 같아서 전하를 띠지 않는다. 다만 낮은 원자번호(원소를 특징짓는 양성자의 수를 의미함)의 원소에서는 핵 속의 전하를 띠지 않으면서 양성자와 거의 질량이 같은 중성자의 수가 양성자의 수와 같다가, 원자번호가 큰 원소에서는 양성자의 수보다는 중성자의 수가 많아진다. 자연 속에 존재하는 원소의 양성자와 중성자의 비율에서 소량이나마 중성자가 많거나 적은 동일한 원소들이 존재한다. 이것을 동위원소(isotope)라고 하며, 동위원소들은 양성자의 수나 전자의 수가 서로 같기 때문에 화학적 특성이 같은 동일한 원소이다. 그러나 질량(즉, 핵 속의 양성자 질량과 중성자 질량을 더한 값)은 차이가 나며, 핵분열의 확률 정도가 큰 차이를 보인다. 예를 들어 탄소는 일반적으로 ${}^{12}_{6}C$로 표기하는데, 6은 양성자 수(전자 수)이며, 12는 질량수로 양성자가 6개이고 중성자가 6개임을 나타낸다. 이를 간단하게 탄소 12라고 말하기도 하고 C−12라고 말하기도 하지만 정확한 표기는 ${}^{12}_{6}C$이다. 한편 이와는 다르게 ${}^{13}_{6}C$나 ${}^{14}_{6}C$는 탄소의 동위원소로 중성자 수가 각각 1개와 2개가 많으므로 질량이 ${}^{12}_{6}C$보다 더 크다. 특히 본 교재에서 주 관심사인 원자력 에너지 또는 핵분열 에너지의 원천인 우라늄 238(${}^{238}_{92}U$)는 원자번호가 92이고, 질량수는 238이기 때문에 핵 속의 중성자 수는 238−92=146개이다. ${}^{238}_{92}U$의 동위원소로는 중성자 수가 3개와 4개가 적은 ${}^{235}_{92}U$과 ${}^{234}_{92}U$가 있다. 우라늄 동위원소인 ${}^{238}_{92}U$, ${}^{235}_{92}U$, ${}^{234}_{92}U$은 광석에서 캘 때 나오는 비율이 각각 99.3%, 0.7%, 0.01%로서 우라늄 원소는 대부분이 ${}^{238}_{92}U$이다. 이 중에서 ${}^{238}_{92}U$은 비교적 안정적인 동위원소이기 때문에 핵분열이 아주 긴 시간을 가지고 일어난다. 그러나 ${}^{235}_{92}U$은 아주 불안정한 동위원소이기 때문에 외부에서 핵을 중성자로 자극하면 바로 핵분열이 일어나면서 고속 중성자와 빛(감마선)을 복사해 다량의 열을 발생하게 된다. 그러므로 원자력 에너지를 이용하는 원자력발전에서는 ${}^{235}_{92}U$를 2~5%로 농축하여 사용하며, 90% 이상으로 농축하면 원자폭탄의 재료로 사용할 수 있다. 원자력발전용 핵연료는 ${}^{235}_{92}U$ 외에도 플루토늄 239(${}^{239}_{94}Pu$)도 사용되는데, 이는 고속증식로라고 하는 특수한 원자로에서 ${}^{238}_{92}U$에 고속 중성자를 충돌시켜서 인위적으로 만들고, 이 ${}^{239}_{94}Pu$가 핵분열하면서 다량의 고속 중성자와 열 및 빛을 내는 과정도 있다. 가끔 ${}^{238}_{92}U$ 대신에 토륨 232(${}^{232}_{90}Th$)를 사용하는 경우도 있는데 이는 어떤 국가에서 어떤 방사선 물질을 다량 채굴할 수 있느냐에 따라 결정되며, 일반적으로는 $^{235}_{92}U$를 농축하여 사용하는 원자력발전이 보편적이다.

〈그림 3-7〉은 원자력 에너지인 핵분열 에너지를 원자폭탄으로 사용하는 경우를 보여주는 것으로 대포형 배열방식과 압축형 배열방식이라는 2가지 방식을 사용한다. 대포형 배열방식은 포탄의 뒤쪽에서 화약 폭발에 의하여 고속으로 밀린 $^{235}_{92}U$가 고정된 $^{235}_{92}U$와 합쳐진 결과로 임계 질량을 넘어서면서 연쇄적인 핵폭발이 일어나도록 한 것이다. 압축형 배열방식은 화약이 핵물질을 둥글게 감싸고 있다가 화약 폭발이 일어나면 안쪽에 둥글게 배치된 $^{235}_{92}U$와 $^{239}_{94}Pu$ 핵물질들이 중심으로 집중되면서 임계 질량을 넘어서고, 동시에 중심부에 있는 폴로늄-베릴륨에서 발생한 고속 중성자가 이들과 반응하면서 핵폭발이 일어나는 방식이다. 이러한 핵폭발 시 발생하는 고열, 고온, 다량의 빛과 방사능, 엄청난 압력 등은 모두 〈그림 3-2〉에서 설명한 아인슈타인의 '질량-에너지 등가원리', 즉 $E=mc^2$이라는 식으로 설명되는 핵반응 전과 핵반응 후의 결손 질량 m에 의하여 발생하는 막대한 에너지 E가 원천이다. 여기에서 c는 진공 중의 광속도이다.

인류에게 핵에너지는 2차 세계대전 말기에 출현한 〈그림 3-7〉과 같은 원자폭탄으로 각인되어 있지만, 1942년 12월 2일 엔리코 페르미(Enrico Fermi)가 미국 시카고대학의 지하 실험실에서 '시카고 파일-1'이라는 세계 최초의 원자로에서 핵분열 연쇄반응을 일으킨 것이 핵분열 에너지의 시작이다. 이후 실험용으로 1954년에 가동된 제1세대 원자로인 소련의 5 MWe급 옵닌스크(Obninsk) 원자로를 거쳐서 상업적으로 성

대포형 배열방식(과거 일본 히로시마 투하)

1. 임계질량 이하의 우라늄 2개를 1개의 관 속에 분리 보관(플루토늄 미사용)
2. 화약을 폭발시켜 하나의 우라늄으로 합침
3. 임계질량을 넘게 된 핵분열 물질은 높은 에너지의 중성자를 발생시킴
4. 중성자 흡수, 연쇄반응 시작하면서 핵폭발 발생

압축식 배열방식(과거 일본 나가사키 투하)

1. 바깥쪽 고성능 화약 폭발
2. 폭발 충격파로 중앙에 낮은 밀도로 퍼져 있던 핵분열 물질이 엄청난 압력을 받아 밀도가 2배로 높아지고 임계질량을 넘음
3. 화약 폭발 직후 원폭 속 장치되어 있던 중성자원으로부터 중성자가 나와 연쇄반응을 일으켜 핵폭발 유도

그림 3-7 원자폭탄 연쇄반응 폭발방식: 대포형 배열방식과 압축형 배열방식

공한 1974년부터 운전된 미국의 자이온(Zion)-1 원자력발전소(1,000 MWe급)를 제2세대 원자력발전소로 분류한다. 국내에 건설된 고리 1호기, 영광과 울진의 원자력발전소들은 대부분 제2세대급 가압경수로 형태이고, 월성 원자력발전소는 가압중수로 형태이다. 그리고 1990년대부터 출현한 제3세대 원전으로는 한국의 신고리 3, 4호기인 APR1400 원자력발전소, 일본의 개량비등경수로 형태의 원자력발전소, 미국의 AP600 타입의 원자력발전소가 있다. 현재는 보다 안전하고 친환경적인 제4세대 원전을 개발하는 중이다. 이러한 여러 가지 원전 형태의 작동원리는 뒤에서 설명할 것이다. 원자력발전소의 전력(power)을 나타내는 MWe라는 단위는 전기를 생산하는 양으로 환산한 백만 와트의 전력이라는 의미이다. 그리고 '전력'이라는 용어는 1초당 생산 또는 소비하는 에너지(J)이며, 이는 와트(W)라는 단위로 표기한다.

핵분열이라는 단어는 핵이 나누어진다는 것을 의미한다. 원자력발전소의 원자로 내부에서 $^{235}_{92}U$ 원자들이 외부에서 조절하는 고속 중성자와 충돌하면서 다시 고속 중성자와 핵분열된 원소들과 열 및 빛을 다량으로 방출하는 연쇄반응이 지속적으로 일어난다. 연쇄반응에 따라 핵분열로 발생한 고속 중성자들이 다른 $^{235}_{92}U$ 원자와 또다시 충돌하여 이 우라늄 원자들을 핵분열시킨다. 원자로에서는 이러한 연쇄반응으로 급속히 증가하는 고속 중성자의 양을 조절하여 핵분열이 천천히 일어나도록 중성자 흡수능력이 큰 은(Ag), 인듐(In), 카드늄(Cd), 보론(B), 하프늄(Hf), 탄화붕소(B_4C), Ag-In-Cd 합금 등으로 중성자 제어봉을 만들어서 노심에 우라늄 연료봉들과 같이 설치한다. 그 결과 중성자들의 양이 조절되면서 중성자의 속도도 줄어든다. 일반적으로 원자로의 노심에 열을 전달하는 경수나 중수도 일정 부분 중성자의 속도를 늦추는 데 기여한다.

원자로의 노심은 우라늄 연료봉과 제어봉을 같이 묶어 놓은 〈그림 3-8〉에서 보는 핵 연료봉 집합체를 냉각수인 경수나 중수에 대량으로 담가 놓은 장소이다. 원자로의 노심에서 생긴 열을 이용하여 다른 물을 끓임으로써 고온의 증기로 만들어 증기 터빈을 돌리면, 이 증기 터빈이 발전기를 돌려서 전기를 생산한다. 즉, 근본적으로 원자력발전소와 화력발전소는 각각 증기 터빈이 돌고, 수력발전소는 수력 터빈이 돌아가면서 터빈과 연결된 발전기를 돌게 해 전기를 만드는 과정이라는 점에서 동일하다.

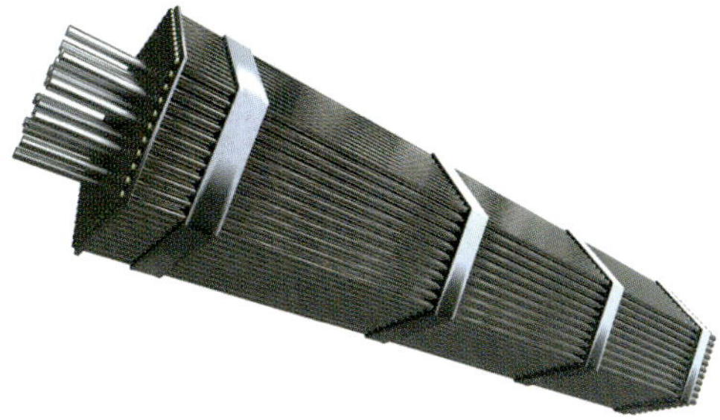

그림 3-8 핵 연료봉 집합체

다만 증기를 만들기 위해서 원자력발전소에서는 핵분열 에너지를 사용하고, 화력발전소에서는 석탄이나 천연가스를 사용하며, 수력발전소에서는 물의 낙차에 의한 퍼텐셜 에너지를 이용한다는 것이 다를 뿐이다. 이런 노심에서 $^{235}_{92}U$ 1g이 핵반응에 의해 발생하는 에너지는 약 20×10^6 kcal로 석탄 2.8톤이 탈 때 생기는 에너지와 동등하다.

원자로 격납 용기에 담긴 노심의 핵분열에 의하여 생긴 다량의 핵에너지는 노심의 차가운 경수나 중수(1차 냉각수)를 고온으로 만든다. 이 고온의 물은 열 교환기를 거쳐서 에너지를 증기발생기로 전달하고 다시 식어서 냉각제 펌프에 의해 노심으로 다시 돌아간다. 이때 노심을 거친 물을 100℃ 이상인 고온의 물로 만들고 충분한 노심에서 생긴 핵분열 에너지를 충분히 흡수할 수 있도록 약 150기압 이상으로 이 경수 또는 중수를 가압한다. 이러한 노심을 도는 가압된 뜨거운 경수나 중수의 순환 과정 시스템과 열 교환기에서 발생한 300~400℃ 정도의 뜨거운 증기를 만드는 증기발생기까지의 시스템을 원자로의 일차 계통이라고 한다. 증기발생기로 들어가는 냉각수는 2차 냉각수이며, 이 2차 냉각수도 일차 계통과는 분리된 폐쇄된 계통을 따라 돌아간다. 일차 계통은 원자력발전소의 5중 콘크리트 벽으로 둘러싸인 원자로 내에 위치한다. 증기 발생에서 생긴 고온의 증기로 증기 터빈을 돌리고 증기는 다시 식어서 증기발생기로 되돌아간다. 열 교환기와 증기발생기는 한 몸체로 이루어지면서 서로 금속관으로 분리되어 있으며, 노심이 놓여있는 원자로압력용기와 2차 냉각수가 돌아가는 열 교환기와 증기발생기도 5중 콘크리트 벽으로 둘러싸인 원자로 내에 놓여있다.

증기 터빈을 돌린 차갑게 식은 증기를 충분히 물로 다시 식히기 위하여 차가운 해수를 냉각수로 사용하고 이 냉각수는 뜨거워진 상태로 바다로 되돌려진다. 이 과정에서 당연히 증기 터빈은 발전기와 연결되어서 전기를 만드는데, 이 시스템을 원자력발전소의 이차 계통이라고 하며 원자로 외부에 설치된다. 이러한 가압경수로 형태의 원자력발전소의 개략도를 〈그림 3-9〉에서 볼 수 있다. 〈그림 3-9〉에서 설명한 가압경수로에 대한 개략도에 따라 설계 및 건립된 제3세대 가압경수로 형태의 대한민국의 27번째 원자력발전소(운용 중인 원자로는 25기, 2기는 폐쇄됨)인 신한울 1호기 사진을 〈그림 3-10〉에서 볼 수 있다.

핵에너지인 핵분열 에너지는 〈그림 3-1〉과 같은 원자폭탄으로도 사용할 수 있고, 〈그림 3-9〉와 같이 원자력발전소의 연료로도 사용할 수가 있다. 이러한 극단적인 2가지 응용은 〈그림 3-11〉에서 보듯이 $^{235}_{92}U$의 농축 정도에 따라서 구분이 된다. 즉 이 그림에서는 $^{235}_{92}U$를 4%로 농축한 후에 제어봉과 냉각제를 이용하여 노심에서 천천히 핵분열이 일어나도록 하면 원자력발전소의 연료로 응용한 경우가 되고, $^{235}_{92}U$를

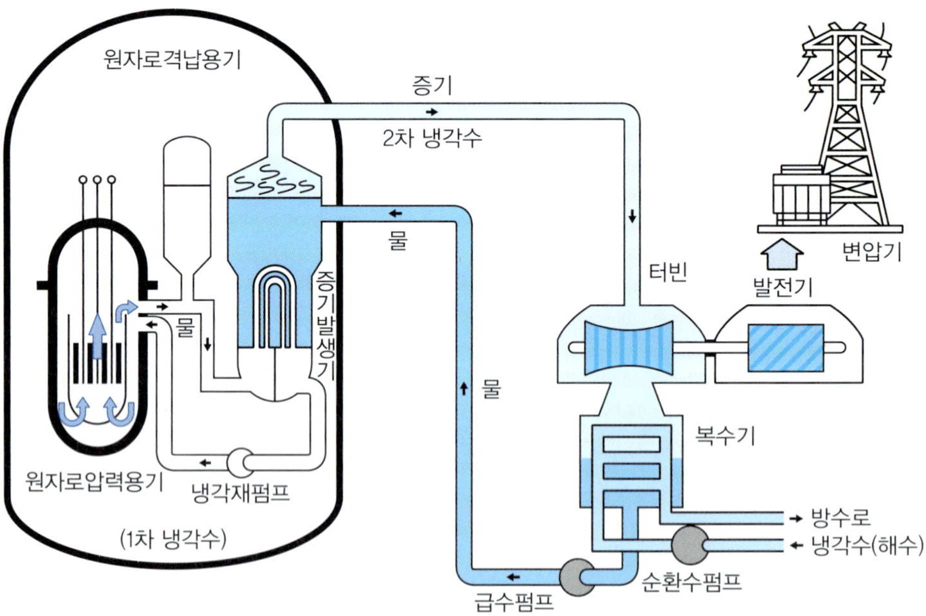

그림 3-9 가압경수로(pressured water reactor)의 구조도

그림 3-10 대한민국의 27번째 원자력발전소인 신한울 1호기 사진
자료: 한국수력원자력

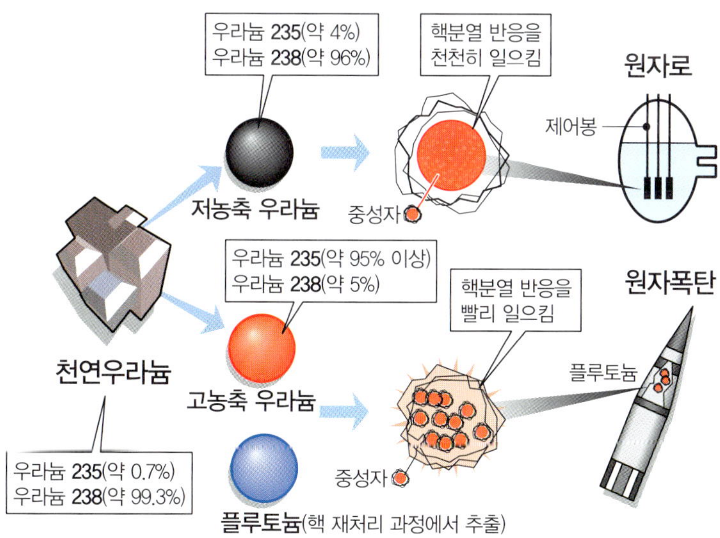

그림 3-11 원자력발전소와 원자폭탄의 차이를 보여주는 모식도

95% 이상으로 농축하여서 한꺼번에 핵분열을 일으키도록 한다면 이는 원자폭탄으로 응용이 된 경우이다. 이렇듯 핵분열 에너지는 다양하게 사용이 가능한데, 이는 사용자의 필요와 의지에 따라 선택되는 것이다.

핵분열 원소에서 핵분열이 일어날 때 생기는 방사선은 알파 입자(또는 알파선), 베타 입자(베타선), 감마선을 말한다. 〈그림 3-12〉에서 보듯이 알파 입자는 핵(parent particle)이 핵분열하면서 다른 핵입자(daughter particle)로 알파 붕괴를 통하여 나오는 헬륨 핵(양성자 수 2, 질량 수 4)의 입자를 말한다. 그리고 동일한 과정에서 베타 붕괴에 의하여 전자가 나올 때 이 전자를 베타 입자라고 한다. 마지막으로 동일한 과정에서 파장이 매우 짧은 전자파인 감마선이 나오면 이를 감사선 복사에 의한 나오는 감마선이라고 한다. 〈그림 3-13〉은 ${}^{238}_{92}U$ 의 알파 붕괴 과정을 보여준다. ${}^{238}_{92}U$ 은 양성자가 92개이고 중성자가 146개인 원소로 방사선 붕괴를 통하여 질량이 반으로 줄어

붕괴 유형	방사되는 방사선	일반 방정식	모형
알파 붕괴	${}^{4}_{2}\alpha$	${}^{A}_{Z}X \rightarrow {}^{A-4}_{Z-2}X' + {}^{4}_{2}\alpha$	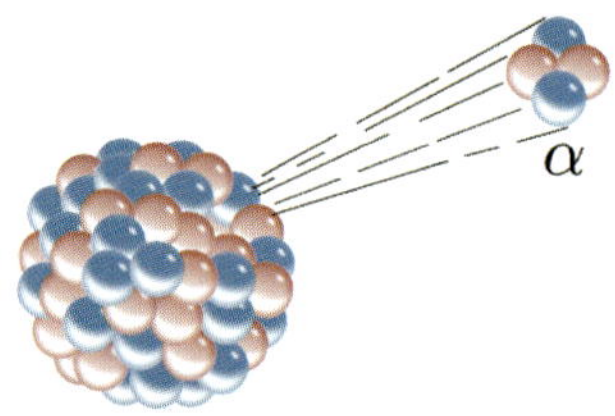
베타 붕괴	${}^{0}_{-1}\beta$	${}^{A}_{Z}X \rightarrow {}_{Z+1}^{A}X' + {}^{0}_{-1}\beta$	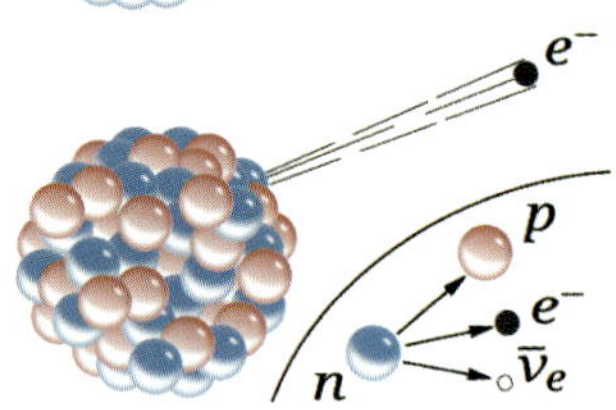
감마 붕괴	${}^{0}_{0}\gamma$	${}^{A}_{Z}X^* \rightarrow {}^{A}_{Z}X' + {}^{0}_{0}\gamma$	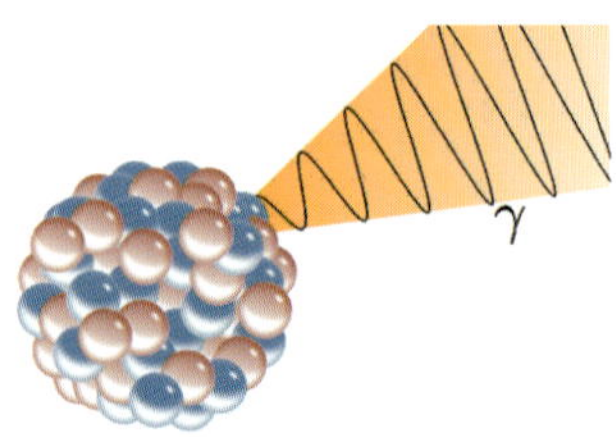

그림 3-12 방사선 원자의 알파 입자 붕괴, 베타 입자 붕괴, 감마선 복사의 차이점을 보여주는 모식도

드는 반감기가 44.68억 년이다. 그 결과 $^{238}_{92}U$은 알파 입자인 $^{4}_{2}He$를 방출하면서 토륨 $^{234}_{90}Th$로 바뀌고 이 과정에서 감소한 질량은 감마선의 빛과 열로 복사한다. 또한 〈그림 3-14〉에서는 〈그림 3-13〉의 $^{238}_{92}U$이 알파 붕괴 후에 변화된 $^{234}_{90}Th$서 핵 내의 중성자 1개가 베타 붕괴하면서 양성자 1개로 변환되고 전자 1개를 핵 외로 방출하여서 프로트악티늄 234($^{234}_{91}Pa$)으로 바뀌는 베타 붕괴 과정을 보여준다. 물론 이 과정에서도 전자기파인 감마선과 열이 방출된다. 이러한 방사선 물질에서 나오는 알파 입자, 베타 입자, 감마선은 각각 그 크기와 질량으로 인하여 이를 막는 차폐물질이 달라진다. 〈그림 3-15〉에서 보는 것처럼 방사선 물질에서 나오는 방사선인 알파 입자는 복사지 A4 정도의 종이로, 베타 입자는 1 mm 이하의 얇은 금속판으로, 감마선은 수 mm 이상의 납판이나 철판으로, 혹시 강력한 핵분열이 일어나는 방사선 물질에서 나오는 중성자선은 1 m 이상의 콘크리트 벽으로 각각 차폐할 수 있다.

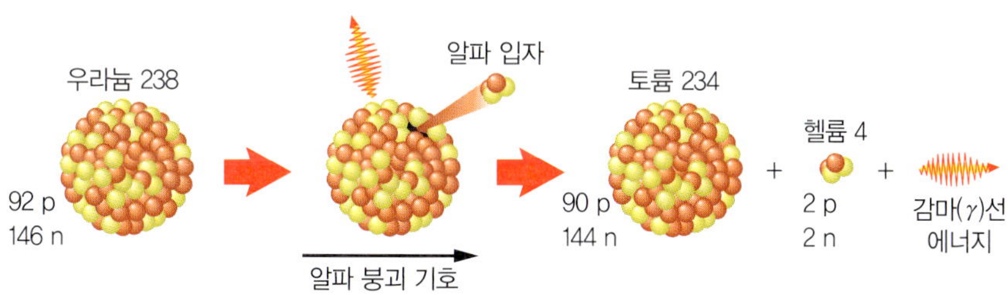

그림 3-13 $^{238}_{92}U$의 알파 입자 붕괴 과정

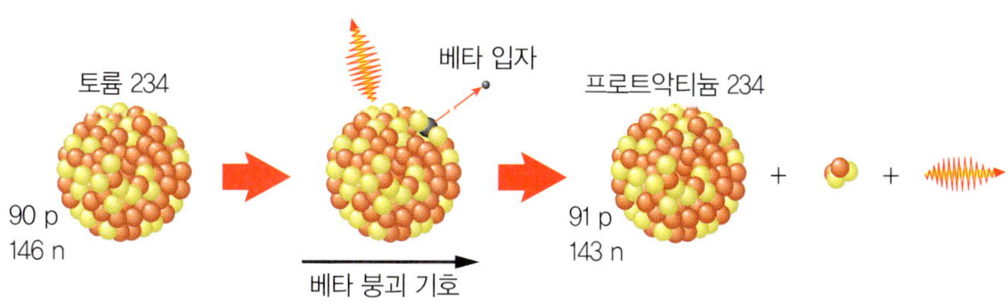

그림 3-14 $^{234}_{90}Th$의 베타 입자 붕괴 과정

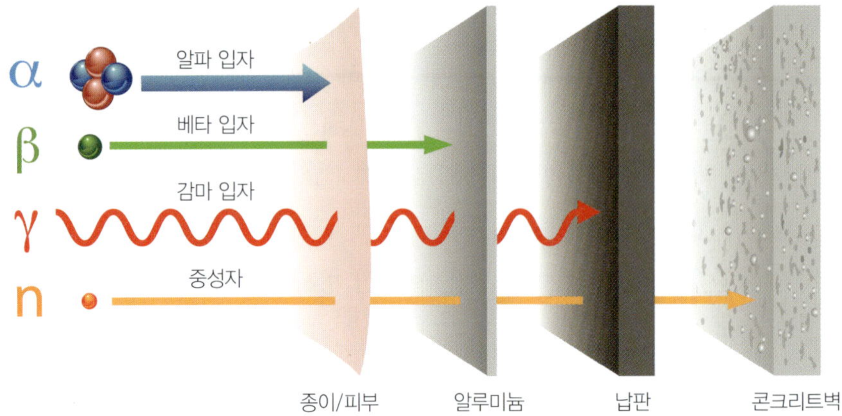

그림 3-15 방사선 물질에서 나오는 알파 입자, 베타 입자, 감마선, 중성자의 차폐 가능 물질

2 핵융합 에너지

핵에너지에서 핵분열 에너지와 다른 핵융합 에너지는 〈그림 3-16〉에서 보듯이 수소의 동위원소인 중수소(수소보다 핵에 중성자가 1개 많음)와 삼중수소(수소보다 핵에 중성자가 2개 많음)가 고온·고압하에서 핵반응(즉 핵융합)을 통하여 헬륨($^{4}_{2}He$) 핵과 중성자 1개로 변환될 때 핵반응 전과 핵반응 후의 질량 차로 인하여 발생한 에너지이다. 즉, 핵융합 에너지는 〈그림 3-2〉에서 설명한 아인슈타인의 질량-에너지 등가원리에 의하여 생기는 빛과 열에너지이다. 예를 들어 중수소 200 g과 삼중수소 300 g을 가지고 생산하는 핵융합 에너지는 〈표 3-1〉에서 말했듯이 100만 kW급의 원자력발전소가 내는 에너지와 비슷하다. 이러한 핵융합 에너지가 핵분열 에너지보다 월등히 큰 에너지가 발생하는 근원은 〈그림 3-17〉으로 설명할 수 있다. 〈그림 3-17〉은 주기율표에 나오는 원소의 질량수에 따른 핵자(즉 양성자+중성자를 의미함) 1개당의 결합 에너지로 그래프의 오른쪽은 핵분열에 의하여 $^{238}_{92}U$이 란타늄 139($^{139}_{57}La$)로 변환할 때의 핵자 1개당의 결합 에너지는 1 MeV가 약간 안 된다. 반면에 〈그림

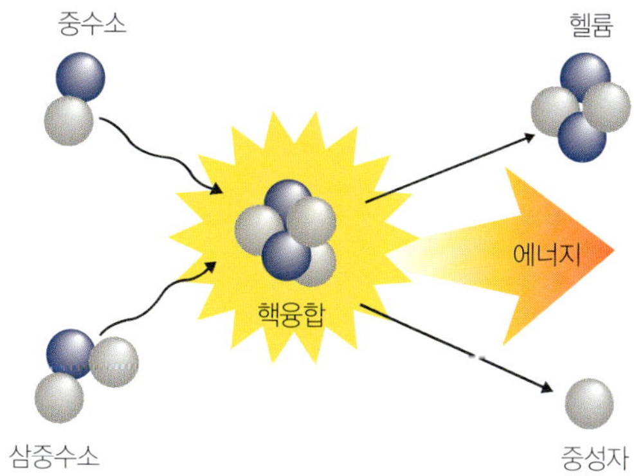

그림 3-16 핵융합 반응의 개략도 및 에너지 발생 원리

3-17〉의 왼쪽에서 보는 중수소(^2_1D)가 헬륨까지 핵융합 때의 핵자 1개당의 결합 에너지는 거의 7 MeV로 핵분열 때보다 10배 이상이 된다. 이러한 차이로 인해 핵분열 에너지보다 핵융합 에너지가 훨씬 크다. 여기에서 MeV라는 단위는 백만 전자볼트를 나타내는데, 1 전자볼트(1 eV)는 전자 1개가 1볼트의 전위차(전압)에서 가속할 때 생기는 에너지로 1.9×10^{-19} J이라는 매우 작은 에너지이다. 단, 중수소 200 g 속에는 셀 수 없이 많은 원자가 있기 때문에 그 합은 거대한 에너지가 된다.

핵분열 에너지의 응용 분야를 원자력발전소와 원자폭탄으로 설명했듯이, 핵융합 에너지도 이와 유사하게 〈그림 3-18〉처럼 태양과 같은 항성(별)의 빛과 열의 발생과 수소폭탄으로 응용하여 생각할 수 있다. 〈그림 3-18 (a)〉는 우리 태양이 속한 항성들

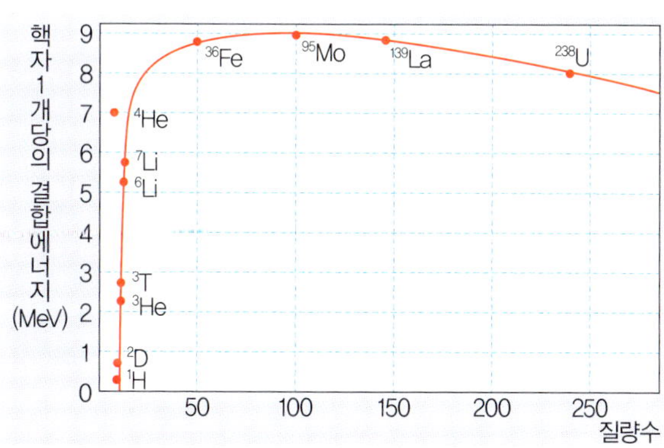

그림 3-17 원소의 질량수에 따른 핵자 1개당의 결합 에너지

의 모임인 은하계의 일부분 사진이고, 〈그림 3-18 (b)〉는 은하계의 항성 중 하나와 동등한 태양 사진으로 태양은 1초에 1조 개의 수소폭탄이 터지면서 다량의 빛과 열을 약 46억 년간 내뿜고 있으며 앞으로도 약 78억 년 정도 더 작동할 예정이다. 〈그림 3-18 (c)〉는 지상에서 인간이 실험한 최초의 수소폭탄인 소련의 차르 봄바 수소폭탄이 터지는 장면을 찍은 사진으로 TNT 1.2 메가톤의 위력으로 히로시마 원자폭탄의 80배 위력을 보여주었다. 이러한 수소폭탄이 엄청난 양으로 매초 터지는 것이 태양이므로 태양에너지의 원천은 핵융합 에너지가 된다.

핵융합 에너지는 다음과 같은 이유로 인하여 미래의 에너지로 떠오르고 있다. 그 첫 번째 이유는 핵융합 에너지의 원료인 중수소와 삼중수소가 바닷속에 무궁하게 널려 있기 때문에 구하기도 쉽고 거의 무한대로 있다는 것이다. 두 번째 이유는 핵분열 과정에서 나오는 물질은 긴 시간 동안 해로운 방사선이 다량으로 나오는 고준위 방사능 물질의 폐기물인 반면, 핵융합 과정에서는 헬륨과 같은 매우 저준위의 방사능 폐

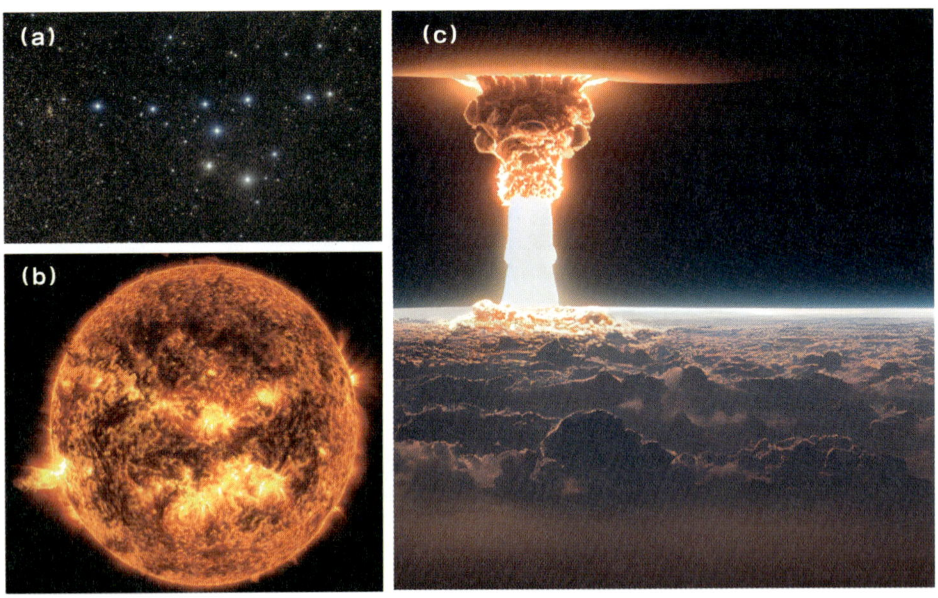

그림 3-18 (a) 은하계 속의 별들의 무리, (b) 은하의 별들 중 하나인 태양 사진(태양은 1초에 1조개의 수소폭탄이 터짐), (c) 소련의 차르 봄바 수소폭탄 폭발사진
자료: (a) Petr Novák, Wikimedia Commons, (b) NASA

기물만 나온다는 것이다. 세 번째로는 앞에서 설명했듯이 어떤 다른 에너지원보다도 최고로 다량의 에너지를 내놓은 에너지원이라는 것이다. 다만 핵융합 과정이 일어나기 위해서는 초고온·초고압의 환경을 만들고 이를 인공적으로 조절할 수 있어야만 한다. 중수소와 삼중수소를 1억 도의 온도로 가열하여 생긴 플라즈마들이 핵융합 반응을 일으키면 핵융합으로 질량결손이 발생한다. 이때 사라진 질량만큼의 에너지가 발생하는 과정을 인공적으로 만들어서 핵융합 에너지를 발전용으로 이용하기 위한 장치가 '핵융합로'이다. 그러나 1억 도의 초온도의 플라즈마를 가둬 놓을 물질이 없기 때문에 강력한 자기장을 만들어 그 안에 가두는 방법을 적용한 핵융합로인 토카막(Tokamak) 장치가 최근에 핵융합로로 떠올랐다. 토카막 장치는 1956년 소련의 레브 아시모비치(Lev Artsimovich) 교수팀이 모스크바 인근의 쿠르차토프 연구소에서 최초로 실험을 하였다. 1958년에 첫 번째 토카막 장치인 T-1을 만들었고, 이후에 점차로 개량되어서 1968년에 IAEA 국제회의에서 이를 공식적으로 발표하였다. 미국을 비롯한 다른 국가들은 소련의 토카막 개발보다는 레이저 핵융합 기술에 더 많은 노력을 기울였으나, 현재에는 핵융합 장치로는 토카막 장치가 스텔라레이터(Stellarator)나 레이저 핵융합 장치보다는 현실적으로 성공확률이 높다고 판단하고 있다. 현재 이 장치는 〈그림 3-19〉에서 보는 것과 같은 국제 핵융합 실험로(international thermonuclear experimental reactor, ITER)로 발전하여 2007년부터 프랑스 카다라쉬 지역에 우리나라를 포함한 7개국이 35년 동안 건설 후 가동하는 프로젝트가 가동 중이다. 이 토카막 장치 외에도 세계 4대 토카막 장치로는 유럽공동체의 JET, 미국의 TFTR, 일본 JT60, 러시아의 T10M 등이 있으며, 우리나라도 2007년부터 한국형 핵융합장치인 KSTAR(Korea superconducting Tokamak advanced reaseach)를 대전광역시 연구단지 내에 건설하여 실험 가동 중이다(〈그림 3-20〉). 〈그림 3-21〉은 토카막 장치의 내부 사진이다. 이 부분은 초전도 자석으로 둘러싸여 있으며, 연구원이 서있는 공간에서 초고온의 중수소와 삼중수소의 플라즈마가 벽에서 떨어져 핵융합이 일어나게 된다. 〈그림 3-22〉는 KSTAR와 관련하여 저자의 연구팀이 연구하였던 〈중성자에 의한 카메라 파손이 존재하는 KSTAR내부 촬영용 카메라 개발〉 및 〈motional Stark effect 관찰용 다중채널 편광유지 광학계〉라는 내용의 SCI급 논문 2편의 표지이다.

그림 3-19 국제 핵융합 실험로(ITER)의 단면도

그림 3-20 대한민국형 핵융합장치 'KSTAR' 사진
자료: Michel Maccagnan, Wikimedia Commons

그림 3-21 토카막 장치의 내부

자료: Rswilcox, Wikimedia Commons

REVIEW OF SCIENTIFIC INSTRUMENTS 89, 066102 (2018)

Note: Optics design of a periscope for the KSTAR visible inspection system with mitigated neutron damages on the camera

Kyuhang Lee, Jinseok Ko, Hanmin Wi, Jinil Chung, Hyeonjin Seo, and Jae Heung Jo

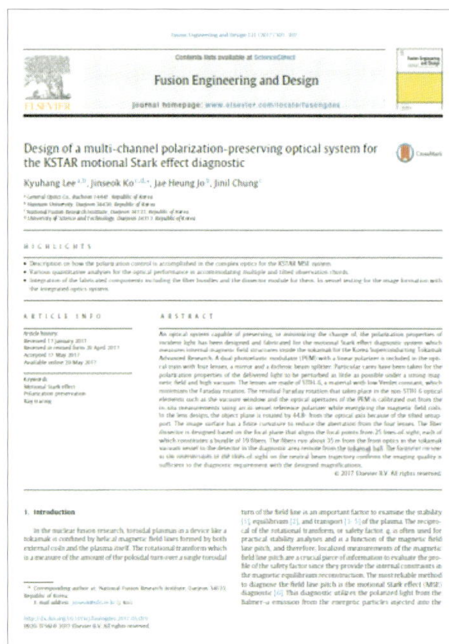

Fusion Engineering and Design

Design of a multi-channel polarization-preserving optical system for the KSTAR motional Stark effect diagnostic

Kyuhang Lee, Jinseok Ko, Jae Heung Jo, Jinil Chung

그림 3-22 KSTAR와 관련된 저자의 SCI급 논문 2편의 표지들

Chapter

4

대체 에너지의 개요

1 지열 에너지

대체 에너지에는 〈그림 1-14〉를 설명하면서 나온 수력 에너지, 지열 에너지, 풍력 에너지, 해양 에너지가 있다. 수력 에너지는 그 내용과 깊이가 방대하므로, 1부에서는 잠시 건너뛰고 2부에서 자세히 설명할 예정이다. 여기서는 2부에서 집중적으로 기술적인 문제만을 논의하는 지열 에너지, 풍력 에너지, 해양 에너지에 대해 간단하게 살펴보도록 하겠다.

〈그림 4-1〉은 히트펌프(heat pump)를 이용하여 지하의 뜨거운 또는 차가운 지열로 가정집의 냉난방 시스템을 작동시키는 모식도이다. 먼저 지하에서 뜨거운 물(또는 가스)이나 차가운 물(또는 가스)을 자연적인 압력이나 인공적인 펌프를 이용해 히트펌프까지 끌어올린다. 일반적으로 열은 뜨거운 곳에서 차가운 곳으로 흐르는 열역학 2 법칙을 따라 흘러가지만, 외부의 전기 에너지로 작동하는 압축기(compressor)를 사용하면 열의 방향을 인공적으로 조절할 수 있다. 난방일 경우 히트펌프의 작동원리를 〈그림 4-2〉에 따라 간단하게 살펴보면 다음과 같다. 지하에서 올라온 뜨거운 물이 히트펌프 내의 증발기(evaporator)를 지나면서 증발기 내의 냉매를 기체로 만든다.

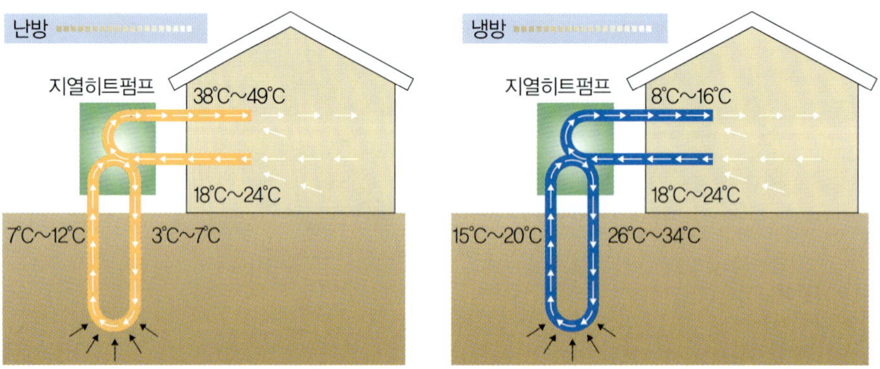

그림 4-1 지열 에너지를 사용하여 가정집에 난방과 냉방을 하는 모식도

이 기체는 응축기에서 압력에 의해서 고온의 액체 냉매로 변한다. 이 고온의 냉매의 열은 열 교환기(water heat exchanger)를 거치면서 가정용 집으로 들어가는 관의 물을 뜨겁게 만들어서 가정집의 난방용으로 사용된다. 그리고 난방 후 식은 물은 열 교환기로 다시 돌아온다. 또한 히트펌프의 열 교환기에서 물에 열을 전달한 냉매는 차가워져서 팽창밸브를 통하여 차가운 기체가 되면서 다시 증발기로 되돌아간다. 이러한 과정을 순환하면서 지열을 가정용 난방 열로 바꾸는 시스템이 히트펌프이다.

지구 중심부의 온도는 보통 4,000℃ 정도이므로 이 열로 뜨거워진 지하수나 수증기는 몇백℃까지 올라간다. 이러한 고온의 지열 에너지를 갖고 있는 유체를 이용하여 증기 터빈을 돌려서 전기를 생산하는 발전소가 지열발전소이다. 세계 최초로 지어진 지열발전소는 1904년에 지어진 이탈리아의 '라드데렐로' 지열발전소이다. 최근에는 지하에 존재하는 고온의 암반까지 지상에서 굴착하고 이 고온의 암반에 물을 주입하여 뜨거운 수증기를 발생시킨 후, 이것으로 증기 터빈을 돌려서 발전하는 '고온 암체 발전 기술'이 새로이 도입되었으며, 주로 미국, 일본에서 이 기술을 주도하고 있다. 또한 화산지대에서는 마그마의 열을 바로 물을 끓이는 데 사용하는 '화산 발전 기술' 방식도 있으나 주로 화산지대를 갖고 있는 아이슬란드 등지에서 사용하는 기술이다. 또한 지열 에너지 기술과 해양 에너지인 해양온도차 발전 기술을 복합적으로 결합한

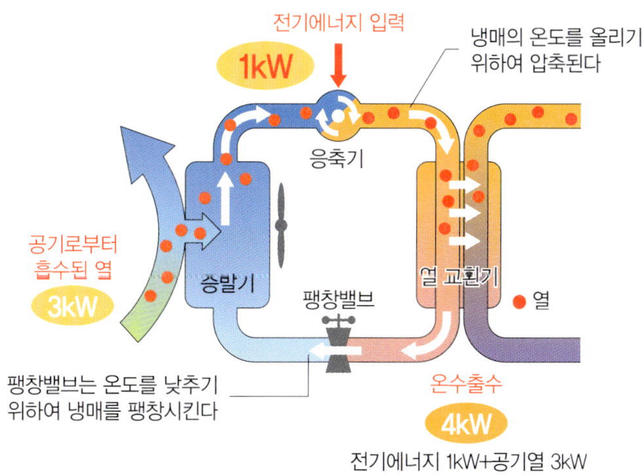

그림 4-2 지열 에너지를 이용하기 위한 히트펌프의 구조와 원리

최신 GEOTEC(geothermal&ocean thermal energy conversion) 기술도 개발되고 있다. 다만 우리나라는 아직 지질학적 문제로 지열 에너지에 대한 연구와 개발이 적극적으로 진행되지 않고 있다.

〈그림 4-3〉은 지열 에너지 기술과 해양 에너지인 해양온도차 발전 기술을 복합적으로 결합한 최신 GEOTEC 기술을 간략하게 보여주는 시스템 모식도이다. 지하에서 올라온 110℃의 뜨거운 수증기를 열 교환기(heat exchanger)와 WHS(water heating system) 펌프로 노란색 순환선을 따라 GSH(geothermal super heater)로 열을 이동시킨다. 그리고 열 교환기를 통과한 40℃ 정도로 식은 물은 다시 지하로 들어간다. 그

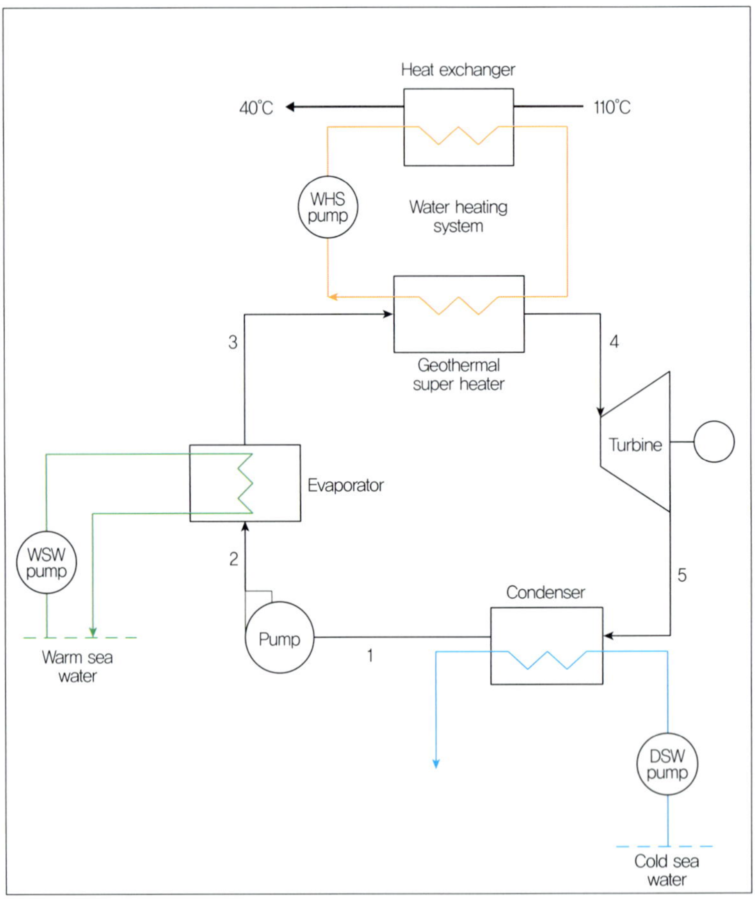

그림 4-3 지열 에너지의 GEOTEC 기술에 대한 전형적인 시스템 구성도

림에서 아래쪽은 해양온도차 발전 기술로 구성한 시스템인데, 왼쪽에 파란 선으로 된 곳이 따뜻한 해양 표층수를 받아서 증발기에서 해양온도차 발전시스템 내의 차가운 냉매를 뜨거운 기체로 만든다. 이곳에서 부족한 에너지는 다시 지열 에너지 시스템인 GSH에서 지열을 추가로 공급받아서 더욱 뜨거워진 고온의 냉매가 되고, 이것이 증기 터빈을 돌린다. 그리고 증기 터빈에서 식혀진 냉매는 해양온도차 발전에서 파란 선으로 그려진 차가운 해양 심층수로 인하여 액체로 변환되어 증발기로 다시 순환된다. 이때 해양온도차 발전으로 들어가는 차가운 해양 심층수는 DSW(deep sea water) 펌프가 공급한다. 이러한 기술이 GEOTEC 기술이다. 해양온도차 발전 기술은 4장 3절에서 상세히 다시 설명할 것이다. 지열 에너지 및 지열 에너지 발전은 2부 13장에서 보다 깊이 있게 구석구석 살펴볼 예정이다.

2 풍력 에너지

공기의 유동이 가지는 운동 에너지, 즉 풍력 에너지를 발휘하는 바람의 공기역학적(aerodynamic) 특성을 이용하여 풍력발전이기의 회전자(날개)를 회전시키고, 회전하는 날개의 회전 운동 에너지로 발전기를 돌리는 기술이 풍력발전 기술이다. 풍력발전기는 〈그림 4-4〉에서 보는 것과 같이 회전하는 날개가 지표면을 따라 부는 바람과 방향이 일치하는 수평형 풍력발전기와 지표면을 따라 부는 바람의 방향에 수직하게 날개가 세워져 있는 수직형 풍력발전기가 있다. 대표적으로 우리나라 제주도나 태백산맥 일대에 설치된 수평형 풍력발전기의 구조는 〈그림 4-5 (a)〉와 같다. 날개(blade)는 보통 3개로 구성되며, 3개의 날개는 바람의 방향에 맞추어 날개의 피치(pitch)가 조절되는 피치모터에 연결되어 있다. 날개가 바람에 따라 회전하면서 기어박스에 의해 조절된 회전속도로 발전기(generator)를 회전시켜서 전기를 생산한다. 풍력발전기 몸체 위에 설치된 유속계(anemometer)로 측정한 바람의 속도에 따라 터

그림 4-4 전형적인 풍력발전기: (a) 수평형, (b) 수직형

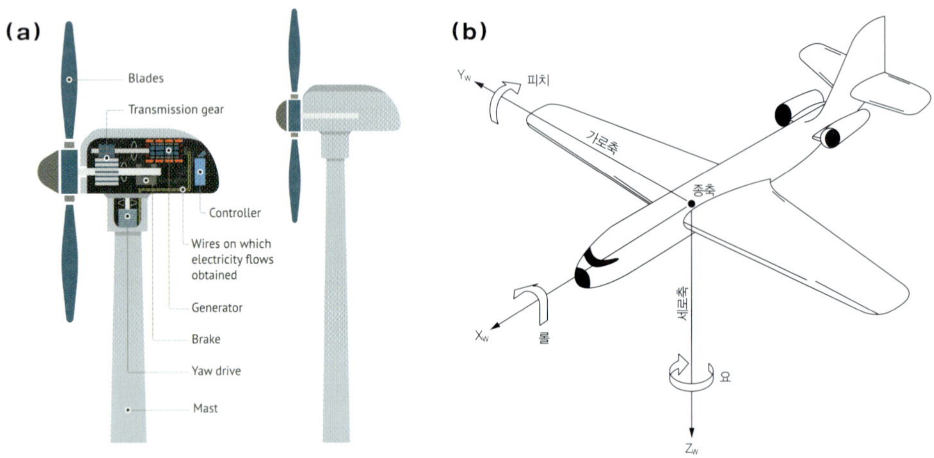

그림 4-5 수평형 풍력발전기의 (a) 구조와 (b) 날개(blade)를 기준으로 한 pitch, yaw, roll의 구분

빈 조정실(turbine nacelle controller)에서 브레이크(brake)나 기어박스로 발전기에 최적의 회전수를 전달하며, 위험할 경우에는 날개의 회전을 중지시킬 수 있다. 또한 터빈 조정실에서 바람의 방향에 날개가 정면으로 바라보도록 요 드라이브(yaw drive)를 작동시켜서 풍력발전기 타워(tower) 위에 놓여 있는 요 데크(yaw deck) 위의 풍력발전기 몸체의 요를 바람에 대한 최적 방향으로 조절한다. 〈그림 4-5 (b)〉는 비행기 모형으로 롤, 피치, 요가 어떻게 움직이는 것인지를 보여준다. 이러한 풍력 에너지는 2부 10장에서 보다 세밀하게 상세히 살펴볼 것이다.

3 해양 에너지

해양 에너지 발전은 다음과 같은 4가지로 분류한다. 첫째로 파도의 힘을 이용하여 발전을 하는 파력발전, 둘째로 조류의 힘을 이용하는 조류 발전, 셋째로 조석 간만의 차로 인하여 생긴 에너지로 발전하는 조력발전, 마지막 네 번째로 바다의 해수면의 따뜻한 표층수와 심해의 차가운 심층수의 온도 차이를 이용하여 발전하는 해양온도차 발전(ocean thermal energy conversion, OTEC)이 있다. 이 중 여기서는 파력 에너지 발전과 해양온도차 발전을 간단하게 살펴보고, 4가지 해양 에너지 발전에 대해서는 2부 12장에서 다양하게 살펴볼 예정이다.

〈그림 4-6〉은 해양 에너지에 속하는 파도를 사용한 파력발전의 한 종류인 진동수주형 고정식 파력발전소의 작동원리를 보여주는 그림이다. 파도가 발전소로 밀려오면 콘크리트 구조물 내부의 바닷물 수위가 올라가고, 이어서 내부의 공기가 위로 압축되면서 콘크리트 언덕에 설치된 터빈 쪽으로 공기가 밀려 들어가면서 터빈이 돌아

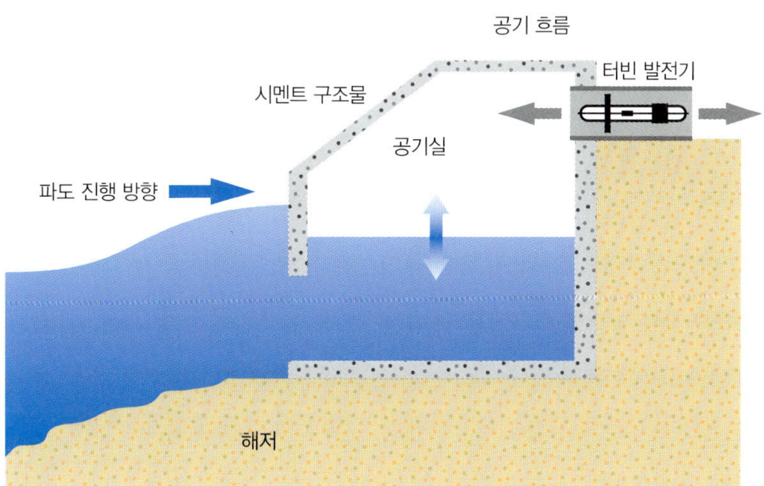

그림 4-6 해양 에너지의 파력발전소. 제주도 차귀도에 설치된 진동수주형 고정식 파력발전소

간다. 터빈이 돌아가면 이와 맞물려 있는 발전기가 돌면서 전기를 생산하는 방식이다. 마찬가지로 파도가 밀려 나가면 앞의 상황과는 반대로 공기가 반대 방향으로 빠져나가면서 다시 터빈이 돌아간다. 이러한 원리를 바탕으로 2016년 우리나라 제주도 차귀도에 500 kW급 진동수주형 고정식 파력발전소가 테스트용으로 설치되었다.

그리고 진동수주형 파력발전과는 다른 파력발전의 형태가 이동식 파력발전소이다. 〈그림 4-7 (a)〉는 이동식 파력발전의 원리를 보여준다. 포르투갈 아구사두라 해안에 설치된 부유식 파력발전소로, 바다 위에 떠 있는 발전소를 '펠라미스'라고 명칭하는데 이는 펠라미스 파력발전(PWP) 사의 회사 이름을 따서 사용한 것이다. 〈그림 4-7 (a)〉의 맨 위쪽 그림처럼 펠라미스의 앞부분을 파도가 오는 방향으로 설치한 경우, 파도가 위아래로 치면 펠라미스가 위아래로 흔들리면서 펠라미스의 부유통들이 위아래로 흔들린다. 그러면 이 부유통들과 연결된 전력변환장치 내의 압축 장치가 압축되었다가 저수통 내의 물을 밀어낸다. 압축장치는 서로 다른 두 방향으로 설치되어 있기 때문에 위로 압축되는 경우와 아래로 압축되는 경우에 모두 작동한다. 전력변환장치는 〈그림 4-7 (a)〉의 위에서 세 번째 그림에서 상세히 볼 수 있다. 그러면 압력으로 밀린 물은 터빈을 돌리고, 터빈은 순차적으로 발전기를 돌려서 전기를 생산한다. 〈그림 4-7 (a)〉의 위에서 두 번째 그림처럼 펠라미스의 앞부분을 파도가 오는 방향의 수직으로 설치한 경우에도 전력변환장치 내부의 좌우에 설치된 압축 장치가 작동하여 전력을 생산한다. 이 장치는 적당한 지역으로 이동한 후 해저에 고정되고, 해저 케이블로 전력을 해안으로 송전한다. 〈그림 4-7 (b)〉는 2006년 10월부터 가동 중인 포르투갈 아구사두라 해안에 설치한 총 2.25 MW급 전력을 생산하는 펠라미스 3기가 설치된 사진이다. 포르투갈 정부는 이 프로젝트를 성공이라고 판단하여 35만 가구용 500 MW급 발전소로 확대하여 설치하는 작업을 진행 중이다.

〈그림 4-3〉에서 설명한 GEOTEC에서 잠깐 나온 해양온도차 발전, 즉 OTEC(ocean thermal energy conversion)의 기본 조건을 설명한 것이 〈그림 4-8〉이다. 〈그림 4-8〉의 오른쪽 그래프는 수온과 수심의 관계를 보여준다. OTEC에서 사용하는 따뜻한 표층수는 수심 약 200 m까지로 수온이 14~24℃의 조건을 유지해야 하고, 차가운 심층수는 수심 800 m 이상에서 수온이 2~4℃ 이하인 조건을 만족해야 한다. 지구 표면의

(a)

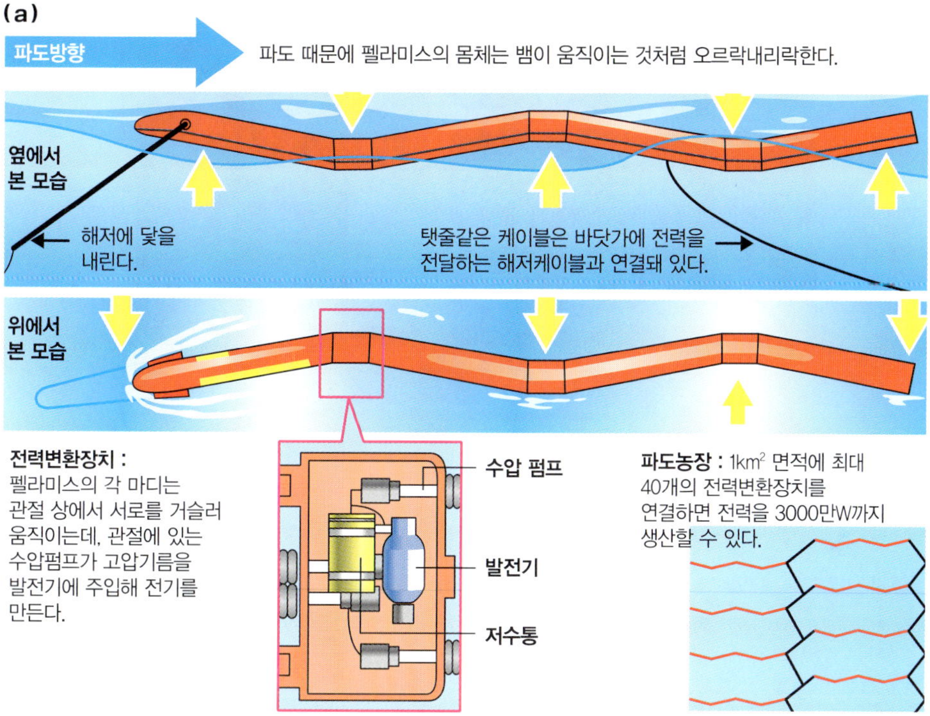

(b)

그림 4-7 (a) 포르투갈 아구사두라 해안에 설치된 이동식 파력발전소 작동원리와 (b) 설치된 사진

약 71%가 해양이므로 태양에너지는 태양열 에너지로 바다 표층(해양면)을 덥혀서 적도와 중위도 지역의 바다 표층수는 대부분이 20℃ 이상이 된다. 이와 반면에 태양열 에너지가 도달하기 어려운 심해 지역의 해양심층수는 거의 2℃ 이하의 온도가 된다. 이러한 중요한 내용은 〈그림 4-8〉의 왼쪽에 기술해 놓았다. 이러한 수심에 따른 해

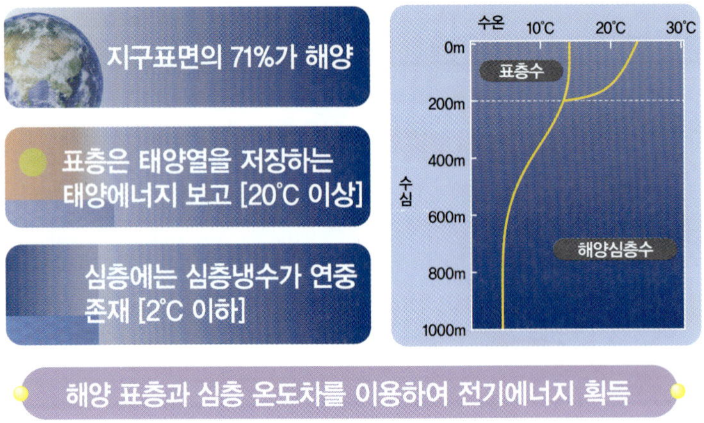

그림 4-8 해양온도차 발전(OTEC, ocean thermal energy conversion)의 기본 조건

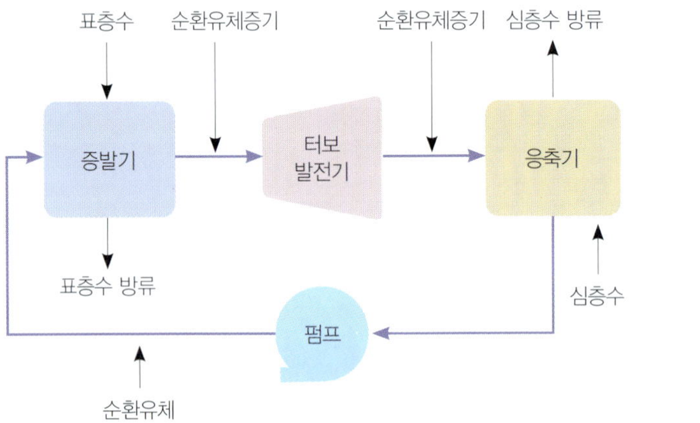

그림 4-9 해양온도차 발전에서 사용하는 냉각수 및 냉매의 순환도

양온도차를 이용한 해양온도차 발전소를 심해 바다에 설치할 수 있다. 해양온도차 발전소에서는 해양온도차 발전기의 증발기에서 따뜻한 표층수로 프레온이나 암모니아와 같은 냉매를 기체로 만들고, 이 기체로 터보 발전기를 가동하여 전기를 생산한다. 터보 발전기를 지나면서 식은 기체 냉매는 다시 한번 해양온도차 발전에서 차가운 심층수로 인하여 응축기에서 액체 냉매가 되며, 이를 펌프로 증발기에 순환시킨다. 이때 증발기에 들어간 표층수는 약간 온도가 내려간 상태로 다시 바다의 해양면으로 내

보내고, 해양온도차 발전에서 사용한 심층수는 약간 온도가 올라간 상태에서 다시 심해로 방출한다. 이러한 해양온도차 발전에서 순환하는 냉각수와 냉매의 순환 흐름은 〈그림 4-9〉에 정리하여 그려 놓았다.

Chapter

5

신에너지의 개요

1 태양에너지

신에너지는 최근에 개발되어 널리 이용되거나 연구되고 있는 에너지로, 에너지 효율도 좋으면서 자원 문제와 오염물질의 배출이 비교적 거의 없는 자원순환식 에너지를 총칭한다. 신에너지로는 태양광 에너지와 태양열 에너지를 합친 태양에너지, 연료전지, 자기유체역학(magnetic hydro-dynamics, MHD) 발전, 바이오매스 에너지, 핵융합 에너지가 이 범주에 들어간다. 이 중에서 태양에너지와 바이오매스 에너지는 현재 실제로 응용되는 신에너지이다.

태양 중심부 핵의 온도는 약 1,500만 K로 〈그림 5-1〉과 3장 2절에서 설명한 핵융합 반응이 연속적으로 일어나면서 이러한 온도를 유지한다. 반면에 태양의 표면은 약 5,000 K 정도로 이 온도의 복사 에너지를 사방으로 전파한다. 지구를 향하는 각도는 매우 작고 거리가 상당히 멀지만 태양에너지가 막대하기 때문에 지구의 대기층에 1초당 도달하는 총에너지인 일률(power)은 1.74×10^{17} W이다. 이는 태양에서 나오는 일률의 22억분의 1이다. 그래도 원자력발전소 1기가 대략 1×10^{6} W이므로 지구 대기에 도착하는 태양에너지의 일률의 크기를 짐작할 수 있다.

태양에너지의 장점은 첫 번째로 에너지의 양이 엄청나게 크면서도 앞으로도 약 70

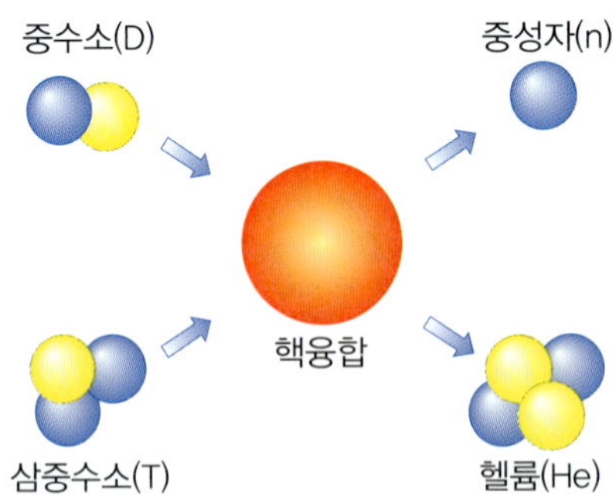

그림 5-1 태양에너지의 근원인 핵융합 원리

억 년 이상, 즉 거의 무한대로 사용할 수가 있다는 것이다. 그리고 두 번째로 핵융합의 결과물은 헬륨이고 이 헬륨도 태양 자체에 남으므로 지구에 생기는 환경오염 물질은 거의 없다는 것이다. 단점으로는 전 지구적으로 내려오는 에너지이기 때문에 단위면적당 에너지 밀도가 낮고 수집이 어렵다는 점이다. 그리고 태양열 에너지로 활용할 때는 효율이 너무 낮고, 태양광 에너지로 사용하는 태양전지의 낮은 효율과 높은 가격은 물론 생산과 폐기 과정에서 생기는 다량의 폐기물 문제 등이 해결되어야 할 문제이다. 그러나 작은 단위의 발전소로 사용이 가능하고, 대량으로 사용할 경우에는 충분한 전력을 생산할 수 있기 때문에 현재에도 지속적으로 수요가 늘고 있으며, 보다 효율이 좋은 태양전지 개발이 진행 중이다.

앞서 설명한 대기층에 도착한 태양에너지를 100%로 했을 때, 〈그림 5–2〉에서 보는 것처럼 구름과 지표면에서의 반사로 30%가 사라지고, 대기와 그름 등에 의한 흡수로 19%가 없어지기 때문에 지표면에 도달하는 태양에너지는 약 51% 정도가 된다. 즉, 육지와 해양에 의해서 흡수되는 태양에너지가 51%라는 의미이다. 그리고 대기와 구름에 의하여 흡수된 것과 지표면에 도달한 태양에너지에서 대기복사와 지구복사로 약 70%가 우주로 다시 사라지고, 지구 내부로 순환하는 태양에너지는 약 30% 정도로 조사되었다. 지구 대기와 지표면에 도달하여 지구 내부로 순환되는 약 30%의 태양

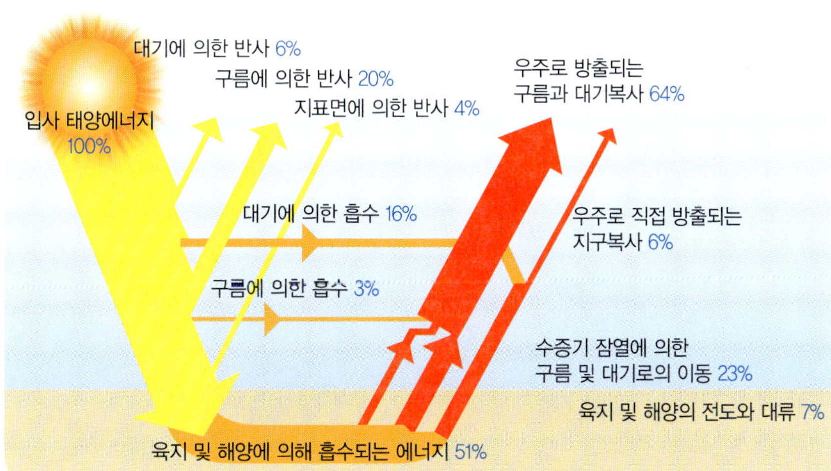

그림 5–2 태양복사에너지의 전달과정과 전달과정상의 손실도

에너지는 지구 내부에서 다양한 에너지원으로 변환된다. 〈그림 5-3〉에서 보는 것처럼 재생가능한 에너지인 태양광 에너지, 태양열 에너지, 풍력 에너지, 수력 에너지, 바이오매스 에너지는 수초에서 수십 년 정도의 시간이 걸려서 변환되는 것으로 전부 또는 일부가 재생이 가능한 에너지들이다. 한편 재생불가능한 에너지들인 화석 에너지들은 수백만 년에서 수천만 년의 세월이 걸려서 변환된 것으로, 이를 사용하면 대부분 열, 재, 이산화탄소 등으로 변환되기 때문에 재생이 거의 어려운 에너지들이다.

〈그림 5-3〉에서 설명한 재생가능한 에너지 중에서 현재 실질적으로 널리 사용 중인 것은 태양광 에너지와 태양열 에너지이다. 태양에너지에 대한 이 두 응용 방식의 원리는 〈그림 5-4〉에 비교하여 놓았다. 태양열 발전은 〈그림 5-4 (b)〉에서 보듯이 태양열을 집열판으로 모아서 액체 냉매(보통은 물)를 끓이고, 이렇게 뜨거워진 물이나 수증기가 열 교환기에서 발전용 증기 터빈이나 온수/난방용 보일러를 작동시키는 뜨거운 수증기나 물에 에너지를 주입하여 전기나 온수를 제공하는 것이다. 당연히 열에너지가 포함된 여러 단계를 거치는 태양열 발전 방식이 직접적으로 태양광 에너지를 전기에너지로 변환시키는 태양광 발전 방식보다는 열효율이 떨어진다.

태양열 발전과 비교한 태양광 발전은 〈그림 5-4 (a)〉에서 볼 수 있는데, 주재료는 n형 반도체와 p형 반도체이다. n형 반도체는 〈그림 5-5 (a)〉의 주기율표에 나와 있

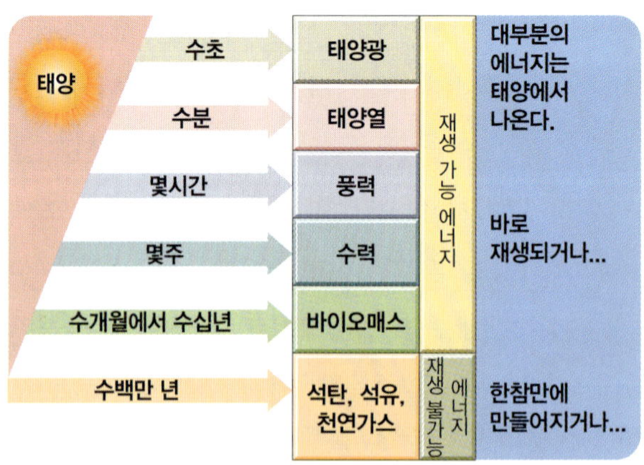

그림 5-3 태양에너지가 다양한 재생가능한 에너지나 재생불가능한 에너지들로 변환되는 시간

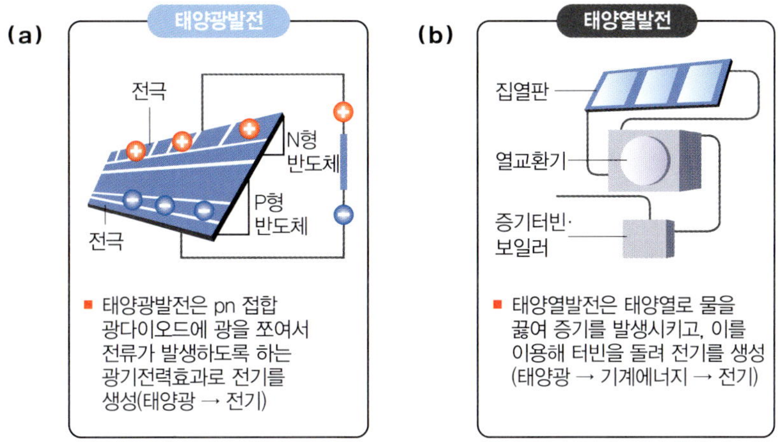

그림 5-4 태양광 발전과 태양열 발전의 차이점을 비교 설명하는 개략도

는 실리콘(Si)이나 저마늄(Ge)과 같은 4가의 반도체 물질에, 반도체 물질에 비해서 전자가 1개 많은 5가 물질(인(P), 비소(As), 안티몬(Sb) 등)을 극미량 섞어서 생긴 자유전자(free electron)가 전도대(conduction band)에서 음전하를 운반하는 반도체이다. 그리고 p형 반도체는 전자가 1개 적은 3가 물질(붕소(B), 알루미늄(Al), 갈륨(Ga), 인듐(In) 등)을 4가 반도체 물질에 극미량 섞어서 생긴 정공(hole)이 가전자대(valence band)에서 양전하를 운반하는 반도체이다. n형 반도체와 p형 반도체를 물리적으로 접합하여 만든 pn 접합 다이오드에 광을 비추었을 때, n형 반도체와 p형 반도체 각각에서 발생한 자유전자와 정공이 공핍층(depletion layer, 접합부)에서 서로의 반대 영역으로 퍼텐셜 차이로 넘어가고 이후에는 확산효과로 두 반도체의 양 끝단면으로 진행하여 모인다. 〈그림 5-5 (b)〉의 접합 전 그림에서는 n형 반도체와 p형 반도체의 정공 및 자유전자의 에너지 준위를, 접합 후 그림에서는 pn 접합 다이오드의 에너지 준위와 정공 및 자유전자가 움직이는 과정을 그려 놓았다. pn 접합 다이오드에서 p형 반도체와 n형 반도체의 양 단면을 부하(load: 전등이나 발전기 등)를 가진 도선으로 연결하면 전류가 흐른다. 이와 같이 pn 접합 다이오드에 광을 비추어 전도대에 생기는 자유전자와 가전자대에 생기는 정공이 공핍층에서 서로의 반대쪽 반도체 쪽으로 넘어가서 전하가 이동하여 전위차가 양 끝단면에 발생하는 효과를 광기전력 효과

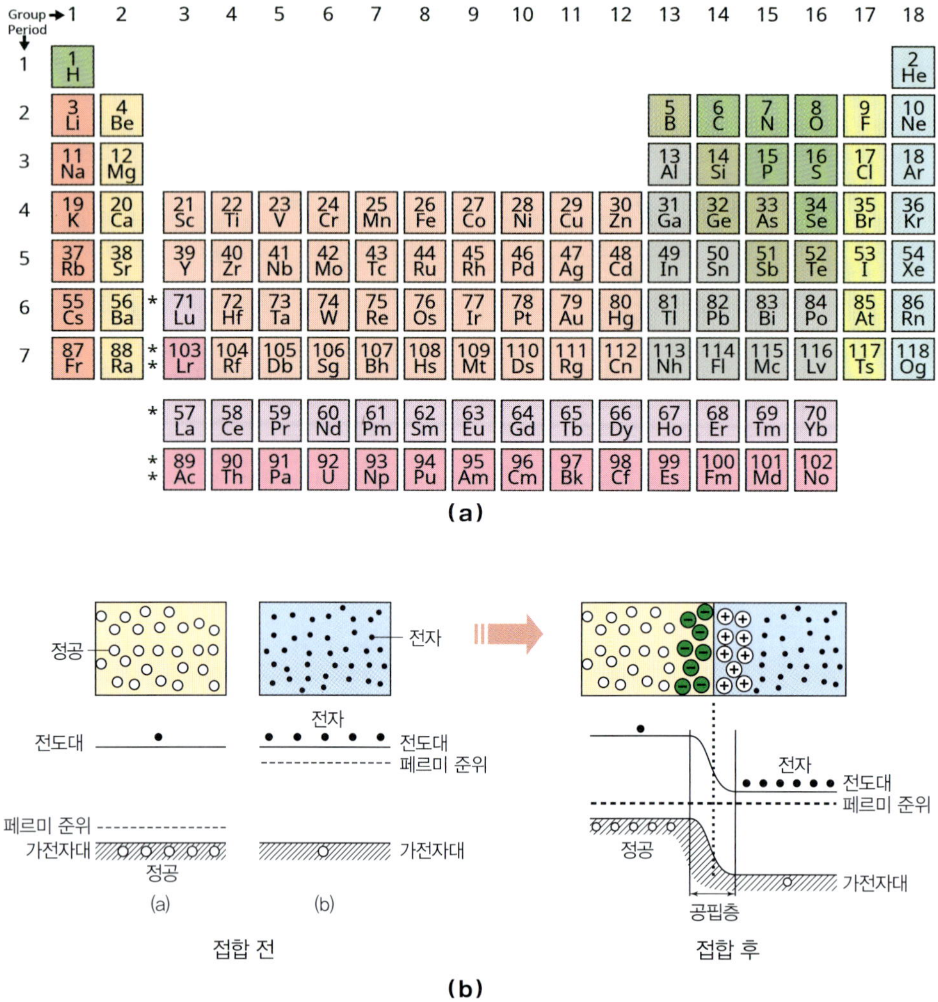

그림 5-5 (a) 주기율표에서 반도체 원소들과 (b) 반도체 원소들을 이용한 p형 반도체, n형 반도체, p-n 접합 다이오드의 작동원리를 보여주는 에너지 준위

(photovoltaic effect)라고 한다. 즉 태양광 발전은 태양에너지를 바로 전기에너지로 변환하는 방식이다. 여기에서 pn 접합 다이오드의 외부에서 어떤 전압도 인가하지 않으면 이는 태양전지가 되며, 외부에서 전압을 인가하면 광다이오드가 된다.

표 5-1 여러 가지 광기전력 효과가 있는 물질의 특성들

물질	작동 온도	파장 범위	최고감도
Si	295 K	0.4~1.1 μm	0.9 μm
Ge	235 K	0.9~1.5 μm	1.5 μm
InAS	295 K	1.0~3.6 μm	3.5 μm
InSb	77 K	2.0~5.4 μm	5.3 μm

태양전지나 광다이오드가 갖는 광기전력 효과를 나타내는 실리콘(Si), 저마늄(Ge), 비소화 인듐(InAs), 안티몬화 인듐(InSb)에 대한 작동온도, 파장범위, 최고감도를 나타내는 파장에 대해서 〈표 5-1〉에 정리하여 놓았다. 〈표 5-1〉에서 보듯이 실리콘은 가시광에서 작동하며, 저마늄은 근적외선에서, 비소화 인듐과 안타몬화 인듐은 모두 중적외선에서 사용하는 물질이다. 태양전지 재료로는 대부분 모래에서 정제하여 제조할 수 있기 때문에 생산단가가 비교적 저렴한 실리콘을 사용한다. 실리콘은 결정구

(a)

(b)

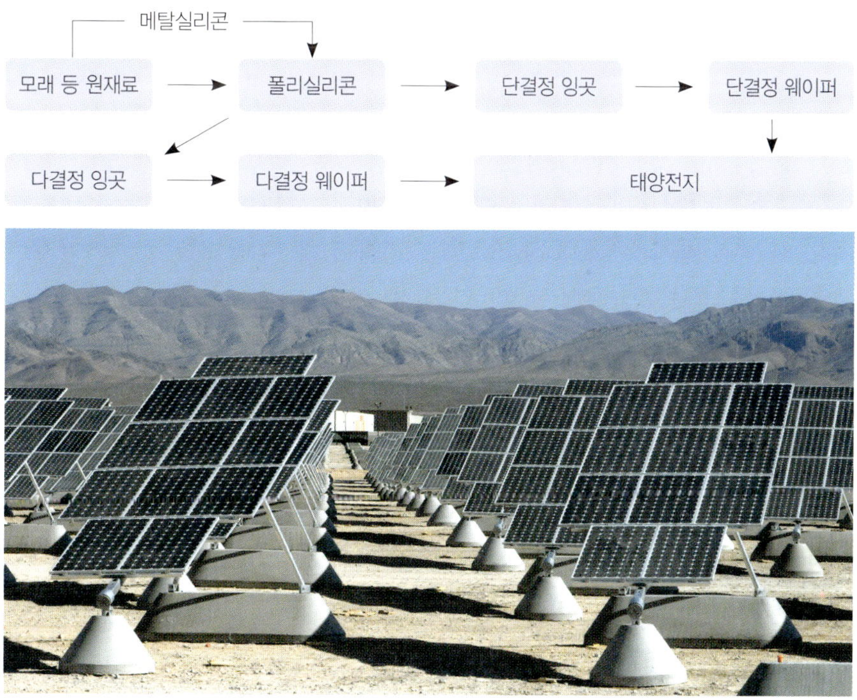

그림 5-6 (a) 태양전지의 제조 과정, (b) 태양광 발전소 설치 사례

조에 따라 다결정 실리콘(poly-crystal silicon), 단결정 실리콘(single crystal silicon), 비정질 실리콘(amorphous silicon)으로 제조된다. 〈그림 5-6 (a)〉는 실리콘 태양전지를 만드는 과정을 순차적으로 보여준다. 모래에서 메탈 실리콘을 정제한 후에 이를 그대로 녹여서 순도만 높인 것이 다결정 실리콘 잉곳이다. 반면에 다결정 실리콘을 고온에서 녹인 후 씨앗이 되는 실리콘을 이 고온의 액체 다결정 실리콘에 담그고 아주 느린 속도로 이 씨앗 실리콘부터 순도가 높은 단일 결정 구조의 큰 결정 덩어리가 생기게 하는데, 이 덩어리가 단결정 잉곳이다. 다결정 잉곳이나 단결정 잉곳을 얇게 자르면 다결정 웨이퍼와 단결정 웨이퍼가 되고 이를 이용하여 태양전지를 제조한다. 〈그림 5-6 (b)〉는 태양전지를 완성품으로 제작하여 설치한 태양광 발전소의 사진이다.

2 연료전지

연료전지는 수소연료전지를 줄인 말로 약 6가지 형태가 있다. 비교적 초기에 나온 〈그림 5-7〉은 PAFC(phosphoric acid fuel cell)의 동적원리를 보여주는 대표적인 그림이다. 이 연료전지는 수소와 산소가 가진 화학적 에너지를 직접 전기에너지로 변환시키는 전기 화학적 장치로서, 수소와 산소를 각각 음극과 양극에 공급하여 연속적으로 전기를 생산하는 새로운 발전기술이다. 연료전지에 필요한 연료로 양극에 필요한 산소는 공기에 있는 산소를 그대로 사용하며, 수소를 여러 가지 방법으로 만들어서 음극에 공급한다. 특히 연료전지에서 화학 반응 후 나오는 잔여물이 이론적으로 물만 있기 때문에 오염물질 배출이 거의 없는 양질의 에너지원으로 각광받고 있다.

연료전지는 전기화학적으로 반응하여 전기를 생산하는 과정에서 발생하는 열도 이용하는 열병합 발전이 되기 때문에 80% 이상인 고효율 발전이 가능하다. 이러한 열효율적 관점을 포함한 연료전지의 장점은 다음과 같이 7가지로 정리할 수 있다. (1) 발전용 연료의 절감, (2) 열병합을 통한 큰 열효율, (3) NO_x와 CO_2와 같은 공해의 배

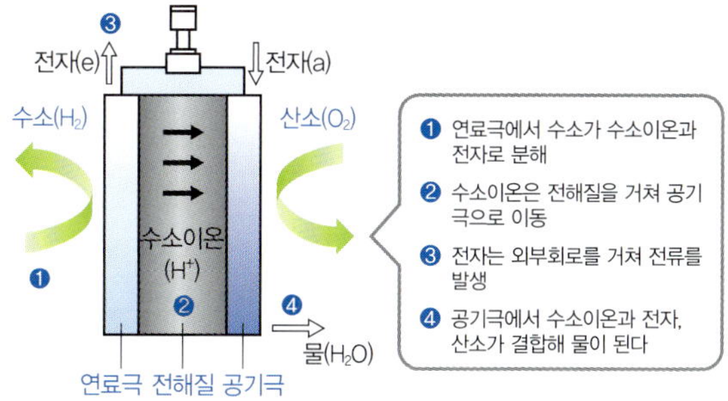

그림 5-7 PAFC(phosphoric acid fuel cell)의 전기발생 원리

출량이 매우 적음, (4) 전기화학 반응으로 거의 무소음, (5) 모듈화에 의한 건설 기간 단축, (6) 설비 용량의 증감이 가능하기 때문에 입지선정이 용이함, (7) 도심지역 또는 건물 내에 설치가 가능하여 경제적인 에너지 공급이 가능함. 앞서 설명한 연료에서 음극에 공급해야 할 수소는 천연가스, 도시가스, 나프타, 메탄올, 폐기물 가스와 같은 다양한 원료를 사용하여 제공할 수 있기 때문에 원료 수급 문제도 크지 않다. 연료전지의 이러한 다양한 장점들 때문에 이미 국방이나 우주산업에서는 1960년대부터 본격적으로 사용되었으며, 현재에는 분산 전원용 발전소, 열병합 발전소, 무공해 자동차 전원으로 그 사용범위를 넓혀가고 있다.

연료전지 자체의 구조와 동작 원리는 〈그림 5-7〉로 간단하게 설명하였다. 이에 덧붙여서 수소연료 공급 및 전기의 활용에 대한 용도는 〈그림 5-8〉과 같은 연료전지 발전시스템으로 설명이 가능하다. 단일 연료전지들을 병렬로 여러 개를 한번에 묶어서 제조한 것이 연료전지 셀이다. 연료전지 셀의 전압은 1개의 연료전지와 동일하기 때문에 연료전지 셀의 전압은 1개의 연료전지와 동일한 1 V 근처의 전압이지만 전류는 연결된 연료전지 수에 따라 증가한다. 그리고 자동차용 모터나 가정용 가전제품을 구동하기 위한 충분한 전류를 만들기 위해서 연료전지 셀을 직렬로 연결한 연료전지 스택(stack)을 구하여 수~수십 kW급의 연료전지 스택이 구성된다. 이 연료전지 스택의 음극(공기극)에는 외부 공기(산소)가 공급되며, 연료전지 스택의 양극(연료극)에는 LNG, LPG, 메탄가스, 납사(나프타), 메탄올과 같은 다양한 연료들을 가지고 수소를 만드는 개질기(reformer)를 통하여 수소가 공급된다. 그 결과 연료전지 스택에서

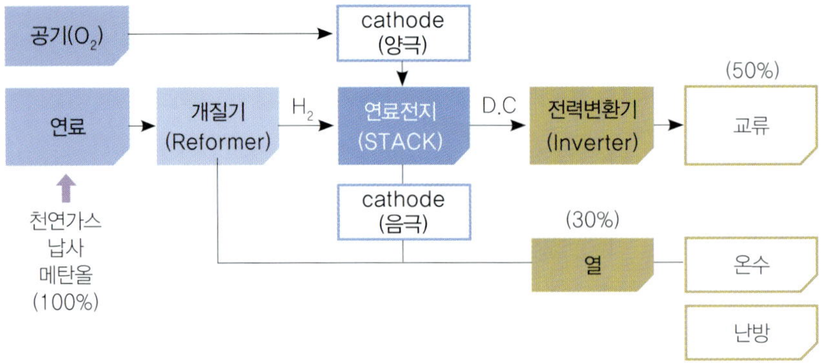

그림 5-8 연료전지 발전시스템 구성도

직류의 전류가 생산되면서 부산물로는 뜨거운 물이 나온다. 이 전류는 자동차의 경우에는 직접 직류 모터로 연결하여 사용하지만 가정용 전자제품에 사용하기 위해서는 인버터(inverter)라고 하는 DC/AC 전력변환기를 사용하여 직류(DC)를 교류(AC)로 변환하여 사용하기도 한다. 한편 연료전지 스택에서 나오는 뜨거운 물은 온수나 난방용으로도 사용이 가능하며, 열병합 발전을 통하여 추가적인 전기를 발전할 수도 있다. 연료전지 스택에서 나오는 전기로 약 50%의 에너지 효율을 얻고, 배출되는 물의 열에너지로 대략 30%의 에너지 효율 얻을 수 있기 때문에 연료전지는 보통 80% 정도의 열효율 갖는다고 말한다.

연료전지는 약간의 논쟁이 있지만 1839년에 독일 화학자 프리드피히 쇤바이크(Friedfich Schonbeinrk) 또는 1838년에 미국인 윌리엄 로버트 그로브(William Robert Grove)가 최초로 제안하였다고 한다. 이후에 미국에서 1962년 제미니 우주선 계획의 전기공급장치를 시작으로 우주 및 군용 알칼리 연료 전지(AFC)의 연구개발이 본격적으로 시작되었다. 그리고 일본은 대표적으로 1981년부터 6년 동안 에너지 절약기술을 연구개발하였으며, 특히 유럽은 연료전지의 중심이라고 하여 PAFC, MCFC, SOFC 등과 같은 다양한 연료전지를 개발하였다. 한편 한국은 1985년 이후 자동차용, 발전용, 산업용으로 지속적인 연구를 진행하여 오고 있다. 현재 연료전지의 상업용 성공 모델은 버스와 트럭용 수소연료전지로 한국, 중국, 독일, 미국 등에서 연구개발 중이다.

〈표 5-2〉에서 보는 것처럼 연료전지는 작동 온도와 주 연료의 형태에 따라 다음과

같은 6가지 종류가 있다. (1) 알칼리 연료전지(AFC), (2) 인산염 연료전지(PAFC), (3) 용융탄산염 연료전지(MCFC), (4) 고체전해질 연료전지(SOFC), (5) 고분자전해질막 연료전지(PEMFC), (6) 직접메탄올 연료전지(DMFC). 이 중에서 AFC, PAFC, PEMFC, DMFC는 작동 온도가 비교적 낮아서 저온형 연료전지로 분류하고 MCFC와 SOFC는 저온형 연료전지에 비해서 상대적으로 작동 온도가 높기 때문에 고온형 연료전지로 구분한다. 작동 온도가 상대적으로 높은 고온형 연료전지 2종은 수소를 이온화하기 위하여 백금과 같은 고가의 촉매 대신에 고온의 환경을 조성하여 수소가 이온화되도록 한다. 이와는 반대로 저온형 연료전지들은 대부분 수소의 이온화를 돕기 위하여

표 5-2 연료전지의 종류별 특징 및 용도

종류/특징	고온형 연료전지		저온형 연료전지			
구분	용융탄산염 연료전지 (MCFC)	고체산화물 연료전지 (SOFC)	인산염 연료전지 (PAFC)	알칼리 연료전지 (AFC)	고분자전해질막 연료전지 (PEMFC)	직접메탄올 연료전지 (DMFC)
작동 온도(℃)	550~700	600~1000	150~250	50~120	50~100	50~100
주 촉매	Perovskites	니켈	백금	니켈	백금	백금
전해질의 상태	Li/K alkali carbonates mixture	YSZ GDC	H3PO4	KOH	이온교환막	이온교환막
전해질 지지체	immobilized liquid	Solid	immobilized liquid	–	Solid	Solid
전하전달 이온	CO_3^{2-}	O^2	H^+	OH^-	H^+	H^+
가능한 연료	H_2, CO(천연, 석탄가스)	H_2, CO(천연, 석탄가스)	H_2, CO(메탄올, 석탄가스)	H_2	H_2(메탄올, 석탄가스)	메탄올
외부연료 개질기의 필요성	No	No	Yes	Yes	Yes	Yes
효율(%LHV)	50~60	50~60	40~45	–	<40	–
주 용도	대규모 발전, 중소사업소 설비	대규모 발전, 중소사업소 설비, 이동체용 전원	중소사업체설비, 바이오가스 플랜트	우주발사체 전원	수송용 전원, 가정용 전원, 휴대용 전원	휴대용 전원

고가의 백금을 촉매로 사용한다. 〈표 5-2〉의 AFC의 경우에는 촉매가 니켈로 적혀있지만, 니켈 외에도 백금이 보조적으로 필요하다. 그러므로 우주나 국방용 응용 제품으로 사용하지 않는 일반적인 상업용 연료전지 발전을 위해서는 백금을 사용하지 않는 고온형 연료전지를 사용하지만, 고온의 환경을 제어하고 다른 부품이나 기계로 열이 전달되는 막는 열차폐 기술이 필수적으로 수반되어야 한다. 또한 연료전지에서 음극과 양극 사이에서 수소 이온만이 통과하도록 하는 전해질로는 액체보다 고체를 사용하는 것이 안전과 장기 보관 및 소형화에 용이한데, 현재로는 PEMFC와 MCFC 2종류만이 고체 전해질이다. 그러나 역사적으로 가장 기술적 완성도가 높은 것은 AFC와 PAFC이다. 그러므로 이러한 대략적인 특성을 고려하면 AFC는 우주발사체용 전원장치로, PAFC는 중소사업체 시설이나 바이오가스 플랜트 시설의 전원장치로, MCFC는 대규모 발전용 전원장치로, SOFC는 대중소 발전용 전원장치와 자동차용 모터구동 전원장치로, PEMFC와 DMFC는 현재 연구개발 중인 연료전지로 가정용, 휴대용, 운송용 전원장치로 활용될 예정이다. 〈표 5-2〉에서 보여준 6가지 연료전지에 대한 자세한 동작 원리와 응용 분야는 2부 14장에서 보다 자세하게 논의하고 설명할 것이다.

3 MHD 발전

자기유체역학(magneto hydro-dynamics, MHD) 발전은 고효율 신발전 방식 중의 하나이다. MHD 발전은 〈그림 5-9〉에서 보는 것처럼 고온으로 이온 상태인 플라즈마 유체(도전성 유체)가 자기장 속을 운동하면 자장의 방향 및 유체의 유동 방향과 각각 직각이 되는 방향으로 유체가 로렌츠 힘에 의해서 전극이 설치된 벽으로 몰리면서 전극이 설치된 두 벽 사이에 전위차(전압)가 생긴다. 당연히 위아래의 두 면은 절연면이다. 전극이 있는 두 면을 회로로 연결하면 전류가 흐르는 현상을 응용한 터빈과 발전기가 필요하지 않은 신개념의 발전 방식이다. 〈그림 5-9〉의 전기전도유체 내

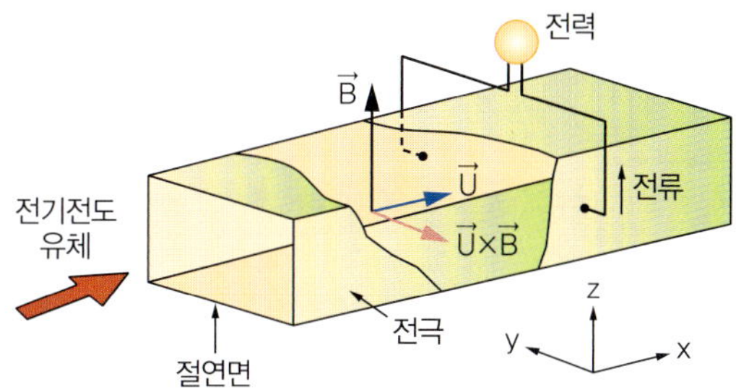

그림 5-9 자기유체역학 발전의 기본 원리 설명도

의 전하 q가 받는 전자기력인 로렌츠 힘 $\vec{F}_m$은 다음과 같다. 전하 q를 갖는 입자가 속도벡터 $\vec{U}$로 자기장 $\vec{B}$ 내에서 움직일 때 전하에 가해지는 로렌츠 힘은 속도벡터 크기에 비례하고, 자기장 벡터 크기에 비례하며 속도와 자기장 사이의 각도의 사인(sine)에 해당하는 값에 비례한다. 그래서 이를 한꺼번에 기술하면 두 벡터의 사이에 벡터 곱인 '×'를 사용한 $\vec{F}_m = q\vec{U} \times \vec{B}$와 같이 표현할 수 있다.

〈그림 5-10〉은 원료 수급과 추가적인 전기를 만드는 모든 시스템을 합친 전체적인 자기유체역학 발전 시스템을 설명하는 그림이다. 그림의 왼쪽부터 설명하면 다음과 같다. MHD 발전기 이전에 석탄과 뜨거운 공기 및 일부의 불씨(seed)를 합쳐서 연소기(combustor)에 들어가서 매우 뜨거워진 고온의 플라즈마 상태인 가스 이온들이 MHD 발전기에서 전기를 만든다. MHD 발전기에 전기를 만들고 남은 잔여 고온의 플라즈마들은 MHD 발전기에서 나와서 확산 보일러(diffuser boiler)로 들어간다. 이곳에서 잔여 고온의 플라즈마 이온들은 저속의 고온 기체로 만들어지면서 공기 가열기(air heater)로 주입된다. 공기 가열기에서 가열된 뜨거운 기체는 보일러(boiler)에서 보일러 내의 물을 뜨거운 수증기로 만들고 나서 저온의 기체가 된다. 그리고 이 기체는 기체 냉각기(gas cooler)와 먼지 집진기(electrostatic precipitator, ESP)를 거쳐서 오염물질이 거의 제거된 후 굴뚝을 통하여 대기로 방출된다. MHD 발전 시스템에서 생산된 전기에너지 중 일부는 왼쪽 가운데 공기 압축기(air compressor)를 작동시켜 압축된 공기가 공기 가열기를 거쳐서 고압·고온의 공기가 되어 연소기에 주입되는 뜨거운 공기가 된다. 보일러에서 생성된 뜨거운 수증기는 3단에 걸쳐서 맨 앞의 1

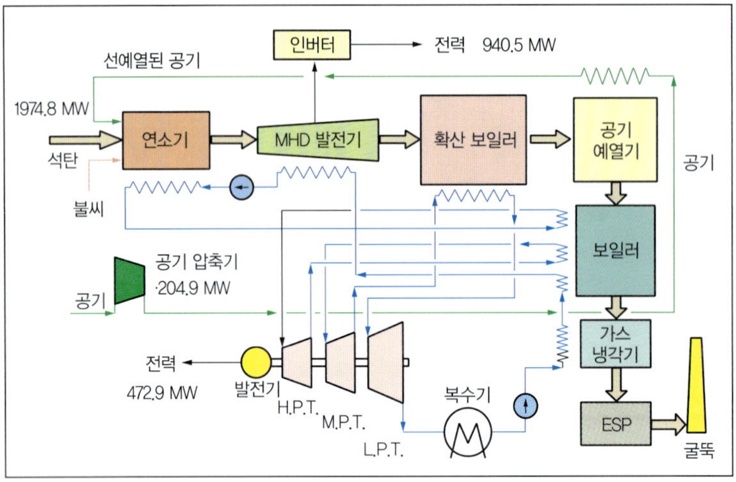

그림 5-10 자기유체역학 발전 시스템 구조도

차로 뜨거운 수증기는 고압 증기 터빈(high pressure turbine, H.P.T.)을 돌린다. 그리고 H.P.T.에서 나온 온도가 약간 식은 수증기는 다시 보일러에서 2차로 온도가 올라가서 중압 증기 터빈(middle pressure turbine, M.P.T.)을 작동시킨다. 마지막으로 M.P.T.에서 나온 저온 수증기는 보일러에서 다시 온도가 올라가게 되며, 이 수증기가 저압 증기 터빈(low pressure turbine, L.P.T.)을 회전시킨다. 끝으로 L.P.T.까지 거친 저온의 수증기는 응축기(또는 복수기, condenser)에서 물로 변한다. 이 물은 기체냉각기의 열과 보일러의 열로 온도를 올리는데, 이를 이용하여 MHD 발전기의 전체 온도를 올려서 MHD 발전기 내의 플라즈마 이온의 온도가 식지 않도록 도와준 후 저온의 물 상태가 되어서 보일러용 차가운 물로 순환된다. 3종의 증기 터빈들은 발전기를 돌려서 MHD 발전기에서 생산한 전기 외에 여분의 전기를 생산한다. 전체 MHD 발전 시스템에서 보면 연소기에 공급하는 석탄 에너지와 뜨거운 공기의 열에너지 합을 분모로 놓고, MHD 발전기와 증기 터빈이 만든 전기 에너지에서 공기 압축기에 사용된 전지 에너지를 뺀 잔여 전기 에너지를 분자로 놓아서 계산한 열효율은 최대 61%가 된다.

4 바이오매스 에너지

바이오매스(biomass)라는 것은 동물, 식물, 미생물과 같은 유기물을 말한다. 이러한 바이오매스를 사용하는 바이오매스 에너지의 장점은 지구상의 척박한 지역을 제외하고는 태양에너지와 물이 있는 모든 곳에 존재하며, 한번 사용하여도 자연적으로 다시 재생되기 때문에 환경보존적 에너지라는 것이다. 그리고 이 에너지를 사용하는 데 큰 자본이 필요하지 않다는 것 또한 장점이다. 다만 충분한 바이오매스가 생산되기 위해서는 넓은 면적의 토지가 필요하다는 단점이 있다. 〈표 5-3〉은 바이오매스 에너지를 생산하기 위한 바이오매스의 기초 자원 종류, 이를 에너지로 추출하기 위한 추출 방법, 이에 따른 결과로 나오는 최종 생산물을 보여준 것이다. 자원으로 건조 바이오매스인 목재나 폐자재를 직접 연소하거나 가스로 만들어 사용할 수 있는데, 그 결과로 열, 전기, 가스연소, 메탄올 등이 생산된다. 그 다음으로 분뇨, 폐액, 수초, 당분, 전분 셀룰로스와 같은 폐기물인 경우에는 이를 발효(화학적 분해)시켜서 에탄올이나 메탄올과 같은 연료를 얻는다. 마지막으로 조류(algae)와 같은 에너지 식물을 사용할 경우 추출 분해 과정을 통하여 바이오 디젤과 같은 탄화수소, 즉 오일을 생산할 수 있다. 〈표 5-3〉에서 설명한 바이오매스 기초 자원을 좀 더 자세히 언급한 바이오 에너지 원료가 〈그림 5-11 (a)〉이다. 바이오매스 에너지 원료로는 목재에서 나오는 잔여물, 농산물이나 그 잔여물, 분뇨와 같은 노폐물, 지방자치단체의 고형 쓰레기, 동물들의 노폐물, 공장에서 나오는 생활 쓰레기를 사용한다. 〈그림 5-11 (b)〉는

표 5-3 바이오매스의 기초 자원, 에너지 추출 방법 및 최종 생산물

자원	방법	생산물
건조 바이오매스(목재, 폐자재)	직접 연소 가스화	열, 전기, 가스연소, 메탄올
분뇨, 폐액, 수초, 당분, 전분 셀룰로스	화학적 분해	메탄올, 에탄올
에너지 식물	추출 분해	탄화수소

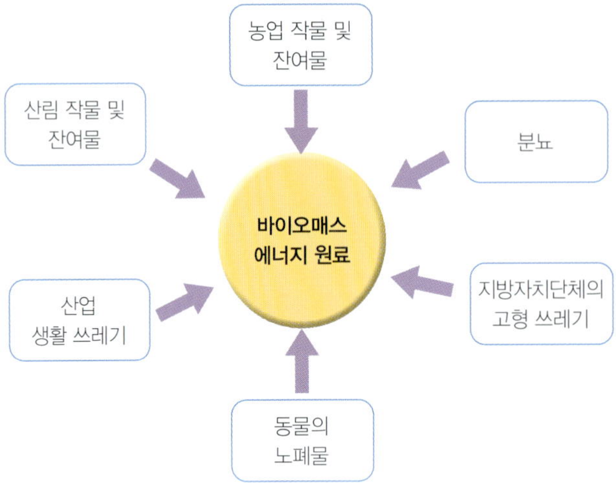

(a)

(b)

그림 5-11 (a) 바이오매스 에너지 원료 종류 및 (b) 바이오매스 에너지 원료 사진

〈그림 5-11 (a)〉에서 설명한 각종 바이오매스 에너지원의 실물 사진을 보여주는 것으로 짚, 종이 쓰레기, 나무 쪼가리, 음식물 쓰레기, 나무 펠릿, 폐수에 대한 사진이다.

앞으로는 바이오매스 에너지원을 이용하여 알콜화와 메탄의 생성과 같은 연료 유체화를 하는 데 필요한 다양한 고급 기술을 지속적으로 개발할 필요가 있다. 특히 이러한 바이오매스 에너지 활용 기술은 농산물을 많이 생산하는 중국, 브라질, 미국 등에서 주로 집중적으로 개발하여 실제로 사용하고 있다.

Chapter

6

세계 에너지 현황과 지구온난화

1 세계 에너지 현황

〈표 6-1〉은 2017년 기준으로 본 주요 국가별 원유 매장량이다. 원유 매장량은 베네수엘라, 사우디아라비아, 캐나다, 이란, 이라크 순서대로 많다. 대중의 예상대로 중동지역 대부분에 매장량이 많으며, 미국, 러시아, 베네수엘라 등도 매장이 많은 것을 알 수 있다. 그러나 〈표 6-2〉에서 보듯이 원유 생산량은 원유 매장량이 큰 중동, 북미, 러시아, 아프리카의 경우는 일치하지만, 남미는 경제력과 정치적 상황으로 매장량에 비해서 1일 생산량이 매우 적고, 유럽은 원유의 소비가 크기 때문에 적은 매장량에 비해 1일 생산량은 상대적으로 크다는 것을 알 수 있다. 참고로 〈그림 6-1〉은 2021년 기준으로 본 주요 10대 산유국의 1일 원유 생산량을 보여주는데, 2017년 원유 생산 주요 지역 및 산유국에 대한 〈표 6-2〉와 비교해보면 세계 10대 산유국은 변하지 않았지만 러시아가 우크라이나 전쟁의 여파로 증산을 많이 하였으며, 이란은 미국의 제재로, 이라크는 경제가 무너지면서 원유 생산량이 대폭 줄어들었음을 알 수 있다. 〈표 6-3〉에서 보면 원유 매장량 및 원유 생산량이 큰 중동지역은 사우디아라

표 6-1 주요 국가별 원유 매장량(2017년 기준) (단위: 억 배럴)

순위	구분	국가명	매장량	비중(%)
-	전체		169,660	100.0
1	남미	베네수엘라	3,032	17.9
2	중동	사우디아라비아	2,662	15.7
3	북미	캐나다	1,689	10.0
4	중동	이란	1,572	9.3
5	중동	이라크	1,488	8.8
6	CIS	러시아	1,062	6.3
7	중동	쿠웨이트	1,015	6.0
8	중동	아랍에미리트	978	5.8
9	북미	미국	500	2.9
10	아프리카	리비아	484	2.9

자료: BP Global(Statistical Review of World Energy 2018)

표 6-2 지역 및 국가별 1일 원유 생산량(2017년 기준) (단위: 천 배럴, 전년 대비)

지역 및 국가명	2016	2017	증감률(%)	비중(%)
전체	92,023	92,649	0.7	100.0
중동	31,849	31,597	-0.8	34.1
사우디아라비아	12,402	11,951	-3.6	12.9
이란	4,602	4,982	8.3	5.4
이라크	4,423	4,520	2.2	4.9
아랍에미리트	4,020	3,935	-2.1	4.2
쿠웨이트	3,145	3,025	3.8	3.3
북미	19,292	20,112	4.3	21.7
미국	12,366	13,057	5.6	14.1
캐나다	4,470	4,831	8.1	5.2
CIS	14,162	14,288	0.9	15.4
러시아	11,269	11,257	-0.1	12.2
아프리카	7,687	8,072	5.0	8.7
나이지리아	1,903	1,988	4.5	2.1
아시아	8,050	7,879	-2.1	8.5
중국	3,999	3,846	-3.8	4.2
남미	7,418	7,182	-3.2	7.8
브라질	2,608	2,734	4.8	3.0
베네수엘라	2,387	2,110	-11.6	2.3
유럽	3,566	3,519	-1.3	3.8
노르웨이	1,995	1,969	-1.3	2.1
영국	1,013	999	-1.4	1.1

자료: BP Global(Statistical Review of World Energy 2018)

그림 6-1 2021년 기준 주요 산유국 일일 원유 생산량

표 6-3 주요 국가별 1일 원유 소비량(2017년 기준) (단위: 천 배럴, 전년 대비)

순위	구분	국가명	소비량	증감률(%)	비중(%)
–	전체		98,186	1.8	100.0
1	북미	미국	19,880	1.0	20.2
2	아시아	중국	12,799	4.0	13.0
3	아시아	인도	4,690	2.9	4.8
4	아시아	일본	3,988	−1.1	4.1
5	중동	사우디아라비아	3,918	−0.5	4.0
6	CIS	러시아	3,224	1.0	3.3
7	남미	브라질	3,017	0.1	3.1
8	아시아	대한민국	2,796	0.9	2.8
9	유럽	독일	2,447	2.9	2.5
10	북미	캐나다	2,428	1.1	2.5

자료: BP Global(Statistical Review of World Energy 2018)

비아를 제외하고는 자체 원유 소비량이 별로 크지 않으면서 원유 생산량 대부분을 수출한다는 것을 알 수 있다. 미국, 사우디아라비아, 러시아는 원유 매장량, 원유 생산량도 많지만 경제력이나 지리적 문제로 인하여 자체적인 원유 소비량도 큰 나라들이다. 이와 반대로 인구가 많거나 경제 규모가 큰 중국, 인도, 대한민국, 일본과 같은 아시아 국가들과 독일, 브라질 등은 원유 생산량에 비해서 원유 소비량이 매우 큰 나라들이다. 이로부터 원유 생산국과 원유 소비국이 절반 정도는 서로 지역이 다르기 때문에 이들을 연결하는 대형 장거리 송유관이나 대형 원유 운반선이 필요하며, 이것이 원유 가격 및 수급안정요인에 영향을 준다.

다음으로 살펴볼 것은 세계 에너지 추이에 대한 예측으로, 이를 바탕으로 에너지 개발 정책, 에너지 절감 정책, 에너지에 대한 홍보 정책, 환경문제와 온난화 문제에 있어서 전 세계적인 협조 및 관심과 실천을 이끌어낼 수 있다. 〈그림 6-2〉는 대륙별로 나누어 1965~2016년까지의 전 세계 에너지 소비량에 대한 추이를 1차에너지를 기준으로 살펴본 그래프이다. 여기에서 1차에너지는 열이나 힘을 공급하기 위해 소비 또는 전환될 수 있는 물질이나 자연현상을 말하는 것으로 석유, 석탄, 천연가스, 우라늄, 풍력, 태양열, 태양광, 바이오매스 등을 말한다. 즉, 본 교재에서 언급하는 화석 에너지, 대체 에너지, 신에너지가 모두 1차에너지이다. 반면에 1차에너지와 다

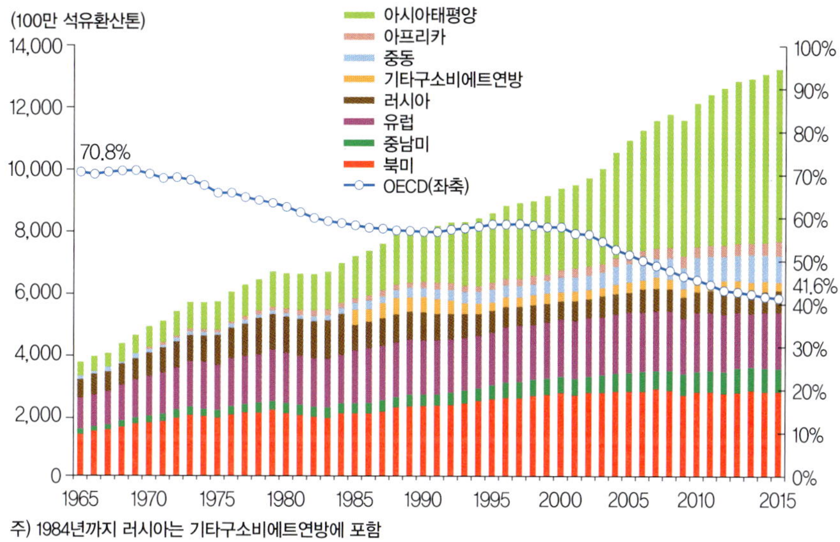

그림 6-2 지역별로 보는 1965~2016년까지의 전 세계 에너지 소비량의 추이(1차에너지)

른 2차에너지라는 용어는 1차에너지를 전환 가공하여 얻을 수 있는 전력, 도시가스, 각종 석유 제품, 바이오 디젤 등을 말한다. 〈그림 6-2〉에서 보는 것처럼 1965년부터 2016년까지 52년 동안 1차에너지의 소비량은 약 40억 TOE에서 약 130억 TOE로 약 3배 정도 증가하였다. TOE(ton of oil equivalent)는 모든 에너지에 공통적으로 사용하는 단위로 석유 1톤이 연소할 때 발열하는 에너지로 1,000만 kcal=41.868 GJ=11.63 MWh에 해당한다. 이 기간에 에너지 소비량은 대륙별로 약 1~3배 정도 지속적으로 증가하였다. 이 중에서 특히 아시아태평양 지역은 에너지 소비량이 약 10배가 넘을 정도로 급속도로 증가함을 알 수 있다. 이는 경제개발이 집중적으로 이루어진 지역과 대체로 일치한다. 그리고 1961년에 창설된 OECD(organization for economic cooperation and development) 기준으로 살펴보면 세계 에너지 소비량 비중이 70.8%에서 41.6%로 줄어들었다는 것을 통계로 알 수 있다. 이는 OECD가 아닌 국가들의 경제력이 급속도로 커지면서 이 국가들의 에너지 소비가 전체 에너지 소비량의 거의 60% 가까이 커진 결과이다. 즉 OECD 국가들은 산업구조 및 사회구조가 에너지원의 다변화 정책과 에너지 절감 정책에 따라 에너지 소비량의 증가 속도를 억제한 반면에 기타 국가들은 경제개발이 우선시되는 국가 정책으로 나온 결과라고 판단된다. 여기에서 OECD는 경제협력개발기구를 뜻하는 국제경제기구로 현재 G7과 대한민국을 포함한 38개국으로 구성된 경제 선진국 및 개발도상국으로 경제 관련 중요 국제조직체를 의미한다.

〈그림 6-3〉은 1차에너지에 대하여 에너지원별로 보는 1965~2016년까지의 전 세계 에너지 소비량의 추이를 보여주는 그래프이다. 이 기간 동안의 에너지 소비량 증가 총량은 대부분 화석 에너지에 대한 소비량이며, 2016년 기준으로 화석 에너지 소비량은 전체 에너지 소비량의 85.5%로 절대적이라는 걸 알 수 있다. 한편 신재생 에너지에 대한 소비량 총량은 미미하지만 1965년에는 전혀 출현하지 않았던 원자력 에너지를 포함한 신재생 에너지에 대한 소비량 비중이 2016년부터 14.6%로 서서히 증가하고 있다. 즉, 총체적 에너지 소비량은 경제활동의 증가로 지속적으로 늘어나지만 여기에 원자력 에너지를 포함한 신재생 에너지의 소비량 기여도가 커지고 있음을 알 수 있다.

〈그림 6-4〉는 1971년부터 2015년까지 45년간 최종에너지에 대한 전 세계 에너지

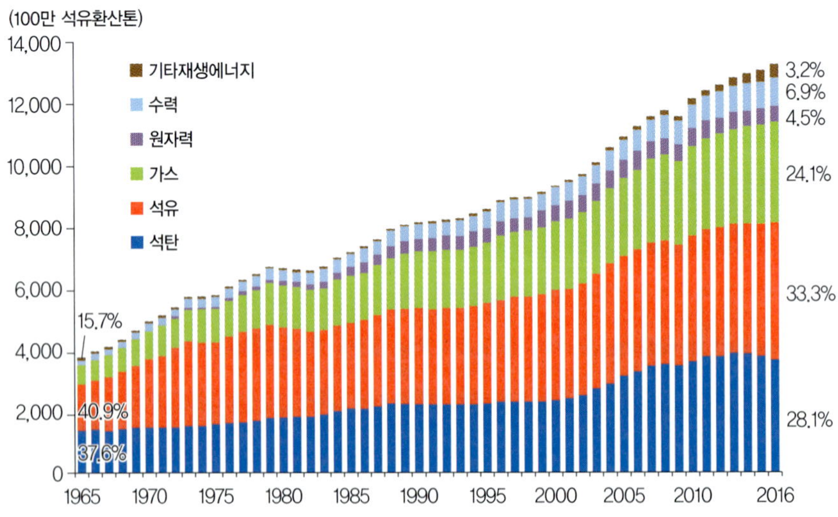

그림 6-3 에너지원별로 보는 1965~2016년까지의 전 세계 에너지 소비량의 추이(1차에너지)

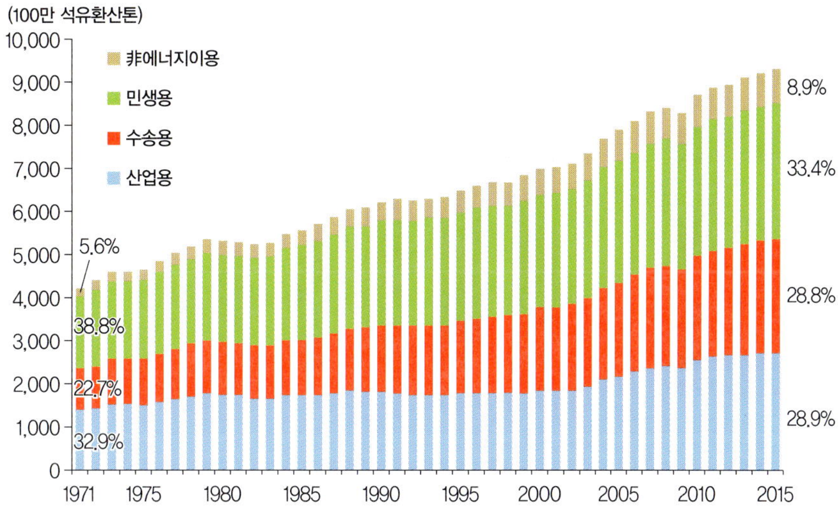

그림 6-4 에너지 사용 부문별로 보는 1971~2015년까지의 전 세계 에너지 수요 추이(최종에너지)

소비가 어떤 용도로 사용되었는지를 산업 부문별로 살펴본 그래프이다. 대부분의 에너지는 민생용, 수송용, 산업용으로 소비되는데, 그 비중이 1971년에는 각각 38.8%, 22.7%, 32.9%에서 2015년에는 33.4%, 28.8%, 28.9%로 변하였다. 즉, 에너지 수요 총량은 늘어나면서 그 소비 산업 분야에서는 수송용 분야가 다른 2개 분야보다 더 큰 비중을 차지함을 알 수가 있는데, 이는 세계가 글로벌화되고 모든 사회생활이 윤택해지면서 물류 수송이 활발하게 벌어짐으로 인하여 육상, 해상, 공중의 운송시스템이 비약적으로 증가하였기 때문이다.

〈그림 6-5〉는 〈그림 6-2〉, 〈그림 6-3〉, 〈그림 6-4〉의 자료를 바탕으로 2016년 기준 대비 2030년 전 세계 에너지 수요를 에너지원별로 전망한 그림으로, 예측 기관인 BP(British Petroleum), IEA(international Energy agency), EIA(Energy Information Administration), IEEJ(The Institute of Energy Economics, Japan)의 4개 기관이 예측한 것을 비교해 놓은 것이다. 대부분의 기관에서 에너지 수용 총량은 조금씩 다르지만 원자력, 천연가스, 석유, 석탄의 비중이 소량 증가한 반면에 수력은 거의 정지해 있고 기타 재생에너지도 그 비중의 증가가 그리 크지 않다. 이는 기술개발 및 비용의

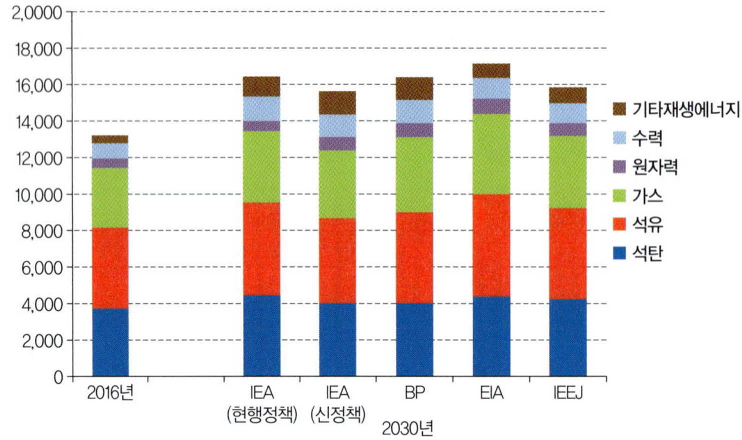

그림 6-5 에너지원로 보는 2016년 기준으로 2030년을 예측한 전 세계 에너지 수요의 추이 (1차에너지)

문제로 신재생 에너지의 사용이 원활하지 않기 때문이다.

전 세계적인 에너지 소비 경향을 40~50여 년에 걸쳐서 지역별로, 에너지원별로, 수요부문별로 검토하고 2030년의 에너지원별 수요 전망해 보았으므로 이제 이를 바탕으로 대한민국에 대한 에너지 소비 현황과 추이를 살펴볼 차례이다. 대한민국에서 소비되는 전체 에너지에 대한 내용은 6장 6절과 6장 7절에서 상세히 설명할 예정이므로 여기에서는 현재 가장 중요하면서도 100% 수입을 하는 원유(석유) 수입만을 우선적으로 살펴보고자 한다. 〈그림 6-6〉은 2018년 기준 대한민국의 원유 수입에 대한 지역별 비중을 보여준다. 현재 천연가스는 〈그림 2-19〉에서 보여주었던 것처럼 지역적으로 나라별로 분산이 잘 되어있는 편이지만, 원유(석유)는 〈그림 6-6〉에서 보는 것처럼 중동산이 전체 수입량의 75%로 압도적으로 많은 비중을 차지한다. 앞으로 원유 수입선도 다변화를 하여서 안보적으로나 경제적으로 큰 지정학적 영향을 받지 않도록 해야 할 것이다. 이를 보다 정량적으로 자세히 보여준 결과가 〈표 6-4〉이다. 〈표 6-4〉는 2017년과 2018년의 전 세계 산유국별 대한민국 원유 수입액, 원유 중량, 증감(중량), 비중(중량)에 대한 것을 나열한 표이다. 원유 수입국 상위 10개국 중 1위, 2위, 3위, 5위, 6위, 8위 국가가 중동지역의 국가들이고, 러시아가 4위에, 미국이 5위에, 9위에 영국, 10위에 멕시코가 있을 뿐이다. 중동지역 원유의 수입 비중을 낮

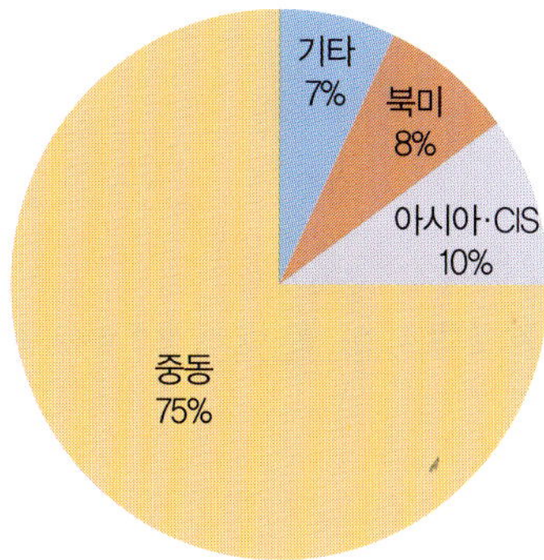

그림 6-6 2018년 대한민국 원유 수입 비중 (지역별)

표 6-4 2017년과 2018년의 대한민국 원유 동향 (단위: 억 달러, 만 톤, 전년 동기 대비 %)

순위	국가명	2017년		2018년			
		수입액	중량	수입액	중량	증감 (중량, %)	비중 (중량, %)
-	총계	596.0	14,868.3	803.9	14,859.9	-0.1	100.0
1	사우디아라비아	170.3	4,306.2	234.6	4,359.8	1.2	29.3
2	쿠웨이트	83.4	2,224.5	115.5	2,238.7	0.6	15.1
3	이라크	63.4	1,783.6	95.0	1,958.4	9.8	13.2
4	러시아	29.2	698.7	58.5	1,026.0	46.8	6.9
5	아랍에미리트 연합	50.6	1,217.1	53.3	944.1	-22.4	6.4
6	카타르	36.4	792.0	49.7	785.8	-0.8	5.3
7	미국	7.2	177.5	45.0	787.1	343.4	5.3
8	이란	78.2	1,807.0	39.3	715.4	-60.4	4.8
9	영국	19.1	447.2	23.3	411.7	-8.0	2.8
10	멕시코	14.2	447.7	20.2	462.4	3.3	3.1

추는 문제는 에너지원을 다변화하는 문제만큼 에너지 안보적 측면에서 시급히 해결해야 할 문제이다. 그렇더라도 〈그림 6-7〉에서 보듯이 대한민국 석유 수입량의 59.3%는 석유산업과 석유화학산업(〈그림 2-15〉 참조) 등으로 고품질의 석유 제품을 만들어서 재수출하는 것이기 때문에 국내에서 소비되는 116.8백만 TOE의 석유에서 실제로 65.1%만이 내수로 소비된다는 점은 대한민국이 가지고 있는 석유산업의 장점이다.

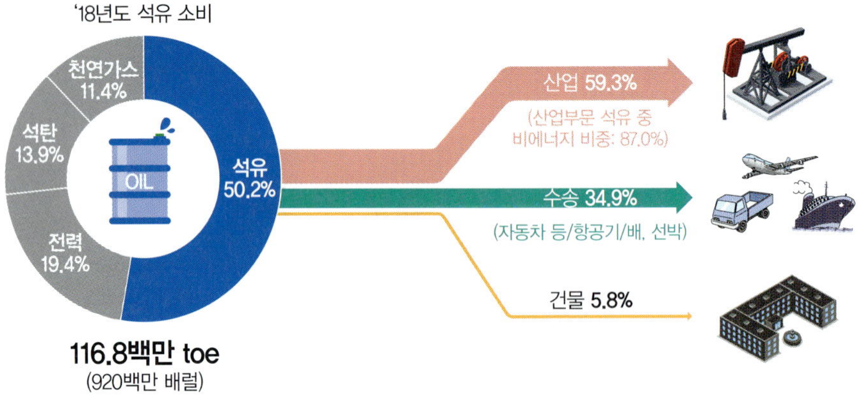

그림 6-7 대한민국 석유 소비 분야(2018년 기준)

2 세계 에너지 미래

〈표 6-5〉는 〈그림 2-10〉과 제2장의 내용을 정리하여 석탄, 석유, 천연가스의 가채연수, 여러 특징들을 정리한 표이다. 여기에서 보듯이 새로운 매장량이 발견되고 새로운 기술로 생산량이 증가하여도 화석 에너지는 본질적으로 유한한 에너지이며 최대 약 200년을 넘기가 쉽지 않은 에너지들이다. 특히 이 화석 에너지 중 석유와 천연가스는 생산지가 전 세계에 균등하게 분포하고 있지 않다. 〈그림 6-8〉은 2035년을 예상한 세계 에너지 소비 예상도로서, 중국과 인도가 인구와 경제발전에 따라 각각

표 6-5 석탄, 석유, 천연가스의 가채연수, 이용 분야, 특징에 대한 비교

구분	석탄	석유	천연가스
가채연수	약 200년	약 40년	약 60년
이용 분야	화력발전, 산업용	운송용, 산업용, 주거용	주거용, 산업용, 전력용
특징	채굴 비용 증가, 에너지 효율 낮음	현재 가장 많이 이용, 일부 지역에 편중됨	수송과 사용이 편리

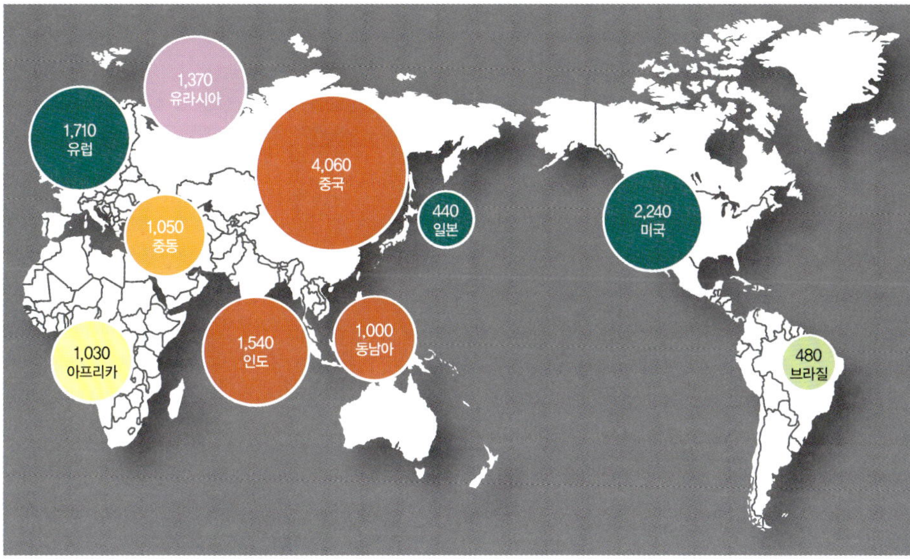

그림 6-8 2035년 지역별 세계 에너지 소비 예상도

미국의 거의 1.8배와 0.7배 정도, 유럽에 비해서는 각각 2.4배와 0.9배의 엄청난 소비가 일어날 것으로 보고 있다. 그러므로 미국, 유럽에서는 지속적으로 신재생 에너지로 에너지원을 바꾸면서, 동시에 중국, 인도, 동남아시아, 러시아의 에너지 다소비국의 화석 에너지 소비 축소와 신재생 에너지가 증가하도록 국제사회가 협조와 유도를 해야만 한다.

미래의 에너지원별 수요 증감을 예측하는 것도 에너지 정책에서는 중요한 문제이므로 이를 살펴본다. 〈그림 6-9〉는 석탄, 석유, 천연가스, 핵에너지(원자력 에너지), 신재생 에너지, 전통적인 바이오매스 에너지에 대해서 STEPS, DRS, SDS, NZW2050의 4가지 전망 모델에 따른 2019년도 세계 수요량을 기준으로 2030년의 수요변화량을 예측한 그래프이다. 모든 경우에 있어서 신재생 에너지와 핵에너지의 수요량은 증가하는 것으로 나타났으며, 석탄과 바이오매스 에너지는 줄어들고, 석유와 천연가스는 예측 모델에 따라 늘어나기도 하고 줄어들기도 한다. 결국 이로부터 어떤 모델로 예측해도 신재생 에너지와 핵에너지에 대한 수요는 늘어나므로 이와 관련된 기술 및 시설을 대폭 늘리면서 사회에 보급해야 한다는 결론이다. 여기에서 STEPS(Stated

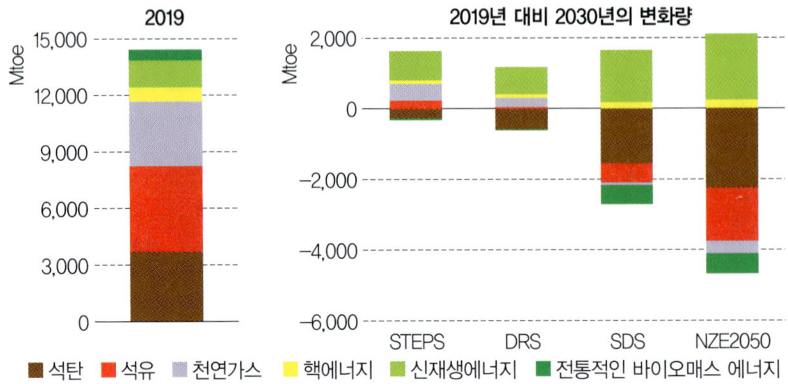

그림 6-9 2019년 대비 2030년의 전 세계 에너지원별 수요변화량

Policies Scenario), DRS(delayed Recovery Scenario), SDS(Sustainable Development Scenario), NZE2050(Net Zero Emission by 2050 Case)는 World Energy Outlook 2020 요약서에서 언급한 4가지 에너지 수요 예측 모델이다.

3 셰일가스의 발견 및 전망

셰일가스(shale gas)는 진흙이 수평으로 퇴적하여 굳어진 암석층(혈암, shale)에 함유된 천연가스이다. 〈그림 6-10 (a)〉에서 보듯이 전통적인 천연가스와 유전이 있는 유전층의 아래에 사암층에 묶여있는 타이트샌드가스가 있으며, 이 사암층 아래의 혈암층에 들어있는 셰일가스를 일반적으로 셰일가스라고 한다. 이는 넓은 지역에 걸쳐 연속적인 형태로 분포되어 있고 추출이 어렵다는 기술적 문제를 안고 있다. 즉 〈그림 6-10 (b)〉의 삼각형 분포에서 매장량을 아래 변으로 높이를 채굴의 난이도(위쪽이 난이도가 낮고, 아래쪽이 난이도가 높음)로 보면 셰일가스는 매장량이 풍부하지만 축출에 기술적 난이도가 상당히 필요하다는 것을 알 수가 있다. 이 그림에서 수반가스란 원유와 같이 매장된 천연가스를 말하는 것이고, 비수반가스는 원유와 분리되어 천연 가스전에서 나오는 가스를 의미한다. 그리고 가스하이드레이트(clathrate hydrates 혹은 gas clathrates, gas hydrates)는 천연가스가 물 분자와 결합해 생기는 고체 에너지원으로 수천 미터 심해에서 발견되며, CMB(Coal Bed Methane)는 석탄층 메탄가스를 일컫는 용어로 석탄층에서 석탄과 같이 발견되므로 이를 분리하고 저장하는 데 기술력이 필요하다.

(a)

(b)

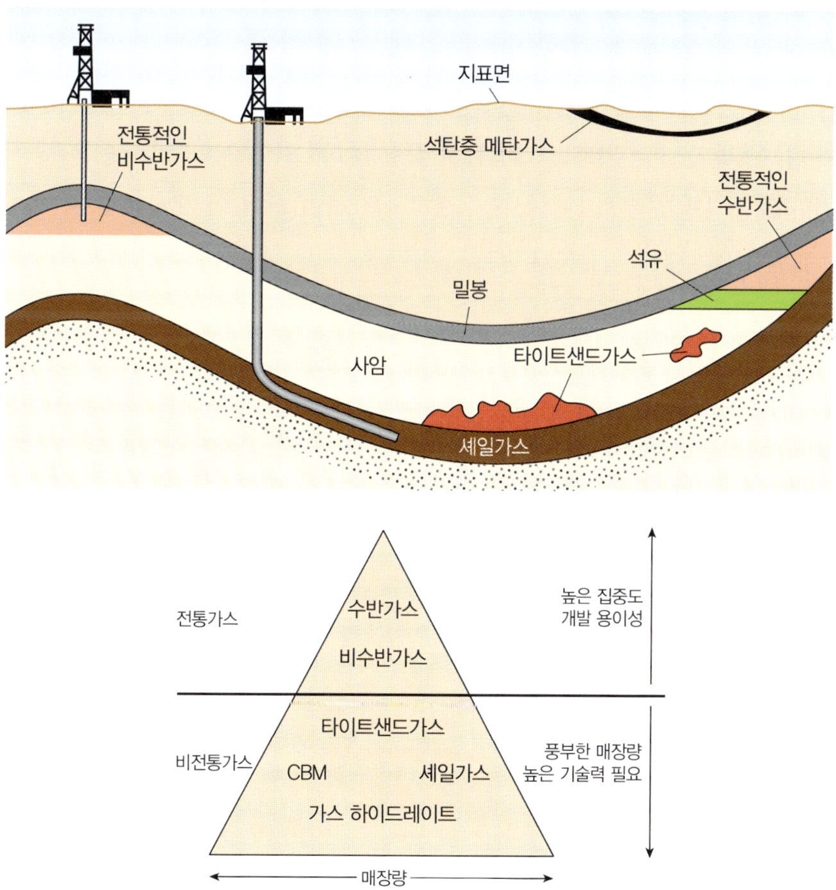

그림 6-10 (a) 전통 가스와 비전통 가스의 매장 위치 (b) 전통 가스와 비전통 가스의 특징

이처럼 채굴 난이도가 높은 셰일가스는 1998년 그리스계 미국인 채굴업자인 조지 미첼(George P. Mitchell)이 프래킹(fracking, 수압파쇄) 공법을 통해 상업적 채굴에 성공했다. 이 방법은 모래와 화학 첨가물을 섞은 물을 시추관을 통해 지하 2~4 km 밑의 바위에 5백~1천 기압으로 분사함으로써 셰일에 갇혀 있던 천연가스를 바위 틈새로 모은 후에 이를 장비로 뽑아내는 것이다. 이를 보다 상세히 살펴보면 〈그림 6-11〉로 설명할 수 있다. 〈그림 6-11〉에서 보듯이 천연가스와는 다르게 (1) 초음파로 셰일층의 길이와 두께를 측정한 후, (2) 확인이 되면 2~4 km 깊이로 시추관을 수직으로 설치한다. (3) 그리고 셰일층에 수직 시추관이 도달하면 셰일층에서 수평으로 약 1.6 km 정도 시추한다. (4) 이 수평관의 콘크리트 구멍을 통하여 지상에서 화공약품이 포함된 모래를 아주 높은 압력으로 물과 같이 넣어서 셰일층을 파쇄한다. 그러면 이곳에 있는 셰일가스가 수평 시추관을 통하여 포집되어 지상으로 모래들과 함께 채굴된다. 현재 전 세계적으로 확인된 매장량은 187조 5,000억 m^3로 이는 전 세계가 60년간 사용할 수 있는 규모이며, 열량으로 환산하면 1,687억 TOE로 1,888억 TOE의 전 세계 석유 매장량과 비슷하다.

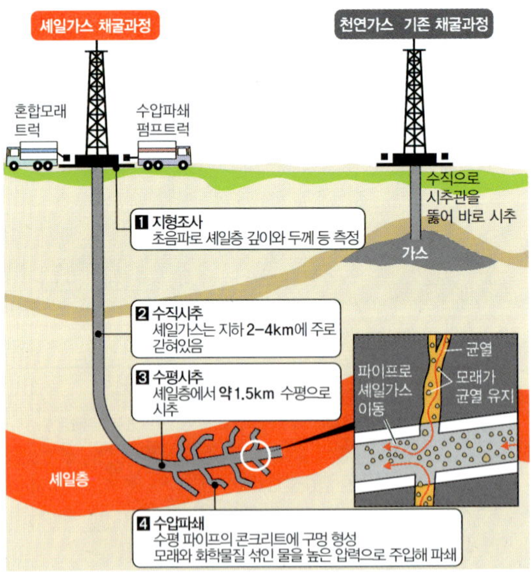

그림 6-11 셰일가스 채굴 과정 및 기존의 천연가스 채굴과정과의 비교

셰일가스의 단점은 채굴 중 새어나가는 셰일가스와 채굴에 사용한 화학약품에 오염된 물이 환경오염과 지구온난화에 영향을 줄 수 있다는 것이다. 〈그림 6-12〉는 셰일가스 채굴과정에서 생길 수 있는 환경오염의 원인을 자세히 보여준 그림이다. 환경오염 원인은 다음과 같이 크게 3가지로 생각할 수 있다. (1) 다량의 물을 사용하기 때문에 생기는 수자원 고갈, (2) 셰일층의 암석을 녹이고 파쇄하는 데 다량의 화학물질을 사용함으로써 발생하는 수질 오염, (3) 채굴 과정에서 나오는 메탄 등과 같은 온실가스의 대기 방출. 그 밖에 셰일가스와 각종 화학물질에 의한 지하수와 토양 오염 등이 있다.

셰일가스는 여러 가지 환경적 단점에도 불구하고 석유 매장량에 해당할 만큼의 양을 제공하는 새로운 가스 자원이다. 2012년 기준으로 전 세계적인 매장량은 이 〈그림 6-13〉과 같이 조사되었는데, 미국과 중국의 매장량이 거의 비슷하게 1위와 2위 국가이며, 뒤를 이어서 아르헨티나, 캐나다, 호주, 남아프리카공화국, 폴란드, 프랑스 순서로 매장량이 크다. 그리고 부족한 에너지원으로 인하여 셰일가스는 2025년과 2042년까지 지속적으로 증가할 것으로 예측하고 있다.

〈그림 6-13〉에서 매장량 1위와 2위인 미국과 중국의 셰일가스 개발 여건을 비교해본 것이 〈표 6-6〉이다. 미국은 중국보다 셰일층 깊이가 낮고, 수자원이 셰일가스 지대와 가까우면서도 풍부하며, 이들의 지역이 비교적 에너지 소비 지역과 근접하기

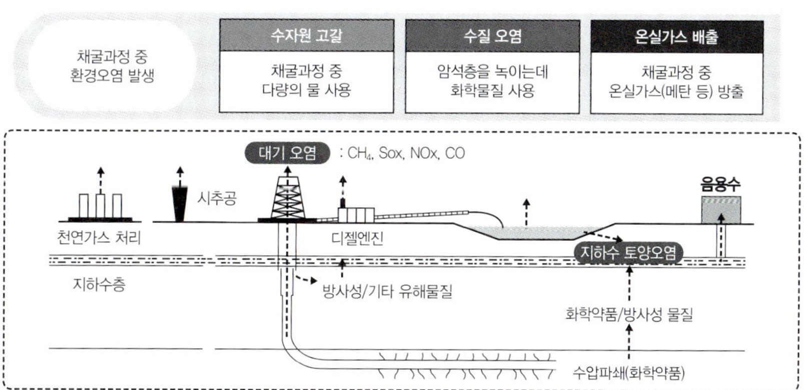

그림 6-12 셰일가스 채굴에 의한 환경오염 발생 원인

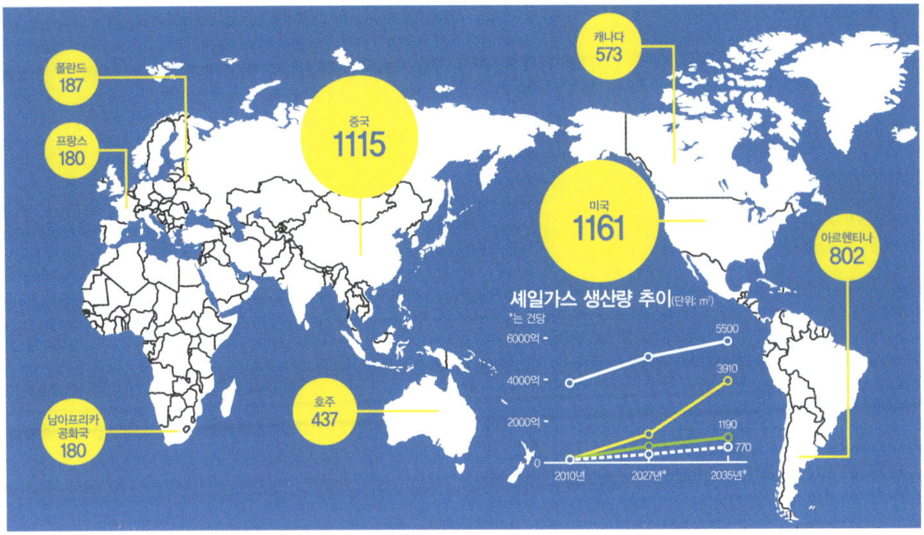

그림 6-13 세계 셰일가스 매장량 분포(2012년 기준)

표 6-6 중국과 미국의 셰일가스 개발 여건의 비교 원인

	셰일층 깊이	수자원	가스 공급 인프라	수요/수송
중국	4~6 km	부족(중서부 사막)	대규모 건설 필요	동부 해안까지 장거리 수송 필요
미국	2~4 km	비교적 풍부	기존 인프라 활용	산업 및 수요 지역과 인접

때문에 개발 및 판매에 유리한 장점들이 많다. 그 결과 이러한 지정학적 장점들로 인하여 미국이 중국보다는 훨씬 더 활발하게 셰일가스 개발이 진행되고 있다. 다만 채굴을 위한 기술적 난이도와 비용의 증가로 인하여 전통적인 천연가스의 국제 가격에 따라 생산량이 상당히 큰 폭으로 변동한다는 것이 단점이다.

〈그림 6-14〉는 미국에서 생산하는 모든 종류의 가스에 대한 생산량을 2010년 기준으로 2035년까지 전망하여 보여준다. 2035년 미국의 각종 가스생산량을 예측한 결과, 전통 가스(오일 결합가스, 비결합 육상가스, 알래스카 해상가스)와 비전통 가스(셰일가스, 타이트가스, 탄층메탄가스)의 생산량 중에서 셰일가스의 생산량이 49%의 비중을 차지하여 압도적이며, 타이트가스가 21%로 그 다음 생산량을 갖는다.

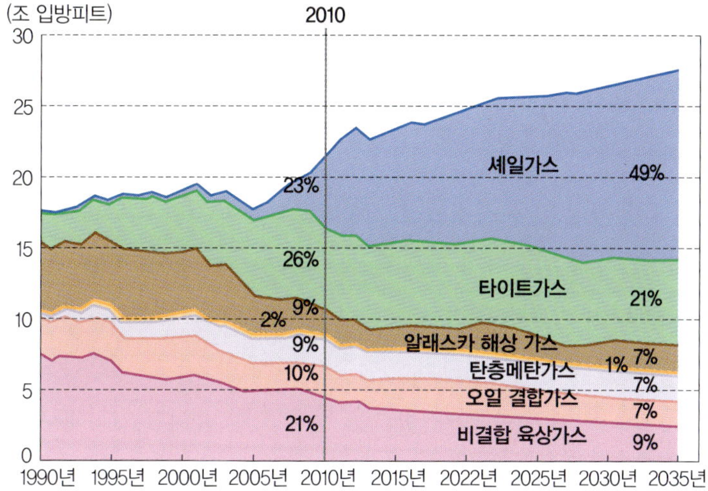

그림 6-14 미국의 천연가스의 종류별 생산 전망(2010년 기준)

4 세계 각국의 정책 방향

미국의 에너지 정책의 기본 목표는 크게 3s로 표현되는 3가지로 구분할 수 있다. (1) 에너지 가격과 공급의 안정(stability), (2) 전략석유 비축, 국제적 제휴, 연구개발 등에 의한 에너지 안전보장(security), (3) 밸런스가 좋은 에너지 믹스에 의한 힘(strength)이 바로 그것이다. 즉, 미국의 에너지 정책은 이러한 개념을 바탕으로 지구의 환경문제와 에너지 안전보장을 주목적으로 하여 신에너지를 개발한다. 구체적인 하나의 보기로 청정에너지 이용을 목표한 CCTP(clean coal technology program)라고 하는 청정석탄기술 프로그램이나 석유대체 연료차 도입 촉진법 도입이 있다. 더욱 구체적으로 CCTP에는 환경오염이 적은 석탄이용기술, 고효율 석탄 이용 기술, 석탄가스화 복합 발전, 여러 프로젝트 비용을 정부가 부담하는 정책들이 있다. 그리고 석유대체 연료차 정책으로는 연료전지 개발 장기 계획과 석유를 메탄올, 에탄올, 천연가스 등으로 대체하는 정책, 석탄 액화 시스템 추진, 석탄 가스화 실용화 등이 진행되고 있다. 미국 내에서는 실제로 로키산맥 동쪽 지역에 대규모 풍력발전을 건립한 그레이트 플레인즈(Great Plains) 실용화 플랜트가 진행되고 있다. 또한 석탄가스화 복합 사이클 발전 플랜트도 전국에서 진행 중이며, 캘리포니아주 지역에서는 태양열 · 태양광 발전을 진행하고 일부 지역에서는 지열발전을 추진하고 있다.

프랑스는 대한민국과 비슷하게 에너지 해외의존도가 64%로 매우 높고(특히 석유 의존도는 43%) 에너지 기반이 취약하기 때문에 대체 에너지 정책을 지속적으로 추진하고 있다. 현재 프랑스에서는 원자력 에너지가 널리 사용되고 있으나 핵폐기물 문제와 환경오염 문제로 이에 대한 확대 정책을 잠시 고민 중이다. 그 대신에 신재생 에너지인 태양에너지, 바이오매스 에너지, 지열 에너지 등에 대한 연구가 집중적으로 진행되며, 태양전지 제조에 관련된 연구와 개발 및 보급을 계속해오고 있다.

독일도 프랑스와 유사한 에너지 상황이기 때문에 전 국민을 대상으로 한 에너지 절약 촉진 홍보와 석유 의존도 절감 정책 및 에너지 공급원의 다양화를 추진하고 있다. 다만 최근에는 러시아와 중국에 대한 에너지와 무역 의존도를 높이다가 우크라이나 전쟁과 미 · 중 무역전쟁의 역효과로 인하여 에너지 수입에 많은 어려움을 겪고 있다. 그 결과 다시 환경문제에도 불구하고 원자력발전에 의견이 다시 대두되고 있다. 그리고 대외적으로 천연가스 수입을 늘리면서 재생 가능한 에너지의 개발을 지속하면서 석탄가스화 · 액화 프로젝트, 태양광 에너지 · 풍력 · 지열 에너지 프로젝트, 바이오매스 에너지 활용에 집중하고 있다. 최근에는 수소에너지인 연료전지에 대한 장기 개발 프로젝트를 진행하고 있다.

영국은 산유국이지만 에너지 자급률을 높이기 위한 에너지 자원의 경제적 개발을 하면서 에너지에 대한 효율적 이용을 위해서 해저 유전, 선진 원자력 에너지 절약 정책, 석탄 가스화 및 액화 기술을 도입하는 연구를 진행 중이다.

일본은 대한민국과 거의 유사하게 에너지 자원이 절대적으로 부족한 나라이기 때문에 태양광 발전과 산업용 솔라 시스템 보급과 같은 태양광 에너지 이용기술, 열수 이용 발전 및 고온 암체 발전과 같은 지열 에너지 이용기술, 그리고 대형 풍력발전, 연료전지, 신형 전력저장시스템 개발, 바이오매스 기술 개발 등에 엄청난 자금을 투자하고 있다.

5 지구온난화

지구온난화 문제가 먼 미래의 문제도 아니고 각 나라의 문제도 아닌 전 지구적인 문제이며 인류의 운명을 건 문제라는 사실은 최근의 드라마틱한 기상재해를 통해 쉽게 알 수 있다. 점점 더 심해지는 가뭄과 홍수, 고온 현상, 폭풍(태풍, 허리케인 등), 눈폭풍 등 크고 작은 온갖 자연재해가 그 크기와 기간에서 신기록을 갱신하며 해마다 증대되고 있다. 세계기상기구(WMO)와 유엔환경계획(UNEP)은 이러한 지구온난화 문제와 기상 문제를 대처하기 위해 1988년에 공동 설립한 국제기구로, 기후변화에 관한 과학적 규명을 하면서 이를 해결하는 정책제안을 하는 기구인 IPCC에서는 주기적으로 기후변화의 과학적 근거와 정책방향을 제시하고 유엔기후변화협약(UNFCCC)에서 정부 간 협상의 근거자료로 사용하기 위하여 전 세계 과학자가 참여 · 발간하는 IPCC 평가보고서(Assessment Report, AR)를 발표한다. 가장 최근의 보고서는 2021년 8월에 발간한 제6차 보고서(https://www.greenpeace.org/korea/update/19020/blog-ce-ipcc-6th-report-10-solutions/)로, 다음과 같은 내용을 담고 있다.

1. 우리가 당면한 현재의 위기 상황과 원인은?

① 인간이 대기, 해양, 토지의 온난화 현상에 영향을 미친 것은 명백하다. 인간 활동으로 인해 광범위하고 급격한 변화가 대기, 해양, 빙권(극지방과 고산 빙하지대), 생물권에서 발생했다.

② 최근 많은 지역에서 기후변화가 발생하고 있으며, 이는 근현대 인류사에서 전례 없는 일임을 수많은 증거들이 뒷받침하고 있다. 현재(2011~2020) 지구 평균 온도는 산업화 이전보다 1.09℃ 상승한 상태이다. 대기 중 이산화탄소 농도(410

ppm)가 2백만 년 만에 최고 수준으로 높아졌다.

③ 지난 5차 평가 보고서 발간 이후 지표면 온도가 빠르게 상승했으며 지난 5년 동안(2016~2020) 기온은 1850년 이후 가장 높았다(TS, p. 30. 5차 평가보고서[WG1/AR5]는 기존 자료를 바탕으로 2013년 발간됨).

④ 해수면 상승과 얼음 유실 속도가 더욱 가속화했다. 2010년부터 2019년까지 그린란드의 평균 빙상 유실 속도가 1992~1999년 기간 대비 약 6배 상승했으며, 해수면 상승 속도는 1901~1971년 기간 대비 세 배 가까이 증가했다.

⑤ 기상이변 현상들이 점점 늘어나고 있으며, 인간활동이 원인이라는 증거가 쌓이고 있다. 인간활동으로 발생한 온실가스가 최근의 이례적인 폭우, 가뭄, 열대 태풍 및 복합적인 극한의 기상 현상(폭염, 가뭄, 산불 등)에 영향을 미치고 있다는 증거는 더욱더 명확해졌다.

2. 앞으로 예상되는 기후변화는?

① 우리가 온실가스를 더 배출할수록 지구 온도는 오르고, 온도가 오르면 기후시스템에 이상이 생겨 기후도 더욱 나빠지게 된다. 지구 온도가 상승할수록 폭염이나 가뭄, 폭우, 홍수 등 극단의 날씨가 더욱더 잦아지고 심해질 것이다. 또 눈/빙하 유실, 해수면 상승, 해양 산성화, 해양 온난화, 해양 산소 고갈 등의 문제도 심화될 것이다.

② 1.5도 상승 시에도 기상관측에서 전례 없는 극한의 기후 현상들이 증가할 것이다. 0.5도가 추가 상승할 때마다 기상이변 현상의 빈도와 강도는 심해질 것이다. 폭염의 빈도와 강도는 1.5도 선을 유지하더라도 강화되고 빈번해질 것으로 예상되며, 2도 상승 시에는 1.5도 대비 최소 두 배, 3도 상승에서는 네 배가 될 것이다(현재 각국정부의 감축 목표 발표를 종합하면 지구 온도는 3도 정도 상승할 것으로 예상됨).

③ 감축이 빠르게 이뤄져도 2050년이 오기 전 북극 빙하가 9월 중 한 번 이상 거의 녹아 없어지는 일이 나타날 것이다. 다만 1.5도 목표를 달성하면 21세기 후반에는 지금의 반 정도로 줄어든 북극해 얼음이 남아있다가 완만한 회복이 시작될

가능성은 있다.

④ 빙상이 무너져 없어지고 해양 순환 시스템(ocean circulation changes)이 갑자기 고장나는 등 복합적인 극단의 기후현상이나 온난화 현상이 발생할 가능성도 배제할 수 없다. 지구 온도가 상승할수록 어쩌다 한 번 일어나던 복합적인 극단 기후 현상들이 더욱 자주 발생하고 전례 없는 기상이변이 나타날 확률도 높아질 것이다.

⑤ 장기적인 변화 가운데 일부는 온실가스 감축 노력을 다하더라도 멈출 수 없다. 빙하 유실과 해양 온난화(ocean heat content), 해수면 상승, 심해 산성화는 앞으로도 계속 진행될 것이다. 하지만 변화의 규모나 속도는 앞으로 우리가 배출하는 온실가스의 양에 따라 큰 영향을 받는다.

⑥ 빙상이 녹아내림에 따라 해수면이 아주 크게 상승할 수 있다. 빙상과 관련된 진행과정과 이로 인한 해수면 상승 문제는 여전히 많은 불확실성을 가지고 있다. IPCC는 5차 보고서부터 상이한 온실가스 배출 시나리오를 전제로 해수면 상승 예측을 2300년까지로 확장했다. 2300년에 해수면 상승폭은 0.5 m 이하에서 7 m까지로 예상되며, 높은 온실가스 배출을 가정했을 경우 빙상이 녹는 경과에 따라 해수면이 현재보다 15 m 정도 상승할 가능성을 배제할 수 없다.

3. 상황이 악화되는 것을 막기 위해 필요한 조치는?

① 탄소 중립을 실현하지 않으면 지구 온도는 계속 상승할 수밖에 없다. 온난화를 제한하려면 이산화탄소 넷째로 이상의 성과가 필요하며, 다른 온실가스도 크게 감축해야 한다. 온실가스를 더 빨리 더 많이 감축하면 온실가스 농도의 상승을 늦추고 그에 따라 온난화 속도도 느려지면서 대기질도 개선되는 효과로 이어질 것이다.

② 파리협정 1.5도 목표를 달성하면, 바다와 육지에서 일어나는 해수면 상승이나 극단적인 기상 현상, 생존 조건 악화 등의 문제를 완화할 수 있다. 그렇게 하면 심각한 기상이변이 촉발되는 임계점 도달 위험도 낮추게 될 것이다.

③ 1.5도 목표 달성은 물리적으로 가능하지만 이를 달성하려면 급속한 온실가스 감축으로 탄소 중립을 먼저 달성하고 이어 온실가스 순흡수에 나서야 한다. 온

실가스 감축에 성공하지 못하면 1.5도 목표를 위해 남은 탄소 예산은 2030년에 소진된다. 1.5도 상승 제한을 위해 배출이 가능한 이산화탄소의 양은 2020년 기준 5천억 톤(1.5도 상승에서 멈출 확률 50%)에서 4천억 톤(1.5도 상승에서 멈출 확률 67%) 정도다. 현재 인간 활동으로 매년 400억 톤 이상의 이산화탄소가 배출되고 있다(2020년 기준 3백9십억 톤이지만 IEA는 코로나 이후 배출량이 다시 증가할 것으로 보고 있다. 4백2십억 톤 가까이 될 가능성이 있다.).

④ 메탄 배출을 강력하고 빠르게 지속적으로 줄이는 것도 필요하다. 이러한 활동은 전 세계 지상 오존의 양을 줄여 대기질 개선 효과도 가져올 것이다. 하지만 2014년 5차 IPCC 보고서가 발표된 이후 메탄(CH_4) 배출은 더욱더 빠르게 증가하고 있다.

⑤ 최신 기술을 이용해 대기 중에 있는 이산화탄소를 제거할 수는 있으나 생물지구화학적 순환, 기후, 수자원, 식량 생산과 생물다양성에 부작용이 우려된다. 탄소 순흡수를 달성하고 유지할 수 있다면 대기 온도 상승 추세를 되돌릴 수 있다. 하지만 해수면 상승 등 이미 나타난 기후변화는 되돌릴 수 없다.

위에서 다룬 내용은 방대하고 여러 시각에서 종합적으로 경고하며 처방전을 내리는 보고서이다. 이를 정리하여 정책제안을 제외한 기후변화와 환경문제에 관련된 연구결과만을 보여준 것이 〈표 6-7〉이다. 〈표 6-7〉은 온실가스 농도, 이산화탄소 사례, 전 지구적 평균 지표면 온도, 총 인위적 복사 강제력, 2081~2100년(세기말)에 전 지구적 평균 해수면 상승 범위, 역사적 이산화탄소 누적 배출량의 8개 항목에 걸쳐서 2013년 AR5 1실무그룹(WP1)에서 낸 보고서 결과와 2021년 6차 IPPC AR6 제1실무그룹의 결과를 비교하여 정리한 것이다. 여러 과학적 데이터 중 하나가 〈그림 6-15〉인 1850년부터 2020년까지의 과거 170년 동안 전 지구 지표면 온도의 변화를 보여준 그래프이다. 검은색선은 실제로 관측된 연평균 지표면 온도이고, 갈색선은 CMP6 모델로 시뮬레이션한 결과로 자연적 요인과 인위적 요인을 모두 고려한 결과이며, 녹색선은 CMP6 모델로 자연적 요인만을 고려한 시뮬레이션 결과이다. 그러므로 자연스럽게 최근의 지표면 온도 상승의 원인은 인간의 인위적인 활동에 의한 에너지 소비에

표 6-7 IPCC AR6와 AR5 제1실무그룹 보고서의 주요 기후변화 요소 비교

비교 요소		AR6 제1실무그룹 보고서 (2021년 발간)	AR5 제1실무그룹 보고서 (2013년 발간)
온실 가스 농도*	이산화탄소(CO_2)	410 ppm	391 ppm
	메탄(CH_4)	1866 ppb	1803 ppb
	아산화질소(N_2O)	332 ppb	324 ppb
이산화탄소 농도 사례		최근 200만 년간 전례 없음	최근 80만 년간 전례 없음
전 지구 평균 지표면 기온 (산업화 이전 대비)		1.09℃ 상승(2011~2020년)	0.78℃ 상승 (2003~2012년)
전 지구 평균 해수면 (1901년 대비)		0.20 m 상승(2018년)	0.19 m 상승(2010년)
총 인위적 복사강제력 (1750년 대비)		2.72 W/m^2 증가(2019년)	2.29 W/m^2 증가(2011년)
2081~2100년(세기말) 전 지구 평균 지표면 온도 상승 범위**		1.0~5.7℃(산업화 이전 대비)	0.3~4.8℃ (1986~2005년 대비)
2081~2100년(세기말) 전 지구 평균 해수면 상승 범위**		0.28~1.02 m 상승 (1995~2014년 대비)	0.26~0.82 m (1986~2005년 대비)
역사적 이산화탄소 누적 배출량		2390GtCO_2(1850~2019년)	1890GtCO_2 ((1861~1880)~2011년)

자료: 기상청 2021년 8월 9일자 보도자료

* AR6: 2019년 측정 기준, AR5: 2011년 측정 기준

** AR5는 RCP(대표농도경로) 시나리오 기반, AR6는 SSP(공통사회경제적경로) 시나리오 기반으로 하여 미래 전망을 산출, 상호 간 시나리가 다른 부분은 감안해야 함

기인한다는 것이다. 즉 이 보고서에 따르면 이미 지난 40년간 지구 평균으로 1℃ 정도의 온도가 상승하였는데, 이를 1000년에 1℃가 오르던 결과와 비교하면 인간의 문명 발전과 다양한 활동으로 인한 에너지 사용이 원인이라는 사실을 알 수 있다.

이 결과로 빙하가 사라지고 알래스카 일대에는 모기떼가 출몰하게 되었다. 또한 바다 수온상승으로 인한 저산소증으로 산호초가 죽어가고 북극 얼음이 줄어드는 등과 같은 지구온난화에 따른 직접적인 피해 사례가 최근 점점 더 커지기 시작하였다. 일본의 (재)환일본해환경역센터의 홈페이지에는 〈그림 6-16〉과 같은 지구온난화의

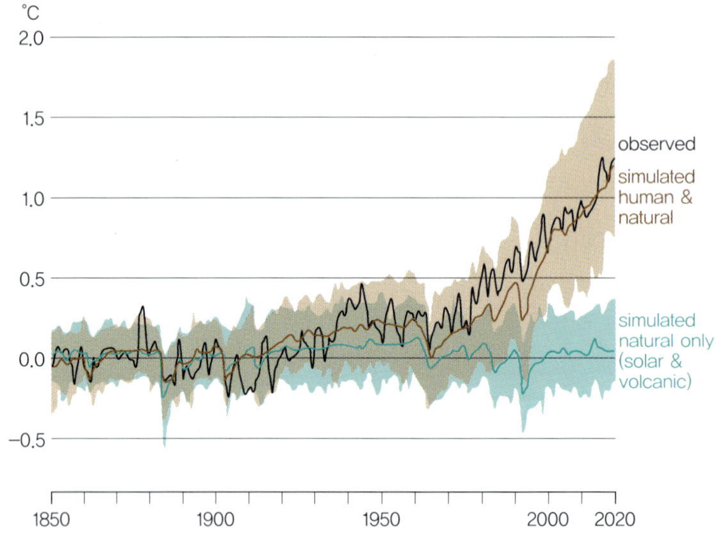

[검정 실선] 1850~1900년 대비 관측된 연평균 지표 온도.
[갈색] CIMP6 기후모델로 모의한 1850~1900년 대비 인위적 · 자연적 인자를 모두 고려한 연평균 지표 온도변화.
[녹색] CIMP6 기후모델로 모의한 1850~1900년 대비 자연적 인자(태양, 화산)만을 고려한 연평균 지표 온도변화.
실선은 다중 모델의 평균값을 나타내며 음영영역은 모의 결과 중 신뢰도가 매우 높은 범위이다.

그림 6-15 과거 170년 동안 지구 지표면 온도의 변화

1 **해면 상승**
- 해수의 열팽창이나 남극과 그린란드의 빙하가 녹아서 이번 세기 말에는 해면이 최대 82cm 상승한다.
- 연안이나 저평지, 작은 도서지역에 거주하는 사람들의 생활에 커다란 영향을 미친다.

2 **동식물 멸종 리스크 증가**
- 현재 멸종 위기에 처해있는 생물은 점점 더 막다른 곳까지 몰려서 더욱 멸종에 가까워진다.
- 우리들과 가까운 생물(동식물)이 살기 쉬운 장소가 사라진다.

3 **감염증 리스크 증대**
- 말라리아 등 열대성 감염증 발생 범위가 확대된다.

4 **식량 부족**
- 지구 평균 기온이 3℃ 넘게 상승하면 식량 생산량이 저하할 것으로 예상된다.
- 기후 변화와 함께 병충해의 증가로 곡물 생산이 대규모로 감소하고, 세계적으로 심각한 식량 부족을 초래할 위험이 있다.

5 **이상 기상 증가 등**
- 강우 패턴이 크게 변하고, 내륙부에서는 건조화가 진행되며, 열대지방에서는 태풍, 허리케인, 사이크론 등 열대성 저기압이 맹위를 떨치게 된다.
- 열대 저기압 강대화·빈번화에 따라 홍수나 폭풍해일 등의 재해가 발생하기 쉬워지고 특히 연안지역에서 피해가 증가할 가능성이 있다.

그림 6-16 지구 온난화의 결과 5가지 카테고리

결과로 나타나는 피해사례를 5가지 분류로 나누어 설명하고 있으며, 이러한 (1) 해수면 상승, (2) 동식물 멸종 리스크 증가, (3) 감염증 리스크 증대, (4) 식량부족, (5) 이상기후 증가 등으로 그 피해사례를 나누어 경고를 보내고 있다.

6 국내 에너지 현황과 문제점

대한민국의 에너지 소비 규모는 2018년 기준으로 〈표 6-8〉에서 보듯이 1차에너지로는 세계 9위이고 석유 소비와 전력 소비로는 세계 7위이다. 물론 2022년 기준 GDP 13위이므로 에너지 소비 규모도 적절한 것으로 보이지만, 에너지 소비 증가율은 세계에서 가장 높은 수준에 있다. 이로 인하여 〈그림 6-17〉에서 보는 것과 같이 석유와 천연가스가 거의 생산되지 않는 대한민국의 에너지 해외 의존도는 거의 95%에 가까운 매우 심각한 수준이다. 현재에도 국가의 산업구조가 자동차산업, 반도체 산업, 석유산업, 철강산업, 건설업과 같은 에너지의 다소비 구조의 제조업이 중요한 산업들이기 때문에 금융산업, IT산업, e-커머스 산업, 관광업, 우주산업 및 각종 서비스 산업과 같은 3차 산업이 발전한 여타 다른 선진국에 비하여 에너지 소비가 많고 에너지 효율이 낮은 산업적 구조의 문제점을 갖고 있다. 사실 대한민국은 1970년대~1980년대를 거쳐오면서 공업화로 인한 엄청난 성장을 이루었지만 현재에는 적기에 적절하게 산업구조를 변화시키지 못하여 급격한 공업화로 인한 환경문제 및 에너지 소비의 증가라는 딜레마에 빠져 있다. 그래서 〈그림 6-18 (a), (b)〉에서 보듯이 거의 82%에 해당하는 산업과 수송용으로 석유 에너지(52%), 석탄 에너지(13%), 천연가스(11%)인 화석 에너지를 사용하고 있다. 이 화석 에너지들은 앞서 〈그림 6-17〉에서 설명하였듯이 거의 전량 해외에서 수입하고 있으며, 〈그림 6-19〉에서 보듯이 사회 전반에서 필요한 에너지는 2020년 기준으로 화석 에너지 의존도가 81.2%로 다른 선진국들에 비해 원자력 에너지와 재생에너지 사용 비율이 많이 떨어지는 편이다. 더불

표 6-8 국가별 에너지 소비 위상(2018년 기준)

구분	1위	2위	3위	4위	5위	6위	7위	8위	9위	10위
1차에너지	중국	미국	인도	러시아	일본	독일	캐나다	브라질	한국	이란
(백만 TOE)	3,196.4	2,230.8	919.4	759.3	426.0	302.1	297.6	287.0	282.3	265.7
석유 소비	미국	중국	인도	일본	사우디	러시아	한국	브라질	독일	캐나다
(백만 톤)	844.4	619.8	235.1	175.6	157.3	149.3	121.7	108.9	106.0	104.8
전력 소비	중국	미국	인도	일본	러시아	캐나다	한국	독일	브라질	프랑스
(TWh)	6,833.1	4,288.8	1,309.4	1,012.8	999.4	572.1	571.9	567.8	538.4	480.4

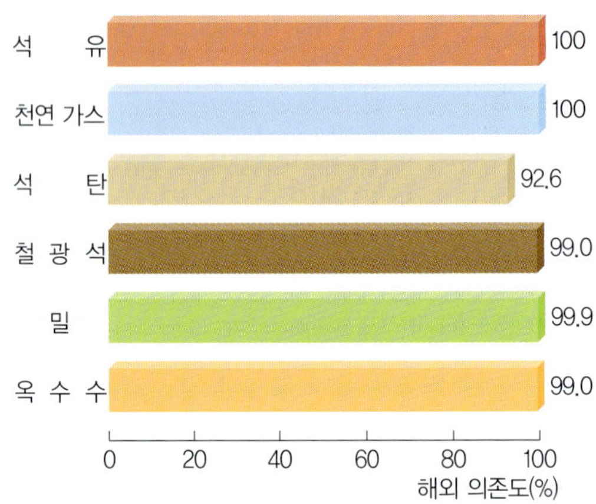

그림 6-17 주요 전략물자의 해외의존도

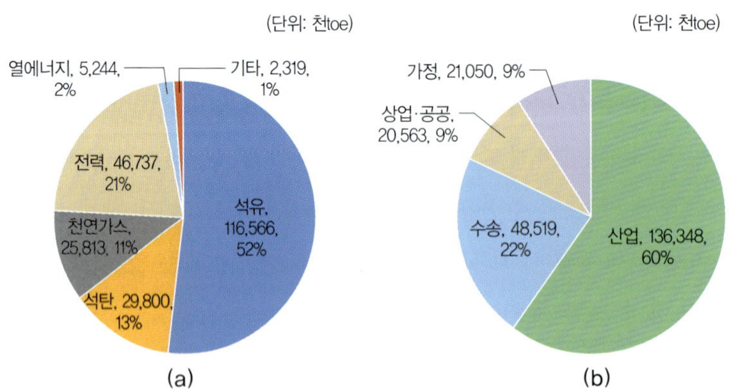

그림 6-18 (a) 대한민국 에너지원별 에너지 소비량과 (b) 사용 부문별 에너지 사용량

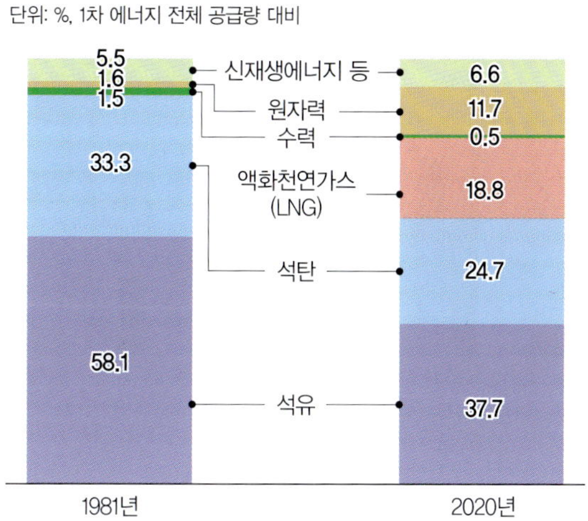

그림 6-19 대한민국의 1차 오일쇼크 시기인 1981년과 비교한 2020년 1차에너지의 에너지원 공급비중

어 〈그림 6-20〉의 2019년 기준으로 살펴본 대한민국의 에너지원별 발전 비중과 세계의 에너지원별 발전 비중 비교 데이터에서 알 수 있듯이 전 세계는 발전용 에너지에서 화석 에너지의 사용 비중을 줄이면서 재생에너지의 사용량을 늘려가고 있으나, 대한민국은 발전용 에너지에서 화석 에너지와 원자력 에너지의 비중이 급속하게 늘어나지만 재생에너지의 비중은 줄어드는 것을 알 수 있다. 이는 지구온난화와 환경오염 축소를 위한 전 세계적인 에너지 절감 및 에너지 효율화, 그리고 신재생 에너지 정책 장려라는 큰 방향과는 매우 불일치한 결과이다.

2019년 기준으로 본 대한민국의 1차에너지 공급량, 최종에너지 소비량, 전력 소비량에 대한 세계 순위가 〈표 6-9〉에 나와있다. 〈표 6-9〉에서 보는 것처럼 대한민국은 1차에너지공급량에서는 세계 9위이고 최종에너지 소비에서는 세계 10위이며 전력 소비에서는 세계 7위임을 알 수 있다. 여기서 대한민국의 GDP가 연도에 따라 변하지만 10~13위를 오르락내리락하는 것을 보면 〈표 6-9〉는 어느 정도 이해가 된다. 〈표 6-10〉에 따라 2019년 기준으로 살펴본 대한민국의 1인당 1차에너지 공급량은 세계 3위이고, 최종 소비량은 세계 4위이며, GDP(달러)당 전력 소비량은 세계 4위를 차지한다. GDP 상위 10개국과 동일한 항목을 비교해보면 1인당 또는 GDP당 에너지 소비량이 2배 이상 과하다는 것을 알 수 있다. 즉, 국민 1인당 벌어들이는 GDP에 비해

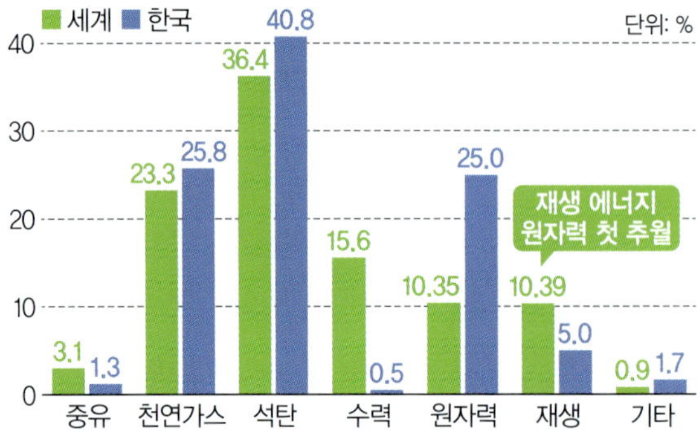

그림 6-20 대한민국의 에너지원별 발전 비중을 세계의 에너지원별 발전 비중 데이터와 비교한 그래프(2019년 기준)

서 과도하게 에너지를 사용한다는 문제가 있음을 파악할 수 있다.

또한 〈그림 6-18〉로 설명한 것과 같이 대한민국이 필요한 에너지의 수입의존도가 평균 95%라는 것을 큰 문제로 지적하였다. 〈그림 6-21〉인 대한민국의 1차 오일쇼크 시기인 1981년과 비교한 2020년 1차에너지에 대한 수요 및 수입 비중을 보여준 데이터와 〈그림 6-22〉의 대한민국 에너지 수입 의존도 추이를 보여주는 데이터로부터 1차에너지 수입 비중이 20여년간 75%에서 약 93%로 급속도로 커지는 것도 큰 문제라

표 6-9 2019년 기준으로 본 대한민국의 1차에너지 공급량, 최종에너지 소비량, 전력 소비량에 대한 세계 순위 (단위: 백만 TOE)

순위	국가명	1차에너지 공급	국가명	최종에너지 소비	국가명	전력 소비
1	중국	3,403.39	중국	2,101.22	중국	564.72
2	미국	2,212.75	미국	1,588.48	미국	329.32
3	인도	937.94	인도	629.81	인도	112.74
4	러시아	772.65	러시아	521.44	일본	79.76
5	일본	415.31	일본	279.11	러시아	64.97
6	캐나다	305.59	브라질	227.33	캐나다	45.54
7	독일	294.33	독일	221.68	한국	45.04
8	브라질	292.71	캐나다	205.54	브라질	44.17
9	한국	280.19	이란	200.98	독일	42.95
10	이란	272.87	한국	181.93	프랑스	37.14

표 6-10 2019년 기준으로 본 대한민국의 1인당 또는 1달러당 1차에너지 공급량, 최종에너지 소비량, 전력 소비량에 대한 GDP 상위 10개국과의 비교한 세계 순위 (단위: TOE/명, *전력 소비: TOE/달러)

순위	국가명	1차에너지 공급	국가명	최종에너지 소비	국가명	전력 소비
1	캐나다	8.13	캐나다	5.47	인도	0.35
2	미국	6.74	미국	4.84	중국	0.23
3	한국	5.42	러시아	3.61	캐나다	0.18
4	러시아	5.35	한국	3.52	한국	0.17
5	독일	3.54	독일	2.67	브라질	0.16
6	일본	3.29	이란	2.42	미국	0.11
7	이란	3.29	일본	2.21	프랑스	0.09
8	중국	2.42	중국	1.50	일본	0.09
9	브라질	1.39	브라질	1.08	독일	0.08
10	인도	0.69	인도	0.46	이탈리아	0.08

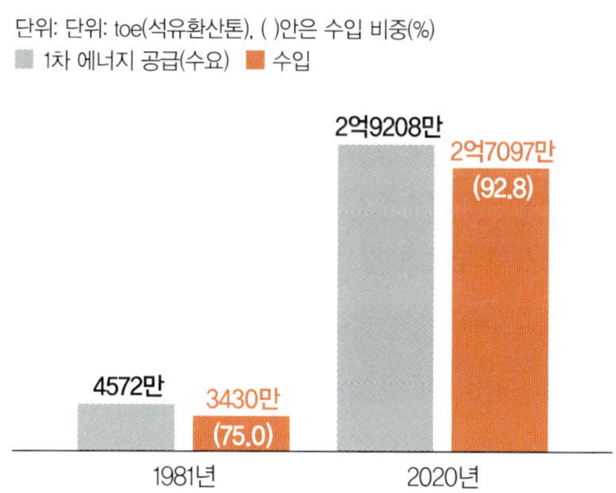

그림 6-21 대한민국의 1차 오일쇼크 시기인 1981년과 비교한 2020년 1차에너지에 대한 수요 및 수입 비중

는 것을 알 수 있다. 즉, 에너지 수입이 급증하고 이를 과도하게 소비하는 사회적 산업구조와 에너지 정책을 과감하게 변화시키지 않으면 경제적 문제가 야기되거나 환경문제가 국제적으로 이슈화되었을 때 대한민국의 경제 및 사회가 큰 난관에 부딪힐 수 있으므로 이에 대한 대비책이 필요하다.

〈그림 6-23〉은 2017년을 기준으로 2030년과 2040년을 예측한 (a) 대한민국 내에

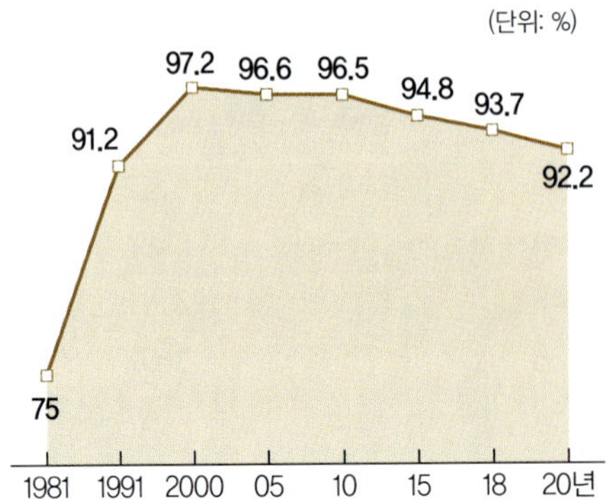

그림 6-22 대한민국 에너지 수입 의존도 추이

공급된 총에너지와 최종에너지 변화, (b) 최종에너지 목표 수요변화, (c) 에너지원별 최종에너지 수요 전망을 보여준 그래프이다. 〈그림 6-23 (a)〉에서 2030년까지는 공급된 총에너지와 소비된 최종에너지가 모두 증가하지만 2040년에는 에너지 절감 및 에너지 효율화로 총량의 증가가 멈추는 효과가 나오리라 예상한다. 더불어 〈그림 6-23 (b)〉에서 보면 2017년의 기준으로 본 수요 전망은 다음과 같다. 2030년과 2040년에는 수요 전망을 각각 2억 490만 TOE와 2억 1,100만 TOE로 예측하지만 각종 에너지 정책을 시행하여 각각 1억 7,530만 TOE와 1억 7,180만 TOE로 줄여서 2017년 최종에너지 수요보다 적은 값으로 억제하고자 한다. 최종에너지에 대한 에너지원별로 수요 전망을 자세하게 분석해 놓은 것이 〈그림 6-23 (c)〉인데, 결론적으로 석유에너지가 소폭 줄고, 석탄에너지와 도시가스의 증가하며, 신재생 에너지와 전력(주로 원자력 에너지를 의미함)이 대폭 증가하는 것으로 예상하고 있다. 이러한 예측을 바탕으로 화석 에너지에 대한 수요를 더욱더 줄이는 동시에 신재생 에너지로 대폭 전환하면서 전반적인 에너지 절감과 효율화를 병행하여야 수요의 목표치를 달성할 수 있으리라 예상한다.

대한민국의 에너지 소비형태의 문제는 이미 〈표 6-10〉에서 보았듯이 1인당 그리고 GDP당 에너지 소비 순위가 세계 4위로 경제력 대비 에너지 과소비국가이다. 이를 보다 확실하고 직관으로 보여주는 데이터가 〈그림 6-24〉이다. 이는 2016년 기준의

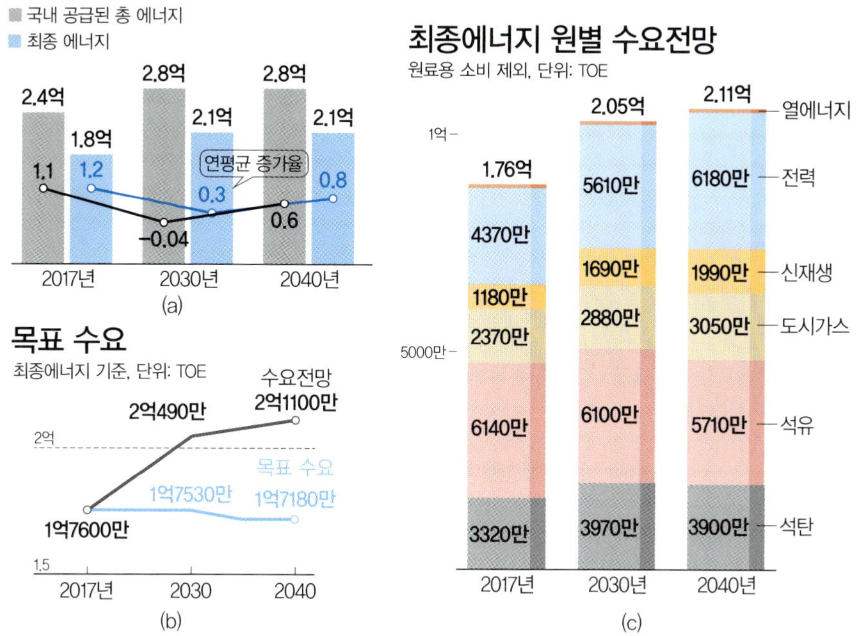

그림 6-23 2017년을 기준으로 2030년과 2040년을 예측한 (a) 대한민국 내에 공급된 총에너지와 최종에너지 변화, (b) 최종에너지 목표 수요변화, (c) 에너지원별 최종에너지 수요 전망

GDP지만 1인당 1차 에너지 소비가 캐나다, 사우디아라비아, 미국에 이은 4위 국가임을 좌표에서 선명하게 알 수 있으며, OECD 평균보다, EU보다, 대한민국하고 비슷하게 제조업이 발달한 독일이나 일본보다 1인당 1차에너지의 소비가 크다는 것을 알 수 있다. 즉, 에너지의 과소비 억제정책 및 산업구조의 에너지 효율화가 필요하다는 것을 알 수 있다.

지금까지 에너지 다소비 국가이면서 에너지를 전량 해외에서 수입하고 또한 1인당 에너지 소비가 세계 4위라는 현황을 살펴보았다. 그러므로 이제부터는 대한민국의 온실가스 배출에 대한 원인들을 찾아보고 최종에너지 소비에 대한 유형을 분석함으로써 어떻게 어디에서 에너지를 줄이고 효율화해야 최종에너지의 소비가 줄고 온실가스의 배출이 줄어드는지를 알아보고자 한다. 〈그림 6-25 (a)〉는 2018년 기준으로 조사한 대한민국 온실가스 배출 원인비중을 보여주는 원그래프이다. 여기에서 보듯이 7.3억 t의 이산화탄소 배출량에서 발전(37%), 산업(36%), 수송(14%)이 총합 87%

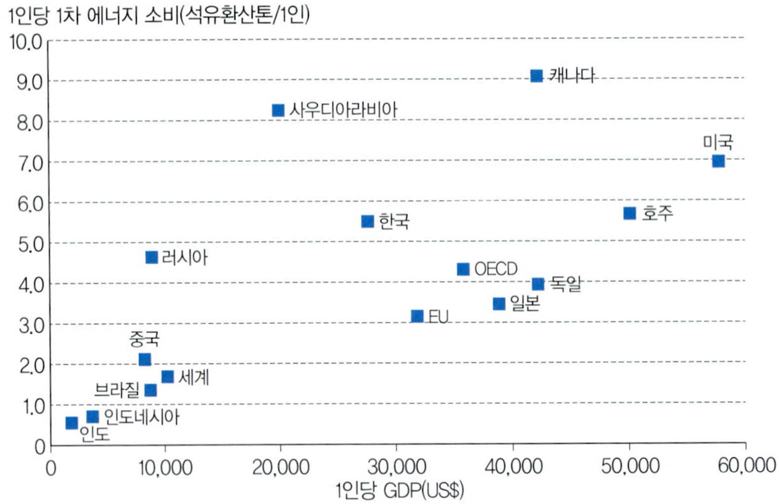

그림 6-24 주요 경제국별로 본 1인당 명목 GDP와 1차에너지 소비의 좌표 위치

로 대부분을 차지하고 있음을 알 수 있다. 즉, 온실가스의 주범인 이산화탄소 배출을 줄이려면 기본적으로 산업분야를 근본적으로 제조업에서 서비스업으로 고도화를 하든지 발전과 산업에서는 에너지 효율화를 추진하면서 신재생 에너지 기술개발 및 정책을 추진해야만 한다. 그리고 수송은 근본적으로 내연기관차를 전기차나 수소차로 변화시켜야만 한다. 〈그림 6-25 (b)〉는 산업원료형 소비를 제외한 최종에너지의 소비형태를 분석한 것이다. 최종에너지의 산업용 소비를 제외하면 전기가 25.2%이고 열로 소비되는 것이 74.8%이다. 전기는 총 발전량(전력량)이 558 TWh인데, 이를 석탄(37.1%), 원자력(27.3%), 천연가스(25.8)의 3개 에너지로 대부분을 사용하여 발전하며, 열에너지는 주로 석유(35.1%), 석탄(18.1%), 도시가스(15.1%)로 생산한다. 즉, 전기에서는 석탄에너지 사용을 줄여야 하고, 최종에너지 소비 비율이 전기로 소비되는 것보다 약 3배나 큰 열에너지 소비에서는 석유의 소비를 줄이도록 정책을 전개해야 한다는 것을 알 수 있다. 여기에서 일반적으로 사용하는 '발전량'이라는 용어는 정확히 말하면 '전력량'으로 1시간 동안의 일률(power)을 의미하는 Wh(와트시)에 대한 일반용어인데, 본 교재에서는 '발전량'이라는 용어를 '전력량'과 동일하게 사용한다.

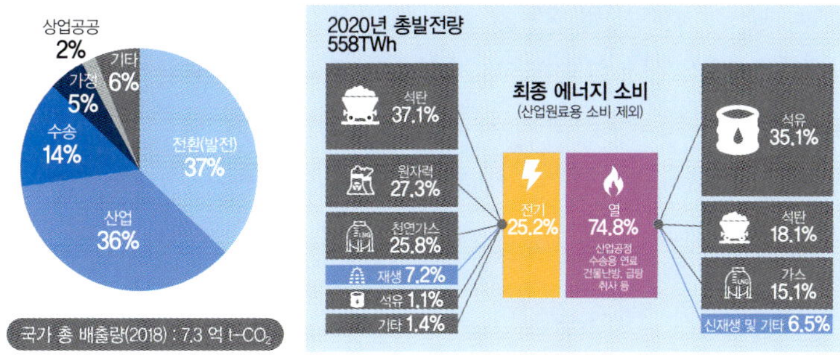

(a) (b)

그림 6-25 (a) 대한민국 온실가스 배출 원인비중(2018년 기준) (b) 대한민국 최종에너지 소비형태에 대한 분석(2020년 기준)

7 국내 에너지 정책 방향

6장 6절에서 살펴본 대한민국 에너지 현황과 문제점들을 해결할 정책 방향을 이 절에서 논하고자 한다. 먼저 효율적인 에너지 소비절약을 위한 에너지 정책으로는 (1) 에너지 절약 전문기업(energy service company, ESCO)의 투자 및 육성, (2) 고효율 에너지 기자재 산업의 육성, (3) 부문별 에너지 절약 방안의 강화가 있다. ESCO는 에너지 사용자를 대신하여 에너지 시설에 투자하고 이에 따른 에너지 절감액으로 투자비를 회수하는 사업을 하는 기업을 일컫는 것으로 대한민국에서는 1992년부터 정식적으로 도입되어 2016년 기준으로 정책자금이 2,250억 원으로 책정되어 있으며, 한전 및 한전 발전자회사 들이 매우 활발하게 이 사업을 진행하고 있다. 고효율 에너지 기자재 산업은 1996년부터 시작한 고효율 에너지 기자재 인증제도에 따라 인증을 받은 에너지 절약효과가 큰 설비나 기기를 만들고 보급을 촉진하는 중소기업을 일컫는 말이다. 또한 대한민국의 에너지 소비의 특징인 에너지 다소비형 사회 경제 구조를 혁신하기 위하여 다음과 같은 방법을 집중적으로 추진한다. (1) 에너지 고소비형

장비나 시설을 에너지 저소비형으로 전환, (2) 고효율 친환경 대체 에너지 기술 개발, (3) 개발된 대체 에너지 실용화 기술과 시설을 보급하는 것이다. 이를 구체적으로 진행하기 위하여 2020년 산업통산자원부(현 산업자원부)에서 세운 에너지 신산업 핵심 기술개발 현황 및 목표를 〈표 6-11〉에서 상세히 에너지원별로 나누어 제시하였다. 물론 2020년 계획이지만 지금도 비슷한 기술들이 민간기업과 정부출연연구소 및 대학교에서 광범위하게 이루어지고 있다.

〈그림 6-26〉은 대한민국에서 주로 산업용과 운송용으로 사용되는 석유에너지를 제외한 나머지 에너지원에 대한 대한민국의 2030년 에너지원별 발전량 비중을 전망해 놓은 그래프이다. 여기에서 사용한 데이터는 2020년 12월 28일에 산업통상자원부에서 발표한 2020년~2034년까지의 '제9차 전력수급기본계획(9차 전기본)'과 2023년 1월 13일에 산업통상자원부에서 발표한 2022년~2036년까지의 '제10차 전력수급기본계획(10차 전기본)' 및 2021년 10월 18일에 정부관계부처 합동으로 발표한 '2030 국가 온실가스 감축목표 상향안(NDC 상향안)'이다.

표 6-11 2020년 산업통상자원부 신재생 에너지 기술개발분야 및 성과목표

기술개발 분야	성과 목표(2020년)
태양전지	(실리콘) 단위 생산전력당 모듈제조 비용 35% 절감
	(차세대) 실리콘 태양전지를 대체할 차세대 태양전지 개발
연료전지	(상용) 연료전지 효율향상(120%) 및 제조비용 절감(50%)
	(차세대) 연료전지 발전효율(1.5배) 및 수명(2배) 획기적으로 제고
바이오에너지	(생산) 미세조류 바이오디젤 생산비 절감(3,300원/L→1,000원/L)
	(신규 바이오매스 확보) '17년까지 3천 톤급 플랜트 구축 및 실증
이차전지	(중소형) 핵심소재 국산화 및 성능 고도화 *에너지 밀도: 170 Wh/kg(리튬이온전지)→400 Wh/kg(차세대 전지)
	(대용량) 설치비용 절감(1/3) 및 수명 연장(2배)
전력 IT	(EMS) 에너지 절감효율 극대화(10% 이내→15~20%)
	(신재생 하이브리드) '단지 단위'의 에너지 자립 모델 마련
온실가스 포집 처리	상용화를 위한 가격경쟁력 확보($150/tCO2→$30~50/tCO2)

자료: 산업통상자원부

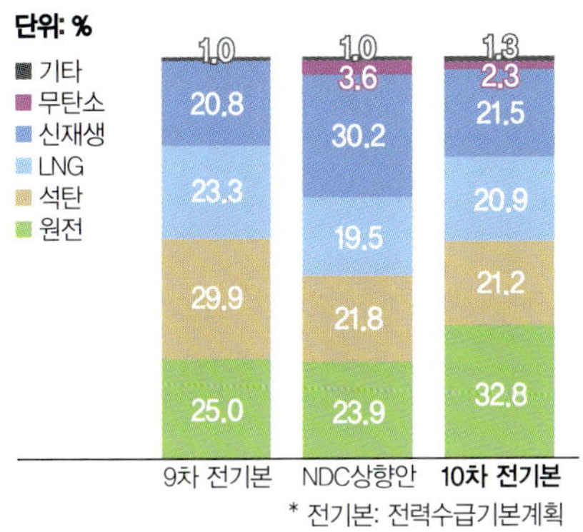

그림 6-26 2030년 에너지원별 발전량 비중 전망

〈그림 6-26〉에 나온 최근 정부의 발표인 '10차 전기본'을 기준으로 보면 원전(원자력 에너지)의 비중이 32.8%로 가장 크고, 다음으로 신재생 에너지가 21.5%이며, 석탄에너지와 천연가스(LNG)가 각각 21.2%와 20.9%이다. 앞서의 온실가스 감축목표를 제시한 'NDC 상향안'과 비교하면 원전의 비중이 거의 10% 늘었고 신재생 에너지와 석탄 에너지는 각각 거의 9% 가까이 줄어 들었음을 알 수 있다. 다만, 무탄소 에너지원이 소량 1.3%가 줄어들었지만 이는 기술발전에 따라 속도 조절로 이해할 수 있다. 발전용 무탄소 에너지원으로는 2021년에 에너지경제연구원이 보고한 '무탄소 신전원 해외사례 및 정책방향 연구'에 따르면 '수소 및 암모니아 혼소발전', 'CCUS(carbon capture utilization and storage) 기술', '소형 원자로'가 대표적이다. 석탄에너지를 줄이는 방향은 앞서 살펴본 6장 5절의 세계각국의 에너지 절감 방향 및 에너지 효율화 정책, 그리고 6장 6절의 지구 온난화에서 언급한 시급한 온실가스 감축과 연결시켜보면 맞는 방향으로 판단된다. 그리고 신재생 에너지와 핵분열 에너지인 원자력 에너지는 모두 화석 에너지인 석탄에너지이나 천연가스보다는 양질의 에너지원이므로 이에 대한 사용을 증가시키는 것도 발전용 에너지원 비중을 증가시키는 방향으로 알맞다고 본다. 다만 당장 현실적으로 가격 및 확보된 기술적 측면에서 원자력 에너지를 발전 에너지원으로 활용하는 것은 선택의 문제이다. 그러나 지구온난화를 줄이기 위해서는 기술개발과 홍보/보급 및 경제 상황에 맞추어 모든 에너지

원을 가능한 한 신재생 에너지와 무탄소 에너지원으로 바꾸는 것이 필요하다. 그리고 〈그림 6-26〉에서 보여준 '10차 전력수급계획'에서 제시한 2036년까지의 신재생 에너지 발전량 보급목표를 사업용과 운송용으로 분류하여 상세하게 에너지원별로 살펴본 것이 〈표 6-12〉이다.

현재의 대한민국의 기술수준과 6장 6절에서 살펴본 우리나라의 에너지 수급 구조의 문제점을 정리하면 다음과 같다. (1) 석유에너지의 해외 의존도 심화, (2) 국제 무역수지의 부담 증가, (3) 국제 환경 규제에 대한 부담, (4) 신에너지 기술의 미확보로 인한 국제 경쟁력 감소. 그리고 이 문제를 해결하기 위한 현 시점에서의 한국의 에너지 정책은 (1) 에너지 절약 투자에 대한 과감한 투자, (2) 고효율 에너지 기자재 산업의 육성, (3) 에너지 절약 방안의 강화로 요약 정리할 수 있다. 특히 〈그림 6-27〉에서 제시한 기후 위기 극복을 위해서 대한민국의 탄소 중립 정책 및 기술개발 방향인 '무탄소 전기 생산', '탄소 중립 연료/제품', '발전소, 산업공정 배출 온실가스 처리', '에너지 효율 향상/자원순환', '에너지 시스템 전기화'를 통하여 에너지 통합 인프라를 활성화해야 한다. 이미 앞서 6장 5절 지구온난화에서 살펴본 기후위기는 〈그림

표 6-12 10차 전력수급계획에서 나온 2036년까지의 신재생 에너지 발전량 보급목표 (단위: TWh)

구분			'23년	'26년	'30년	'33년	'36년
사업용	재생에너지 (a)	태양광	31.9	44.2	60.7	73.5	86.7
		육상풍력	3.5	5.4	8.7	11.2	13.4
		해상풍력	0.3	2.6	31.4	55.0	68.2
		수력	4.0	4.1	4.2	4.4	4.6
		해양	0.5	0.5	0.5	0.5	0.5
		바이오	13.3	13.3	13.3	13.3	13.3
			53.5	70.1	118.8	157.9	186.7
	신에너지 (b)	연료전지	6.8	10.7	15.9	19.0	24.1
		IGCC	2.4	2.4	2.4	2.4	2.4
			9.2	13.1	18.3	21.4	26.5
	(a+b)		62.7	83.2	137.1	179.3	213.2
자가용			5.1	6.6	9.0	10.8	12.6
합계(사업용+자가용)			67.8	89.8	146.1	190.1	225.8
사업용 발전량 비중(%)			10.5	13.5	22.1	28.5	33.0

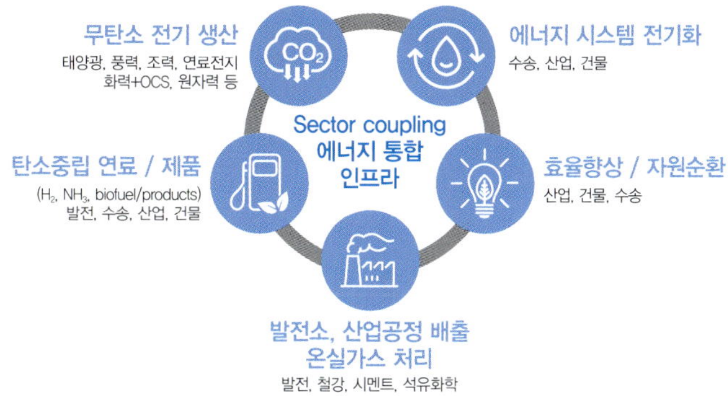

그림 6-27 기후 위기 극복을 위한 탄소 중립 정책

1-6〉과 〈그림 1-7〉에서 말했듯이 인류의 문명화, 즉 산업화와 직접 관련이 있다. 이는 〈그림 6-28 (a)〉에서 보는 산업혁명 시기인 1850년부터 현재인 2000년까지의 인류의 중요 발명품들이 나올 때마다의 에너지원별 1차에너지 증가량 그래프로부터 다시금 상세히 확인할 수 있다. 특히 2차대전을 전후로 해서 석유/천연가스 파이프라인 설치 및 석유산업과 석유화학산업의 발전으로 기록적인 에너지 사용 증가가 있었는데, 2000년 기준으로 보면 온실가스를 대량 발생시키는 화석 에너지가 전체 에너지의

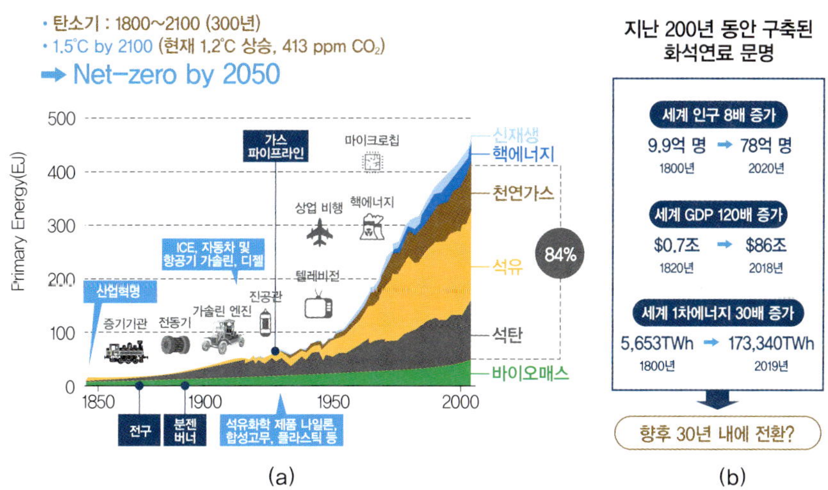

그림 6-28 기후 위기와 에너지 혁명의 당위성을 설명하는 (a) 그래프와 (b) 체계도

84%임을 알 수 있다. 만약에 대한민국을 포함한 전세계적인 노력과 인내로 2050년에 순 탄소배출을 영으로 달성할 경우, 2100년에는 평균 지구 기온이 1880년 대비 1.5℃로 현재 대비 0.3℃ 정도만 증가하는 억제할 수 있다. 그래프로 나온 이러한 결과를 보기 좋고 이해하기 쉽게 체계도로 정리한 것이 〈그림 6-28 (b)〉이다. 이 데이터에서 지난 200년 동안 구축된 화석 에너지에 의한 문명으로 세계 인구는 8배 증가하고 세계 GDP는 120배 증가했으며, 세계 1차에너지 사용은 30배가 증가하였음을 간단하게 보여준다. 그러므로 탄소 중립을 앞으로 30년 후인 2050년까지는 반드시 달성해야만 기후변화에 의한 인류를 포함한 지구상의 생명들의 대멸종위기와 에너지 부족 문제가 해결될 수 있다.

Part 2 에너지에 대한 깊은 이해

2부에서는 화석 에너지인 석탄 에너지, 석유 에너지, 천연가스 에너지를 제외하고
현재 대체 에너지로 사용하는 원자력 에너지와 〈그림 1-16〉에서 분류한
신재생 에너지인 수력 에너지, 바이오매스 에너지, 풍력 에너지, 지열 에너지,
태양에너지에 대하여 상세한 기술적인 내용과 다양한 응용범위를 소개하고자 한다.
이 에너지들은 앞으로 온실가스 배출을 줄여서 지구온난화 방지에 사용해야 하는
에너지이기 때문에 각 에너지에 대한 원리와 필수적인 장치 및 응용분야를 이해하는 것이
에너지 효율화와 에너지 절감에 있어서 중요하다.

Chapter

7

수력 에너지의 이해

1 전 세계 개발가능한 수력발전량

〈표 7-1〉은 1995년과 2020년의 각종 에너지원별 발전단가(단위: cents/kWh)를 비교해 놓은 표이다. 〈표 7-1〉를 보면 기술발전과 신재생 에너지 보급 정책에 따라 지열발전을 제외한 수력발전, 조력발전, 풍력발전, 태양열 발전, 태양광 발전 등의 대부분의 대체 에너지의 발전단가가 대폭적으로 낮아졌음을 알 수 있다. 특히 수력발전 분야도 기술의 발전과 개형 수력발전소 건설에 따라 힘입어 발전단가가 1995년 대비 2020년에는 상당히 낮아졌음을 알 수 있다. 이러한 수력 에너지를 사용하는 수력발전은 가장 오래된 발전 방식 중 하나로 세계에서 가장 과소평가된 신재생 에너지이다.

수력발전의 최초의 역사적 흔적은 BC 85년경에 그리스에서 나온 시에서 찾을 수 있다. 2009년 말 기준으로 〈표 7-2〉의 2009년 기준으로 전 세계의 총 수력발전량은 3,551 TWh인데, 이는 〈그림 6-24〉에서 보듯이 전 세계 발전량의 약 15.6%의 비중이다. '발전량'이라는 용어에 대한 정의는 6장 6절 후반부에 기술하여 놓았으므로 이를 참조하기 바란다. 이와 같이 수력발전량의 비교적 비중이 높은 이유는 지난 10~15년 동안에 중국, 동남아시아, 아프리카 등지에 일부 대형 수력발전소가 지어졌기 때

표 7-1 1995년과 2020년의 에너지별 발전량 단가 비교 (단위: cents/kWh)

분류	1995년	2020년
화석연료 대형/중앙집중식	4~6	-
화석연료 소규모 분산형	8~12	-
대규모 수력	3~13	2.6~11.2
소수력	4~14	3.6~10.1
조력	6.7~17.26.1~11	-
풍력	5~9.8	25~7.3
태양열	20~24	8~10
태양광발전	21~29	8~22
지열	5~8	5~7

표 7-2 대륙별 기술적 개발 가능한 1년 발전량, 기술적으로 설치 가능한 전력, 2009년 총 발전량, 2009년 설치된 전력, 미개발된 발전량 비율, 평균 지역별 전력 분포비

지역	기술적 개발가능한 연간 발전량 (TWh/yr)	기술적 개발가능한 설치 용량 (GW)	2009년 전체 발전량 (TWh/yr)	2009년 설치 용량 (GW)	미개발 잠재력 (%)	지역 평균 용량 계수 (%)
북미	1,659	388	628	153	62	47
라틴 아메리카	2,856	608	732	156	74	54
유럽	1,021	338	542	179	47	35
아프리카	1,174	283	98	23	92	47
아시아	7,681	2,037	1,514	402	80	43
오스트랄라시아/오세아니아	185	67	37	13	80	32
세계	14,576	3,721	3,551	926	76	44

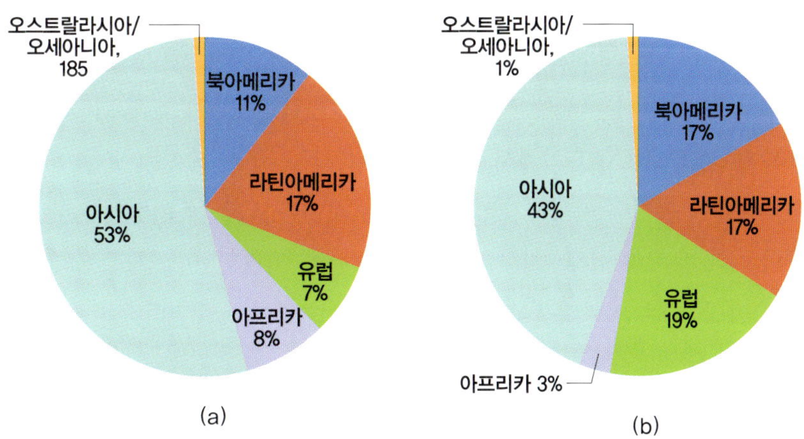

그림 7-1 (a) WCD(World Commission on Dam)에서 보고한 2009년 보고서에 나온 기술적 개발가능한 발전량의 대륙별 분포와 (b) 대륙별로 설치된 전력 분포비

문이다. 이는 〈그림 7-1〉의 데이터로부터 어느 정도 추정이 가능하다. 〈그림 7-1〉은 WCD(World Commission on Dam)에서 보고한 2009년 보고서에 나온 기술적 개발가능한 발전량의 대륙별 분포와 대륙별로 설치된 발전용량 분포를 보여주는 데이

터이다. 기술적으로 개발이 가능한 수력발전량의 약 54%가 아시아에 집중되어 있고, 현재 이미 설치되어 가동 중인 수력발전량 중 43%가 아시아 대륙에서 나온다는 것을 명확하게 보여주고 있다.

정교하게 살피지 않은 승인 절차와 대충 짠 계획으로 수립된 대규모의 수력발전소 건설 때문에 발생한 자연 환경 파괴, 이주민 발생, 민감한 하류 생태계 손상과 같은 것들이 결과적으로 극단적으로 망가지는 수력발전의 모습을 대중들에게 투영시켜주고 있다. 그러나 이와는 반대로 아주 정교하게 잘 계획된 수력발전소 건설 사업도 많다. 이렇게 잘 구성된 계획하에서 건립된 수력발전소 계획에 따르면 환경 영향이 많이 줄어든다. 이런 식으로 완벽하게 구상되어 개발된 수력발전소에서 생산한 전기는 다른 에너지원으로 만든 전기 중에서 가장 저렴하다.

대규모 발전 말고도 10 MW 이하의 전력을 생산하는 소수력발전도 전기를 생산하는 쓸만한 발전 방식으로 제안되고 있다. 소수력발전은 종종 대규모 전력망 계획에서 전기를 공급해줄 수 없는 지역에 전력을 공급하는 좋은 대안이 된다. 이런 소수력발전도 환경에 심각한 영향을 줄 수도 있다. 그러나 환경과 주변 상황을 잘 고려하여 세워진 소수력발전소는 환경을 거의 파괴하지 않는다. 만약에 세계 댐 위원회(World Commission on Dams, WCD)에서 제시한 여러 가지 제안들을 잘 수용하면 대형 수력발전소에 대한 부정적 이미지가 많이 희석될 것이다. 그러나 이렇게 되기 위해서는 국가 간의 이해 문제와 경제적 문제, 환경 문제 등이 해결되어야 하므로 WCD의 대규모 발전소 건립(안)은 일반적으로 수년 내지는 수십 년이 소요된다.

2 수력발전의 조건

수력발전소 건립의 첫 단추는 적절한 입지를 찾는 것이다. 이 작업은 명확한데, 수력발전의 입지조건은 특별하다는 것을 알아야 한다. 즉 수력발전소의 위치는 건립할 주변 환경을 포함하여 지질학적 지형에 따라 결정된다. 그러므로 수력발전소 건설에 적당한 위치가 선정되지 않으면 수력발전소의 건설은 어렵다. 대다수의 전력 10 MW 이상의 대형 수력발전소들은 주변 환경과 지질학적 지형 문제로 전기를 사용하는 수요지대로부터 멀리 떨어진 곳에 건설되기 때문에 전력을 도시나 공장 지대로 보내기 위한 전력전송선 건설도 같이 해야 한다.

수력발전소 건설은 당연히 강의 유무를 보고 결정해야 한다. 강으로부터 끌어들인 수력 에너지는 (1) 수량(the volume of water)과 (2) 낙차폭(the head of water)으로부터 그 크기가 결정된다. 당연히 강물의 흐름이 강한 강이 흐름이 느린 강보다는 전기를 더 많이 생산할 수 있다. 그러나 이것 때문에 유속이 느린 강이 수력발전에 적합하지 않다고 결론을 내리면 안 된다. 유속이 느린 강이라고 해도 경제적으로 가치가 있으며 개발하기 쉬운 지역이 존재하기도 한다. 이와 대조적으로 강물의 흐름이 빠른 강이라고 해도 개발이 매우 어렵고 접근이 불가한 지역이 있다. 즉, 이렇게 강물의 흐름이 빠르고 개발이 어려운 지역에 수력발전소를 지으려면 개발비용이 아주 많이 들어가며, 현재의 기후 조건에 따라 개발가능이 민감하게 변할 수 있다. 또한 이와 같은 대형 수력발전소는 전력생산뿐만 아니라 홍수조절, 농업용수 공급, 어업자원 확보, 관광시설 등과 같은 기능을 갖는 다목적 댐의 기능을 가질 수도 있다. 댐의 종류에 따른 상세한 댐의 입지 조건은 다음 절인 7장 3절에서 살펴본다.

3 댐의 종류와 구조

7장 2절에서 수력발전소 입지 조건에 대해서 알아보았는데, 보통 이 입지조건에 따라 수력발전소는 크게 2가지로 분류된다. 첫 번째 형태는 댐을 짓고 그 댐 뒤에 만들어진 큰 저수지(reservoir)에 저장된 물로 발전소 내의 수력 터빈을 돌려서 발전하는 댐 수력발전 방식(dam scheme)이다. 두 번째 형태는 어떤 종류의 제방은 있을 수 있지만 큰 저수지가 없는 소수력발전 방식(run-of-river scheme)이다. 댐 수력발전 방식이 저수지로부터 수력 터빈을 돌리는 물을 공급받는다면 소수력발전 방식에서는 강의 물을 직접적으로 수력 터빈으로 보낸다. 댐 수력발전 방식은 뒤에서 댐 수력발전 방식의 종류를 언급할 때 보다 자세히 소개할 것이다. 우선 저수지가 없는 소수력발전 방식은 〈그림 7-2〉에 개략도를 그려 놓았다. 〈그림 7-2〉에서 보듯이 저수지에 필수적인 댐을 사용하지 않고 강의 상류지역에서 물을 취수하여 도수관(수로, 파이프라인, 터널 등)으로 하류지역에 보낸 후, 서지 챔버(surge chamber)를 거쳐서 급경사를 갖는 파이프라인이나 터널로 구성된 수압관을 통하여 강물을 발전소로 내려 보낸다. 이렇게 수압관을 통하여 흘려 내린 강물은 지표면에 세워진 소수력발전소 내의 수력 터빈을 돌리고, 이 수력 터빈이 발전기를 회전시켜서 교류의 전기를 만든다. 수력 터빈을 거쳐서 나온 강물은 다시 수로나 파이프라인, 또는 터널로 만들어진 배수로를 통하여 강으로 다시 되돌아간다.

소수력발전 방식은 가장 간단한 수력발전 방식이며 비용도 가장 적게 든다. 즉 이 방식은 수력발전소 건설에서 가장 비용이 많이 드는 댐을 건설하지 않기 때문에 건설비용도 가장 적게 든다. 그리고 댐 건설과 관련된 지형적 문제도 크게 문제가 되지 않는다. 그러나 소수력발전을 위해서는 강물을 발전소까지 직접적으로 전송하는 수로나 파이프라인과 같은 새로운 시설이 필요하다. 수로나 파이프를 사용하여 수력발전을 하기 위해서는 충분한 낙차폭이 필요하다. 충분한 낙차폭을 얻기 위해서는 소수력발전소가 강물 취수구로부터 먼 곳에 있어야 하는데, 이로 인하여 이 수로가 지나

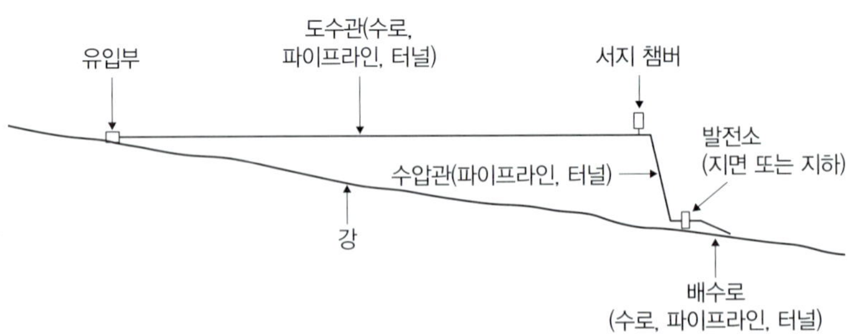

그림 7-2 저수지가 없는 전형적인 소수력발전 계통도

가는 지형에 대한 조사를 충분히 상세히 해야만 한다. 어쨌든 소수력발전 방식은 가장 간단한 방식이며 개발 비용이 가장 싸게 든다. 즉 수력발전소의 건설비용 중 가장 중요한 부분인 댐을 거의 건설하지 않기 때문에 비용이 가장 적게 드는 것이다. 이 때문에 댐 건설로 인한 지형 문제도 어느 정도 피할 수 있다.

저수지가 없는 소수력발전은 매우 단순하지만, 동시에 이는 저수지가 없는 소수력발전 방식의 약점이기도 하다. 물을 저장하는 댐이 없으면 발전소의 전력은 강의 수량과 유속에 직접적으로 영향을 받는다. 즉 강물의 유량과 유속이 변하면 발전소에서 생산하는 전력이 수시로 변할 것이다. 심한 경우 가뭄이 들어서 강물이 말라버리면 저수지가 없는 소수력발전소는 발전이 중지될 것이다. 이와는 반대로 이 강에 홍수가 나면 대부분의 강물이 취수구를 통하지 않고 강물로 그대로 흘러 내릴 것이다. 그럼에도 불구하고 이런 방식의 발전은 건설비용 외에도 강에 큰 구조물을 거의 설치하지 않기 때문에 환경오염이 거의 없다는 장점을 갖는다.

소수력발전 방식에서 단점으로 지적된 저수지가 전무하다는 것을 일부 개선하여 소형 댐과 소형 저수지를 갖는 소수력발전 방식도 있다. 〈그림 7-3〉을 보면 강의 상류에 소형 댐과 소형 저수지를 건설한 소수력발전 방식과 저수지가 없는 전형적인 소수력발전 방식의 차이점을 쉽게 알 수 있다. 즉 저수지가 없는 전형적인 소수력발전 방식에 작은 토목건축공사를 통하여 강의 상류에 큰 비용이 소요되지 않는 소형 댐과 소형 저수지를 추가하는 방식이 소형 댐과 소형 저수지로 구성된 소수력발전 방식이

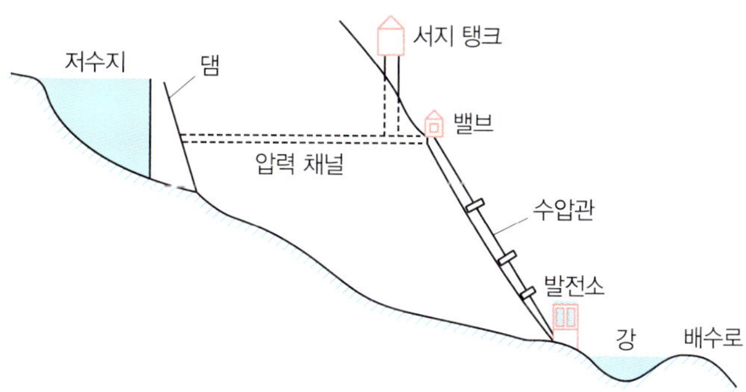

그림 7-3 소형 댐과 소형 저수지(reservoir)로 구성된 소수력발전의 개략도

다. 그러나 소수력발전 방식에 댐 건설을 추가한다면 강 주변의 지질학적 조사가 수반되어야 하기 때문에 원래 소수력발전이 갖는 장점이 많이 희석된다. 혹시라도 소수력발전소 건설을 고려한 지역이 지질학적으로 소형 댐 건설에 문제가 있다고 판명되면 이 장소에 대한 이런 방식의 소수력발전은 적절하지 않다고 판단한다. 심지어는 소형 댐과 소형 저수지를 갖는 소수력발전소를 건설 도중에 지질학적 문제가 추가로 발견되면 부가적인 비용이 상당히 상승하면서 수 개월에서 수 년까지의 공사 지연이 발생할 수도 있다. 이 방식에서 댐이 갖는 목적은 이 댐 뒤에 물을 가두는 저수지를 만드는 것이다. 그러므로 저수지가 만들어지면 강물의 흐름을 어느 정도 조절할 수 있게 되고, 이 결과로 발전소 내의 수력 터빈으로 들어가는 유량과 유속을 조절물의 양과 속도를 조절할 수 있게 된다. 강물의 유속이 빨라지는 시기에는 물을 가두어 유속을 늦추고, 비가 적게 올 때에는 저수지의 물을 이용하여 발전을 한다. 즉 이 댐은 소량이지만 어느 정도 강에 대한 홍수조절 기능을 하게 된다.

일반적으로 수력발전의 형태는 초소형 소수력발전, 소수력발전, 일반 대형 수력발전으로 분류하는데, 이들은 각각 100 kW 이하, 100 kW~10 MW, 10 MW 이상의 전력에 따라 나눈다. 그러나 국내에서는 보통 3 MW 이하인 경우를 모두 소수력발전이라고 말하기도 한다. 이 중에서 현재 국내의 총 소수력발전 전력은 582 MW이며, 기술적 개발가능한 전력은 147 MW로 추정하고 있다. 이 중에서 현재 가동 중인 소수력발전 전력은 31.9 MW이며, 소수력발전소는 총 16기이다.

한편 댐 수력발전 방식은 댐의 건설 방식과 기능에 따라 다음과 같은 3가지 방식으로 댐을 나눈다. (1) 콘크리트 댐(concrete dam), (2) 아치 댐(arch dam), (3) 사력 댐(embankment dam). 〈그림 7-4〉는 콘크리트 댐인 대한민국의 충주댐이다. 이런 콘크리트 댐은 댐 뒤에 저장된 엄청난 물의 압력과 무게를 버텨야 하기 때문에 기본적으로 튼튼하고 큰 콘크리트 구조물로 되어 있다. 그러나 댐 주변 및 댐 아래에서 강물의 흐름이 댐으로 인한 방해를 심각하게 받아서 댐 구조에 여러 가지 악영향들을 주기 때문에 댐을 설계하고 건설할 때 많은 집중과 섬세한 주의가 필요하다.

보통 비용적 측면과 지질학적 유리한 점을 살펴서 강의 중상류 지역에는 좁은 협곡이 많기 때문에 이런 협곡에 높은 콘크리트 댐을 짓게 된다. 여러 가지 건설 조건

그림 7-4 콘크리트 댐인 대한민국 충주댐
자료: Jjw, Wikimedia Commons

이 잘 맞을 경우, 협곡의 양쪽 암벽은 이런 댐 건설에서 매우 중요한 건설 요소가 된다. 즉 댐의 양쪽 암벽들이 매우 단단하고 지질학적으로 안정되어 있다면 〈그림 7-5〉와 같은 아치 댐 건설도 가능하다. 원론적으로 아치 댐 건설은 건축에서의 아치형 구조물을 세우는 것과 완전히 동일하다. 다만 아치형 건축물은 수직으로 짓고 아치 댐은 수평으로 건설한다는 것이 다른 점이다. 즉 아치 댐은 아치형 구조물들과는 다르게 이 댐의 뒤에 만들어지는 엄청난 저수지의 물 무게를 버티면서 이 물들이 댐에 수직으로 인가하는 압력을 이기도록 아치 댐의 볼록 튀어나온 아치형 전면을 저수지 쪽으로 볼록하게 설계 및 건설을 한다. 그러므로 댐 뒤쪽으로 가둔 대용량 저수지의 물에 의한 상상하기 어려운 압력을 버텨야 하기 때문에 아치 댐의 좌우 양쪽 면이 협곡의 암석 벽에 매우 단단하게 박혀서 고정되어 있어야 한다. 즉 협곡의 좌우 양면은 아치 댐이 단단하게 붙어 있어야만이 상상할 수 없는 물의 압력을 이길 수 있다.

그림 7-5 아치 댐인 미국의 후버 댐

자료: Pamela McCreight from Florida, USA, Wikimedia Commons

그림 7-6 사력 댐인 대한민국의 안동댐

자료: hyolee2, Wikimedia Commons

이 때문에 댐을 짓는 데 들어가는 재료의 양은 다른 2가지 댐보다 훨씬 적다.

마지막으로 〈그림 7-6〉에서 보여주는 사력 댐을 살펴보고자 한다. 지질학적 문제와 여러 가지 다목적 기능을 위하여 강폭이 비교적 넓으면서 강의 깊이가 얕은 중하류 지역에 댐을 건설하고자 할 때는 보통 사력 댐을 건설한다. 이 댐은 흙과 자갈과 같은 여러 가지 재료를 섞어서 건설하지만, 일반적으로는 댐이 건설되는 지역에서 구하기 쉬운 소재를 사용한다. 이 댐을 지을 때 주 소재가 흙이나 자갈이기 때문에 이 댐에 어느 정도 물이 스며 들어가서 흘러나간다. 당연한 말이지만 이때 댐에 스며드는 물의 양이 댐의 구조에 악영향을 주지 않을 정도로 잘 설계되고 제어되어야만 한다. 가장 중요한 점은 저수지에 저장한 물이 너무 많아서 이 사력 댐 위로 넘쳐버리면 댐이 붕괴할 수도 있기 때문에 이러한 상황이 발생하지 않도록 주의해야 한다는 것이다.

너무나 당연한 말이겠지만 댐의 건설 비용은 수력발전소 건설계획에서 매우 중요한 요인이며, 큰 논쟁거리이다. 어떤 형태의 댐이 되든지 간에 댐의 뒤에 만들어지는 대규모의 저수지로 인한 넓은 수몰 지역이 발생한다. 그리고 이로 인하여 그곳에 거주하던 거주민들의 이주 문제와 주변 자연 환경의 피해 문제는 피할 수 없게 된다. 더불어 댐 하류 지역의 거주민들도 저수지에 물이 차는 기간에 강물의 양이 줄어드는 문제도 고려해야만 한다. 그러므로 환경 문제를 포함한 모든 문제점들은 세밀하게 파악한 후, 이 수력발전소 건설이 진행되기 전에 재정적으로 주도면밀하게 살펴 보아야 한다.

4 수력발전용 터빈

수력발전은 강물에 담겨 있는 에너지를 저장했다가 낙차에 의한 강물의 흐름을 이용하여 전기를 생산한다. 수력발전소에 있는 댐, 수로, 고압 수관을 통하여 댐의 물을 수력 터빈까지 이송하고 수력 터빈에 강물을 부어 넣으면서 그 양을 조절한다. 그러나 무엇보다도 수력발전소에서 이 물을 이용하여 전기를 만드는 가장 중요한 부분은 수력 터빈(hydraulic turbine)이다. 수력 터빈은 일반적인 소재로 만들지만, 그 구조와 소재 및 작동법은 간단하면서 믿을 수 있고 누구나 쉽게 이해가 되는 단순하고 신뢰가 높은 부품이다. 대부분의 수력 터빈은 강철로 만들지만 과거에는 나무로도 만들었다.

수력 터빈은 기원후 100년경에 로마와 중국 등에서 곡식을 갈아내는 방앗간 수차로 사용하였다는 기록이 있는 것으로 보아서 상당히 오래전부터 문명의 도구로 사용되었다는 것을 알 수 있다. 수력 터빈은 기원후 300년경에 유럽 전역으로 퍼져나갔다고 한다. 초기 수력 터빈은 나무로 만들어졌지만, 영국 출신 공학자인 존 스미톤(John Smeaton)이 18세기에 나무 대신에 강철로 수력 터빈을 제작한 것이 근대적인 수력 터빈의 시작점이 되었다. 결국 현대의 수력 터빈은 그리스, 로마, 중국 덕분에 발명된 문명 기기로 보는 것이 맞다. 그리고 19세기에 들어오면서 수력 터빈은 충동 터빈(impulse turbine)과 반동 터빈(reaction turbine)이라는 2가지 큰 부류의 수력 터빈의 기술로 나뉘면서 엄청난 발전을 이룩하였다.

〈그림 7-7 (a)〉는 충동 터빈의 기본 구조와 작동 원리를 설명하는 그림이고, 〈그

(a) (b)

그림 7-7 (a) 충동 터빈인 펠톤 터빈의 구조도 (b) 수력발전용 펠톤 터빈의 사진
자료: (b) Voith Siemens Hydro Power, Wikimedia Commons

림 7-7 (b)〉는 오늘날 충동 터빈으로 주로 사용하는 펠톤(Pelton) 터빈이 수력발전소에 설치된 실물 사진이다. 펠톤 터빈은 수력발전소의 댐에서 나온 물이 고압의 수압관을 통하여 매우 좁은 노즐(nozzle)에서 고속 고압으로 뿜어져 나와서 2개의 물바가지 형태로 구성된 버킷(bucket) 형태의 날개(blade)에 충격을 가한다. 그러면 버킷이 충격의 반동으로 돌아가면서 버킷과 연결된 러너(runner)를 회전시킨다. 러너가 돌아가기 시작하면 이 러너에 연결된 발전기가 돌아가면서 교류의 전기를 발전한다. 즉 물의 수직 낙하 퍼텐셜 에너지가 터빈의 회전 운동에너지로 바뀌고, 이 회전 운동에너지가 전기 에너지를 생산한다. 펠톤 터빈은 1889년 미국인 공학자인 레스터 펠튼(Lester Allen Pelton)이 특허를 낸 충동 터빈이다. 펠톤 터빈의 에너지 전환 효율은 거의 95% 이상으로 매우 효율적이기 때문에 주로 낙차가 큰 대형 수력발전소에서 사용한다.

또 다른 충동 터빈인 터고 터빈(Turgo turbine)도 있는데, 〈그림 7-7 (b)〉에서 볼 수 있는 것과 같은 버킷의 물바가지가 2개로 구성되어있는 펠톤 터빈과 다르게 〈그림 7-8〉에서 볼 수 있는 것과 같이 버킷의 물바가지가 1개로 구성되어 있다. 〈그림 7-8 (a)〉에서 노즐 안의 밸브는 노즐의 크기를 조절하여 노즐에서 나가는 뿜어져 나가는 물의 양과 속도를 조절하는 장치이다. 두 종류의 충동 터빈은 모두 비교적 낙차

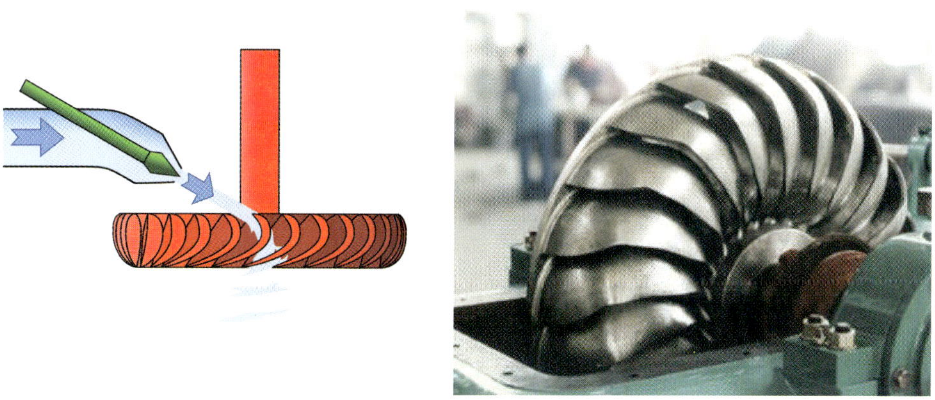

(a) (b)

그림 7-8 터고 터빈의 (a) 구조도와 (b) 실물 사진
자료: (b) www.cchpe.net

(a) (b)

그림 7-9 충동 터빈(터고 터빈)인 cross-flow 터빈의 (a) 작동원리와 (b) 실물사진
자료: (b) The original uploader was PC21 at English Wikipedia., Wikimedia Commons

폭이 큰 경우에 사용하지만, 펠톤 터빈은 200~1000 m의 낙차폭에서 사용하고, 터고 터빈은 450 m 이상의 낙차폭에서 주로 사용한다. 1000 m 이상의 낙차폭에 대해서는 충동 터빈 1대를 직접 사용할 수도 있지만, 보통은 낙차폭을 절반씩 나누어서 2군데에서 충동 터빈을 설치하여 사용한다. 〈그림 7-9〉는 각각 충동 터빈인 터고 터빈의 cross-flow 터빈의 작동 원리와 실물 사진이다. 보통 터고 터빈이 터빈의 버킷을 1번 충돌하고 터빈의 아래로 빠져서 흐르는 데 반하여, 이 터빈은 물이 회전축 중심부를 지나면서 첫 번째 충돌한 버킷의 반대쪽 버킷을 다시 한번 충돌하면서 지나가도록 구성하여 에너지 전환 효율을 극대화한 구조이다.

〈그림 7-10〉은 각각 펠톤 터빈과 터고 터빈의 버킷 모양과 노즐의 분사 방향에 대

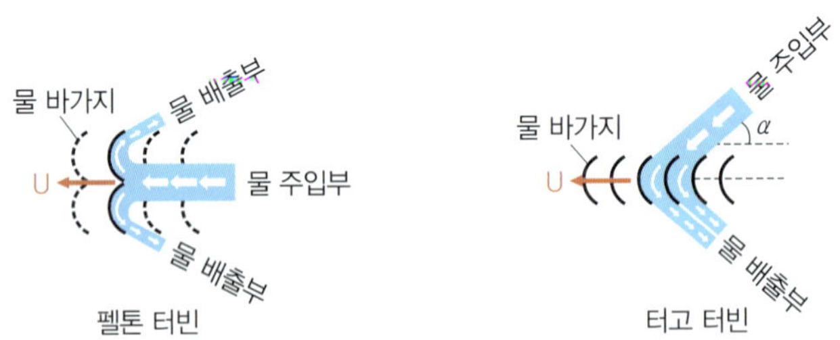

(a) (b)

그림 7-10 충동 터빈인 (a) 펠톤 터빈과 (b) 터고 터빈의 개략도

한 차이점을 보여주는 그림이다. 펠톤 터빈(〈그림 7-10 (a)〉)은 버킷이 2개이며 노즐은 두 버킷의 가운데 부분에 위치하여 물의 압력이 버킷에 수직으로 인가되도록 만든 구조로, 러너로 전달되는 회전 운동 에너지가 매우 크다. 이와는 약간 다른 터고 터빈은 버킷이 1개이고 노즐은 버킷에 비스듬하게 향하도록 배치되어있기 때문에 물의 압력이 버킷에 비스듬하게 작동한다. 이로 인하여 물의 운동 에너지가 러너의 회전 운동 에너지로 효율적으로 전달되지 않는다. 충동 터빈의 공통된 특징은 터빈이 공기 중에 작동하는 것이다. 즉 이로 인한 러너에 대한 물로 인한 방해가 거의 없기 때문에 노즐에서 나온 물의 운동 에너지가 러너의 회전 운동으로 바뀌는 에너지 효율이 매우 좋다.

〈그림 7-11〉은 반동 터빈에 대한 것으로 각각 구조도, 작동 원리 및 전형적인 반동 터빈인 프란시스(Francis) 터빈의 실물 사진이다. 반동 터빈은 러너에 연결된 좁은 노즐에서 뿜어져서 빠져나가는 고속의 물의 반동으로 러너가 회전을 하는 원리이다. 〈그림 7-11 (a)〉에서 물이 터빈 내의 다수의 노즐 속을 흐르는 방향이 파란색 화살표로 표시되어 있으며 러너가 돌아가는 방향이 연두색 화살표로 표시되어 있다. 물은 러너의 바깥쪽에서 입사되어서 노즐인 날개 내부를 지난 후 터빈의 중심인 관으로 빠져나간다. 그러므로 반동 터빈은 물속에 잠겨서 돌아가고, 이 때문에 물의 저항을 받기 때문에 에너지 전환효율은 충동 터빈보다 약간 작지만 낙차가 450 m 이하로 작거나 조류와 같은 유속이 느린 경우에도 회전력이 강하여 러너가 잘 회전되기 때문에 소수력발전이나 조류 발전, 조력발전과 같은 해양 에너지 발전 등에 일반적으로 사용한다. 즉 충동 터빈은 큰 낙차폭에 의한 물의 압력, 즉 물의 운동 에너지로 작동하는 것이고, 반동 터빈은 터빈 날개의 한쪽 면에 작동하는 물의 무게로 인한 압력의 반작용으로 작동하는 것이다.

반동 터빈은 종류가 매우 다양하지만 수력 터빈으로 사용하는 반동 터빈의 거의 80%는 프란시스 터빈이다. 프란시스 터빈은 제임스 프란시스(James Bichens Francis)가 1855년경에 개발한 터빈이다. 이 터빈은 터빈의 개략도를 보여주는 〈그림 7-12 (a)〉에서 보듯이 물이 터빈의 방사 방향으로 들어가서 러너의 회전축을 따라서 러너의 수직방향으로 빠져나간다는 특징이 있다. 프란시스 터빈의 실물 사진은 〈그림

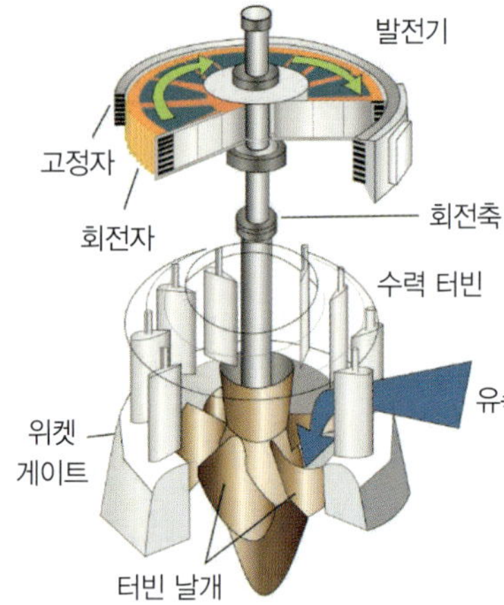

(a)

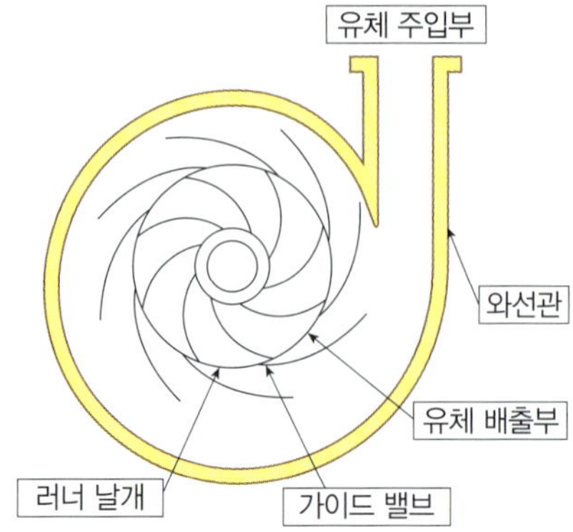

(b)

(c)

그림 7-11 (a) 반동 터빈의 구조도 (b) 반동 터빈의 작동 원리 (c) 반동 터빈인 프란시스 터빈의 실물 사진
자료: (c) Netnet, Wikimedia Commons

7-12 (b)〉에서 확인할 수 있다. 이렇게 터빈 내에서 입사 방향과 출사 방향이 바뀌기 때문에 종종 혼합-흐름 터빈(mixed-flow turbine)이라고도 부른다. 프란시스 터빈에서는 터빈 내를 흐르는 물의 에너지를 최대로 축출하여 사용하기 위해서 터빈 내의 날개의 모양과 방향 및 크기 등이 매우 섬세하게 설계되고 만들어져야만 한다. 즉 에

(a) (b)

그림 7-12 반동 터빈인 프란시스 터빈의 (a) 개략도와 (b) 실물 사진
자료: (b) Audrius Meskauskas, Wikimedia Commons

너지 변환 효율이 가장 좋아지기 위해서는 터빈 내의 물의 흐름은 아주 부드럽고 유연해야만 한다.

반동 터빈으로는 〈그림 7-12〉에서 설명한 프란시스 터빈이 가장 전형적으로 널리 이용되지만, 저속의 유속에서 많이 이용되는 고정 피치 프로펠러 터빈과 가변 피치인 카플란 터빈도 널리 이용된다. 〈그림 7-13〉은 각각 반동 터빈인 고정 피치 프로펠러 터빈의 작동원리와 실물 사진이다. 고정 피치 프로펠러 터빈의 날개 각도가 고정되어 있는데, 이를 쉽게 이해하려면 배에 달린 모터가 전기를 사용하여 회전하면서 이를 이용하여 물속에 담긴 프로펠러를 돌려 물을 밖으로 밀어내는 반작용으로 배가 앞으로 나아가는 과정을 생각하면 된다. 즉 배의 프로펠러가 돌아가는 과정을 역으로 생각하는 것이다. 〈그림 7-13 (a)〉에서 보는 것처럼 수력발전에서는 물이 흐르면서 프로펠러 터빈을 돌리고, 이 프로펠러 터빈에 연결되어 있는 발전기가 돌면서 순차적으로 전기를 생산한다. 프로펠러 터빈은 저속의 조류나 느린 강물과 같이 작은 낙차폭을 갖는 환경에서 매우 유용한 발전용 터빈이다. 프로펠러 터빈은 유속이 설계된 유속의 75% 이하로 내려가면 에너지 전환 효율이 급속히 낮아진다. 이를 해결하기 위해서 평행으로 여러 대의 프로펠러 터빈을 설치하는 다중 프로펠러 터빈을 주로 사용한다.

유속의 흐름이 일정하지 않은 경우에는 앞에서 언급한 다중 프로펠러 터빈이 적절

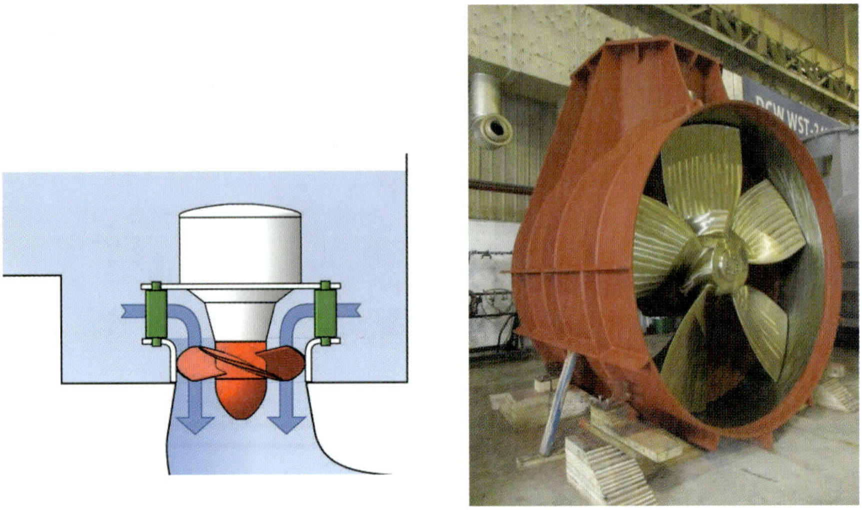

(a) (b)

그림 7-13 반동 터빈인 고정 피치 프로펠러 터빈의 (a) 작동원리와 (b) 실물 사진
자료: (b) Wärtsilä, 2021

하지 않다. 이런 경우에는 터빈의 날개 각도가 변하면서 시시각각 변하는 유속에 순간적으로 최적화된 날개 각도를 유지할 수 있는 단일 터빈이 더 좋은 성능을 낼 수도 있다. 이와 같은 프로펠러 반동 터빈을 카플란 터빈(Kaplan turbine)이라고 하며, 〈그림 7-14〉에서 작동 원리와 실물 사진을 볼 수 있다. 카플란 터빈은 전체 형태는 고정 피치 프러펠러 터빈인 〈그림 7-13〉과 매우 유사하지만, 카플란 터빈은 고정 피치 프로펠러 터빈의 날개의 각도가 가변식으로 변화가 가능하다. 여기에서 보듯이 프란시스 터빈을 사용한 수력발전 시스템을 보여주는 〈그림 7-13〉과 비슷하지만, 프란시스 터빈 대신에 카플란 터빈이라는 점이 다르다. 그리고 〈그림 7-15〉는 각각 중고속의 유속에서 사용하는 프란시스 터빈과 저속의 유속에서 사용하는 카플란 터빈의 구조도를 보여준다. 〈그림 7-15〉에서 보듯이 프란시스 터빈은 물이 터빈의 날개 내에서 90도 구부러지면서 나아가는 유속의 반동으로 러너가 돌아가지만, 카플란 터빈은 물이 수관 내에서 90도 구부러진 후에 터빈 날개로 직전하여 들어갔다가 나아가면서 그 반동으로 터빈의 러너를 돌린다는 차이가 있다.

(a) (b)

그림 7-14 (a) 가변 피치인 카플란 프로펠러 터빈의 작동원리와 (b) 실물 사진

자료: (a) Voith Hydro Power Generation, Wikimedia Commons

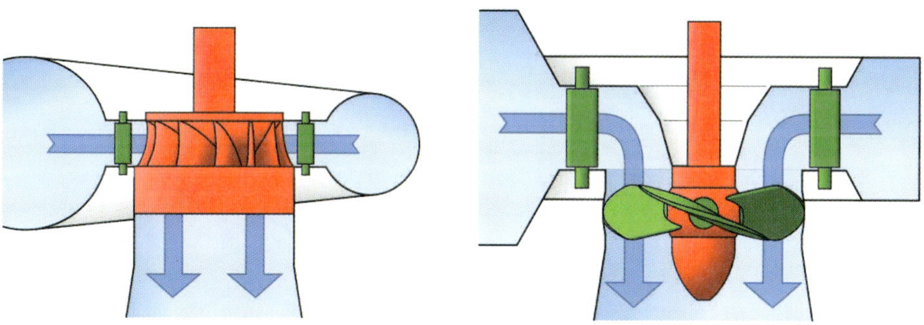

(a) (b)

그림 7-15 반동 터빈인 (a) 프란시스 터빈과 (b) 카플란 터빈의 구조도 및 물 흐름 방향

극저속의 유속을 갖는 조류 발전에서는 〈그림 7-16〉에서 보여주는 벌브 프로펠러 터빈을 사용한다. 즉 조류 발전에서는 방수가 되는 벌브 형대의 통속에 터빈과 방수 발전기를 함께 넣어서 사용한다. 이 디자인에서 터빈의 러너인 회전자(rotor)에 붙어 있는 날개는 고정식이 아니고 가변식이다. 그러나 벌브 프로펠러 터빈에서는 〈그림 7-16〉에서 보듯이 물이 거의 회전축에 나란하게 들어와서 그대로 나란하게 나가므로 물의 진행 방향이 〈그림 7-14〉에서 설명한 카플란 터빈과는 다르다. 그러나 카플란

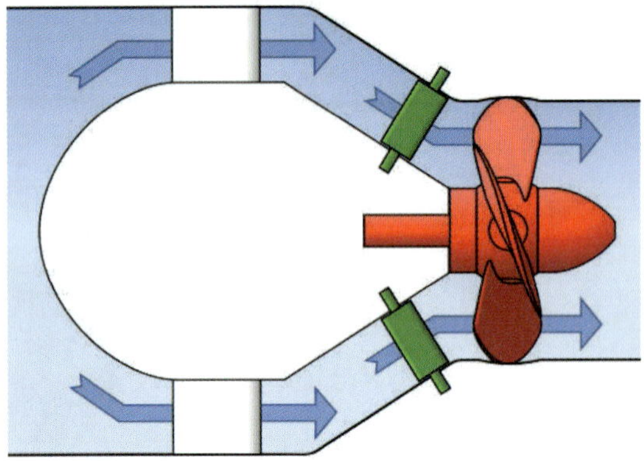

그림 7-16 반동 터빈인 벌브 프로펠러 터빈의 작동원리

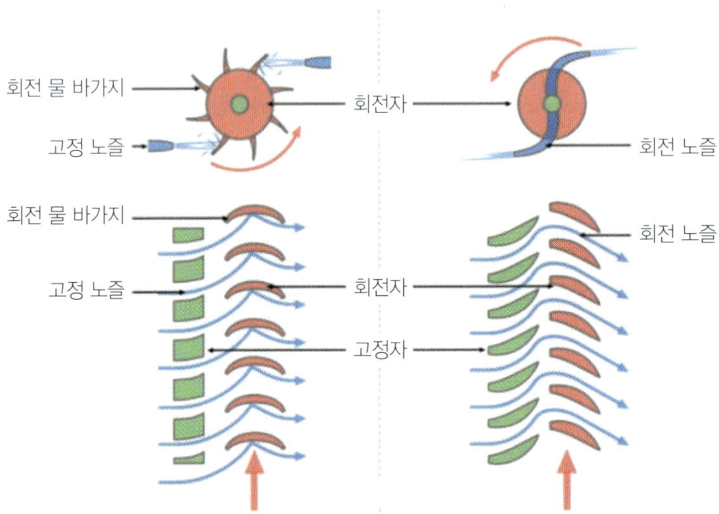

그림 7-17 충동 터빈과 반동 터빈의 원리 비교를 위한 개략도
자료: Original Emoscopes Vector BMacZero, Wikimedia Commons

터빈과 벌브 프로펠러 터빈 모두 러너와 연결된 날개의 피치각이 가변식이라는 공통점이 있다.

〈그림 7-17〉은 충동 터빈과 반동 터빈의 작동 원리의 차이점을 보다 분명하고 확실하게 설명하는 그림이다. 〈그림 7-17〉의 왼쪽 그림은 충동 터빈에 대한 그림으로 위는 옆에서 본 그림으로 고정된 노즐을 통해서 나온 물이 러너에 붙어있는 버킷에

직접적으로 충돌하여 돌리는 것을 나타낸 것이며, 아래 그림은 충동 터빈을 위에서 내려다 보고 그린 것이다. 마찬가지로 〈그림 7-17〉의 오른쪽 그림은 반동 터빈에 대한 그림으로, 상단 그림은 옆에서 본 그림으로 러너에 부착된 노즐을 통해서 나온 물의 반동으로 러너가 돌아가는 것을 보여주며 하단 그림은 반동 터빈을 위에서 내려다 보고 그린 것이다.

5 수력발전용 발전기

대부분의 수력발전소에는 각 터빈마다 하나의 발전기를 연결한 전통적인 발전 시설을 여러 개 설치한다. 일반적으로 터빈과 발전기는 모두 특정한 지형마다 특별히 설계된다. 터빈과 발전기는 동일하고 고정된 회전 속도로 돌아간다. 그러나 최근에는 다양한 수력발전에 응용하기 위해 가변 속도 발전 시설을 제작하여 설치하기 시작하였다. 이것은 서로 다른 유속 조건에서 최적의 효율로 발전 시설을 작동시키기 위하여 발전 시설에 어느 정도 가변도를 추가하기 위하여 개발된 것이다. 그러나 일반적으로 가변 속도 발전 시설은 고정 속도 발전 시설에 비해서 훨씬 더 비싸다.

6 소수력발전

나라마다 구분이 약간씩 다르지만 보통 소수력발전은 10 MW 이하의 전력을 갖는 발전을 말한다. 소수력발전은 근본적으로 대형 발전과 동일한 원리로 작동하고 유사한 부품들을 채택하여 사용하지만, 여전히 서로 다른 점들이 있다. 소수력발전에서도 3가지 분류가 있는데, 각각 전력의 크기에 따라 마이크로(micro) 소수력발전, 미니(mini) 소수력발전, 소형(small project) 소수력발전으로 구분한다. UNDP(United Nations Development Programm)와 WB(World Bank)에서 구분한 정의에 따르면 마이크로 소수력발전의 전력 범위는 1 kW~100 kW의 범위 내이다. 그리고 미니 소수력발전의 전력은 100 kW~1 MW이며, 소형 소수력발전은 1 MW~10 MW까지의 전력을 갖는다.

앞으로 세계 곳곳에서 엄청난 경제 개발이 일어나리라는 것은 명백하다. 소수력발전은 어느 곳에서든 개발 및 설치가 가능하지만 발전량과 발전 효율은 산악 지형에서 더욱 커진다. 그러므로 오스트리아와 스위스는 유럽에서 소수력발전을 가장 잘 이용하는 국가들이라 할 수 있다. 국가가 만든 전력망에서 제외된 산악 지형에 위치한 마을들에는 소수력발전이 아주 좋은 발전 대안이 된다.

낙차폭은 소수력발전 비용을 결정하는 중요한 요인이다. 일반적으로 낙차폭이 큰 지역에 소수력발전소를 건설할 경우 개발비는 한층 저렴해질 것이다. 낙차폭이 30 m 이상인 지역에서는 충동 터빈이 소수력발전에 가장 알맞은 터빈이 되며, 낙차폭이 30 m 이하이면 반동 터빈이 보다 효율적이다. 그리고 낙차폭이 2.5 m 이하이면 소수력발전소를 건설하기가 어렵다. 또한 댐과 제방 등은 소형 발전소나 대형 발전소와 매우 유사한 구조로 지어지나 소형 발전소는 그 구조가 대형 발전소보다 간단하다. 소수력발전소의 구조는 토목공사를 최소화하기 때문에 소형이나 대형 발전소보다 일반적으로 구조가 쉽고 간단하다. 종종 공기 부양식 고무 제방으로 댐을 대신하는 흔하지 않은 소수력발전소도 일부 있다.

소수력발전소 개발에 들어가는 개발 비용 산정을 위한 중요 요소는 예비 타당성 조사(feasibility study)를 통하여 추산과 절감을 할 수 있다. 일부 수력발전 개발에서는 발전소 지역의 타당성 여부를 결정하는 사전 예비 타당성 조사(pre-feasibility study)를 필수적으로 개발 계획에 포함시키기도 하면서 예비 타당성 조사에서는 개발 계획을 매우 세밀하고 상세히 준비한다. 이런 예비 타당성 조사나 사전 예비 타당성 조사에는 소수력발전소가 들어설 지역의 수력학적 조건과 지질학적 조건을 담고 있어야 한다. 큰 규모의 소수력발전소 건립에 대한 밑그림에서 예비 타당성 조사는 보

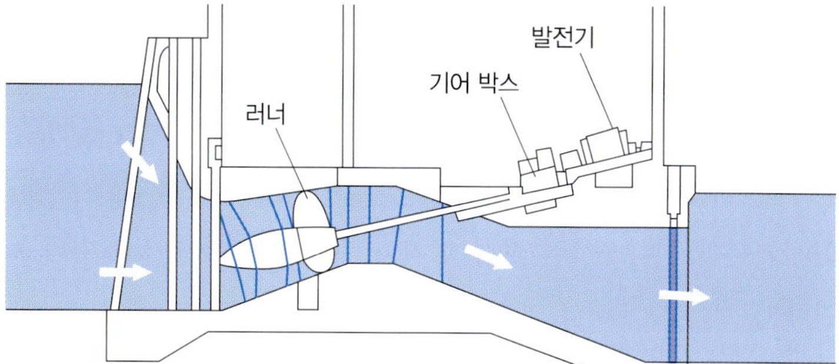

그림 7-18 소수력발전용 관 터빈(tubular turbine) 발전기 배치 모식도

통 전체 예산의 1~2% 정도가 소요된다. 그리고 작은 규모의 소수력발전인 경우에는 전체 예산의 50%까지도 소요될 수도 있다.

〈그림 7-18〉은 소수력발전용 관 터빈(tubular turbine) 발전기 배치 모식도이다. 이런 형태에서는 낙차폭이 작은 소수력발전용 유관 내에 비스듬하게 프로펠러 터빈을 설치한다. 그리고 이 터빈은 긴 회전축으로 유관 바깥에 있는 발전기와 연결되어 발전을 한다. 터빈은 기어 박스로 느린 터빈의 회전속도를 증가시켜서 발전기가 빠르게 돌게 만들 수도 있다.

7 수력발전의 장단점

소수력발전소를 포함한 모든 수력발전소에 대한 개발 계획을 세울 때는 다음과 같은 4가지 환경 요인들을 고려해야만 한다. (1) 저수지가 생길 때 무엇이 수몰되는가? (2) 댐과 제방이 강물에서 흐르는 침전물들의 흐름에 어떤 영향을 주는가? (3) 저수지 때문에 온실효과에 어떤 영향을 주는가? (4) 누가 가장 관심을 가질 것인가? 이런 모든 주제들이 예비 타당성 조사나 사전 예비 타당성 조사에 나와있어야 하고 이를 정확히 분석해야 한다.

이런 발전소 계획을 세우기 위해서는 보통 완벽한 환경 평가가 필요한데, 대부분의 경우에 이 환경 평가는 의무적으로 실시해야 한다. 이런 예비 타당성 조사에 여러 가지 다양한 제안들을 하여 수력발전소를 개발할 때 생기는 다양한 부정적 효과들을 상당량 완화시켜야만 한다. 이런 환경 평가가 제대로 포함되지 않거나 이를 보완할 대책을 제안하지 않은 보고서로 개발 계획을 낸다면, 특히 IBRD나 WB와 같은 국제 대출 기관들로부터 제대로 인가되기가 어려울 것이다.

댐이 건설되면 댐 후방에 있는 넓은 면적의 땅은 인공 호수가 생기면서 침수된다. 이러한 대규모 토지 유실은 수력발전소 건립 계획의 가장 큰 논쟁거리이다. 물론 소수력발전의 경우에는 이런 문제가 덜 생길 수도 있고, 대형 발전소 건립에서도 상황에 따라 이 문제가 완화될 수도 있다. 저수지 때문에 생긴 가장 큰 문제는 댐 뒤쪽의 침수 영역에서 생기는 수몰 지역에 사는 이주민 문제이다. 만약 수몰 지역에 포함된 땅이 수십 년 또는 수 세기 동안 농업용지였거나 조상 대대로 내려온 땅이라면 이주민 입장에서는 특히 심각한 문제가 될 것이다. 어쨌든 모든 경우에서 이러한 수몰 지역의 이주민 문제는 최소화해야만 한다. 그리고 이 수몰 지역에 있는 동식물의 이주 문제도 고려해야 한다. 당연하겠지만 수몰 지역의 거주민들이 이주하여 살아야 할 이전 거주 지역 근처에 충분한 거주 지역을 확보해야 하는 문제도 있다. 더불어 댐 건설로 강물이 막히는 탓에 발생한 연어나 뱀장어와 같은 회귀성 어류의 환경 문제도 해결해야 한다. 부가적으로 댐 건설로 대형 저수지가 생김에 따라 저장된 방대한 물에 의한 수압이 일으킬 수도 있는 지진 활동이나 산사태와 같은 문제도 시뮬레이션해 보아야 한다.

댐과 제방이 만들어지면서 강에 퇴적물이 새로이 쌓이게 되는 문제도 있다. 대부분의 강은 이런 인공물이 없으면 자연스럽게 강물이 하류로 퇴적물을 운반한다. 나일 강이나 황하 강과 같은 세계적인 큰 강은 강물에 어마어마한 양의 매우 비옥한 퇴적물들을 나일 강 하류로 운반하여 강 하류를 비옥하게 만든다. 이것 때문에 이 지역에 세계적인 문명이 생겼다. 그러나 댐이 강을 가로질러서 건설되면 댐 뒤에 자연적으로 생기는 거대한 저수지가 강의 흐름을 저해하여 막대한 퇴적물들이 저수지 하부에서 응결된다. 최악의 경우를 상정하자면, 이런 일련의 과정으로 퇴적물이 계속 저수지에 쌓여서 저수지 전체가 퇴적물로 가득 메워질 수도 있다. 이 과정이 어떠하든지 간에 댐 건설 이전에 흘러갔던 퇴적물들은 댐 건설 초기에는 댐에 의해 댐 뒤의 저수지 하부에 퇴적된다. 이 때문에 하류 지역은 여러 가지로 큰 영향을 받을 것이다.

또한 댐 하부에서는 강물의 흐름이 막히면서 와류가 생기고, 이로 인하여 댐 하부 구조에 대한 침식률이 시간이 지남에 따라 점차 커질 수 있다. 이 문제는 침전물과 이로 인한 저수지의 부영양화라는 한층 심각하고 중요한 생태계 파괴 문제를 유발하므로 주변 환경이 망가지고 심지어는 완전히 파괴되는 상황이 벌어질 수도 있다. 주요 강의 중하류 지역에 세워진 댐은 강물의 흐름과 댐 아래의 퇴적물 흐름에 중대한 영향을 미친다. 이 댐들이 건설된 탓에 하류 지역은 이전에 농업용수로 사용하던 강물이 줄어들거나 식수로 사용하던 강물이 오염되고 어업의 주요 자원인 물고기가 줄어드는 등 심각한 타격을 입을 것이다. 이처럼 댐 하류 지역에 발생하는 악영향으로 인해 댐을 짓고자 하는 다른 지역에서는 부정적인 여론이 형성된다. 과거에는 이런 문제를 쉽게 무시하였지만 최근에는 이를 해결하지 않으면 수력발전소 건설이 무산될 정도로 환경에 대한 규제와 법률이 엄격해지고 있다.

수력발전소 건립에 따른 많은 부정적 효과가 있지만, 수력발전으로 인한 온실효과의 감축 효과는 매우 큰 장점이라 할 수 있다. 사실 수력발전은 다른 화석 에너지를 기반으로 한 발전보다도 이산화탄소의 발생이 거의 없다. 그러나 불행하게도 이런 긍정적인 면도 면밀하게 살펴 보아야 한다. 댐 뒤에 조성된 대형 저수지로 인하여 많은 식물이 물속에 잠기고 새로이 상류로부터 대량의 유기물들이 들어와서 침전되기 때문에 메탄 가스 발생량이 증가하면서 온실효과를 가중시킬 수도 있다. 사실 메탄 가스는 이산화탄소보다 온실효과에 미치는 효과가 약 11배 크다고 알려져 있다. 대형 저수지는 이 저수지에 열대 우림의 식물과 같은 대량의 유기물을 포함하고 있기 때문에 메탄 가스의 주요 배출지가 될 수도 있다. 다행히도 이런 상황은 보통 생기지 않는다. 그러므로 수력발전을 위한 댐 건설 용지를 잘 선택하고 댐 건설 전에 저수지 지역의 식물들을 대부분 제거한다면 저수지 건설에 의한 온실효과는 유사한 크기의 화석 연료 발전소가 1년에 유발하는 온실효과와 거의 비슷하거나 최대 10% 정도로 줄일 수 있다. 사실 온실효과는 대부분 발전소 건설 과정과 건설 이후에 발전하는 과정에서 만들어지는 이산화탄소 때문에 발생하므로 메탄 발생에 의한 효과는 적을 수 있지만, 이 부분도 미리 고려해야만 한다.

수력발전소의 수력발전량은 전기를 만드는 물의 흐름 정도에 강하게 의존한다. 강물은 인간이 제어할 수 없는 자연의 범위 내에서 기상 순환 원리에 따라 내리는 비의 양에 의존한다. 결론적으로 미래에 지속적으로 얼마의 발전량이 나올 거라고 예측하는 것은 불가능하다. 즉 수력발전의 위험도로는 우선 수력발전소를 가동하는 강의 물이 줄어들거나 심지어는 아주 없어지는 경우와 같은 수자원에 대한 불확실성이 있다. 두 번째 위험도는 지질학적 불확실성이다. 과거에 많은 댐 건설 공사에서 건설 책임자들이 지질학적 문제를 완벽하게 고려하지 않고 건설한 탓에 댐 건설 시나 댐 건설 후에 크고 작은 수많은 문제들이 발생하였다.

여러 가지 신재생 에너지를 이용하여 발전을 할 경우처럼 수력발전에서 고려한 대부분의 비용 문제는 수력발전소를 건설하는 동안 추정하고 요구한 범위를 크게 벗어나지 않을 것이다. 그러나 수력발전의 경우에는 큰 장점이 있는데, 수력발전소 건립 후에 들어가는 실질적인 에너지원인 물에는 이를 공급하고 사용하는 비용이 거의 들지 않는다는 것이다. 사실 수력발전소 건설 비용의 대부분은 건설 과정을 세우고 실제로 건설하는 과정에서 사용되는데, 여기서 다른 에너지원을 사용하는 발전소보다 건설비용이 높고 크게 나온다. 이는 일반적인 국내외 대출 기관에서 인프라 건설 비용을 대출받기 어렵게 만드는 요인이 된다. 특히 이런 대출 기관의 PF(project financing)는 건설 자금에 대한 대출금을 빌려주면서 이자와 원금을 수력발전소로부터 나오는 전기요금을 장기간에 걸쳐서 받는다. 이 때문에 최근의 급변하는 정치와 경제 및 대체 에너지 개발로 인하여 PF를 통한 수력발전소 건설이 매우 어려워지고 있다.

Chapter

8

바이오매스 에너지의 이해

1 바이오매스 정의와 에너지원

바이오매스 에너지를 말할 때에는 보통 〈그림 8-1〉에서 보는 사탕수수 밭과 같은 전경을 보여준다. 바이오매스 에너지라고 하면 대표적으로 옥수수나 사탕수수와 같은 식물에서 대량으로 에탄올과 메탄올을 생산하는 시스템을 생각하기 때문이며, 일부 음식물 재활용을 통한 열병합 발전을 고려하게 된다. 특히 바이오매스 에너지는 재활용의 대명사로 사회에 널리 알려져 있기 때문에 바이오매스 에너지의 상징은 〈그림 8-2〉와 같이 화살표가 삼각형으로 연결된 모양을 나타낸다. 이런 바이오매스 에너지의 특징들을 정확히 이해하기 위해서 바이오매스 에너지 재료 및 정의, 바이오매스 에너지로부터 필요한 에너지를 추출하는 법, 바이오매스 에너지의 활용법, 최신 기술인 조류(algae)를 대량생산해서 바이오 연료를 만드는 방법 등에 대해서 이 장에서 상세하게 설명할 예정이다.

그림 8-1 바이오매스 에너지를 상징하는 사탕수수 밭 사진

그림 8-2　바이오매스 에너지 상징

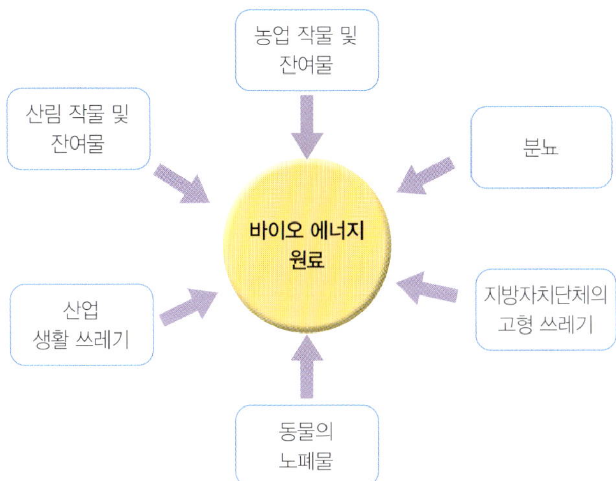

그림 8-3　다양한 바이오매스 에너지원

바이오매스 에너지는 〈그림 1-6〉에서 보았던 것처럼 인류가 오래 전에 불을 발견하고 나서 음식 조리, 야간 조명, 적과 동물로부터 보호용 무기 등으로 널리 사용해 온 에너지원이다. 처음에는 단순하게 숲이나 산에서 생산되는 나무와 풀과 같은 자연에서 나는 식물을 주로 바이오매스 에너지원으로 사용했지만, 인류가 문명 사회를 구성하고 각종 문명 이기들을 사용하면서 배출되는 각종 대형 폐기물, 동물 분뇨, 공장 폐기물, 임산물과 임업 부산물, 농작물과 농업 부산물, 하수 오물 등과 같이 다양

전분질계 바이오매스	목질계 바이오매스
곡물, 감자류 등	목본, 초본, 볏집과 왕겨 등 농업부산물
당질계 바이오매스	**유기성 폐기물계 바이오매스**
사탕수수, 사탕무 등	가축분뇨, 음식물쓰레기, 유기성 폐수 등

그림 8-4 바이오매스 원료의 4가지 종류

한 에너지원을 바이오매스 에너지원으로 사용하게 되었다(그림 8-3). 바이오매스 원료의 4가지 종류는 〈그림 8-4〉에 정리하였다. 바이오매스 원료는 크게 4가지 종류로 분류가 된다. 옥수수나 감자류 등으로 만드는 전분질계 바이오매스, 목본, 초본, 볏짚, 왕겨 등의 농업 부산물로 만드는 목질계 바이오매스, 사탕수수와 사탕무우로 만드는 당질계 바이오매스, 가축분뇨, 음식물 쓰레기, 유기성 폐수 등을 만드는 유기성 폐기물 바이오매스로 분류한다. 최근에는 〈그림 8-4〉에서 분류한 4가지 바이오매스 원료 외에 인공적으로 생산하는 조류(algae)를 대량으로 키워서 이로부터 에탄올을 양산하는 셀루로스계 바이오매스 원료 기술을 시험적으로 테스트 중이다. 〈그림 8-4〉에서 보여준 4가지 바이오매스 원료에 따라 에너지를 만드는 과정은 약간씩 다르고 최종 부산물도 다르다. 예를 들어 목질계 바이오매스를 이용하여 바이오 디젤과 바이오 에탄올과 같은 바이오 연료를 생산하여 자동차용 연료로 사용할 수 있다.

〈그림 8-5〉는 바이오매스 에너지의 가장 좋은 장점인 온실가스 감소에 기여하는 내용을 보여주는 그림이다. 석유와 같은 화석 에너지는 지구 내에 저장된 탄소가 채굴 과정과 사용 과정에서 대량의 탄소를 지구 대기로 방출하지만, 바이오매스 에너지는 다수의 식물과 조류 등이 광합성을 통하여 탄소를 흡수하는 과정이 있기 때문에 온실효과를 줄인다. 이를 보다 정량적으로 살펴 본 것이 〈그림 8-6〉이다. 〈그림 8-6〉에서 보는 것과 같이 가솔린으로부터 나오는 이산화탄소 배출량 대비 옥수수와 같은 전분질계 바이오매스로 생산한 에탄올을 사용하면 지금은 이산화탄소 배출량이 19% 정도 줄지만 천연 가스와 같이 사용하거나 바이오매스만을 사용하여 에탄올을

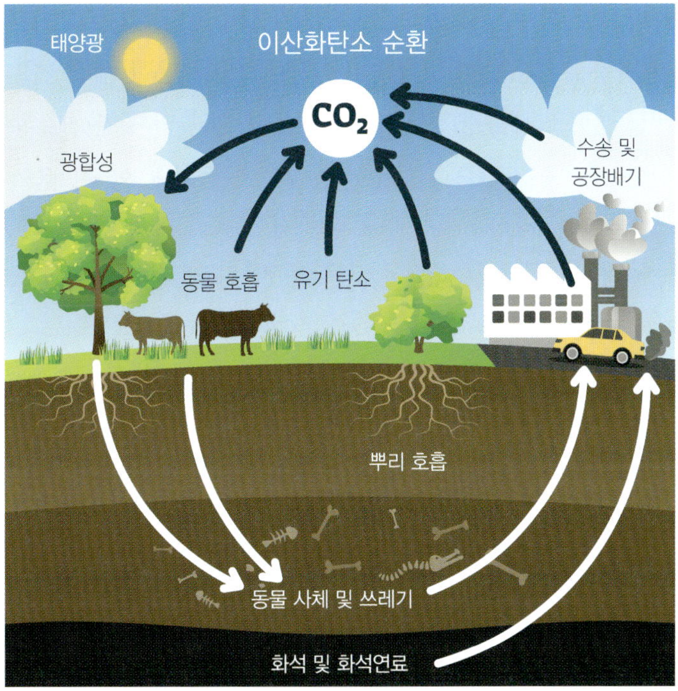

그림 8-5 화석연료의 이산화탄소 발생에 의한 환경오염과 바이오매스 에너지 사용에 의한 이산화탄소 흡수 및 감소에 대한 그림

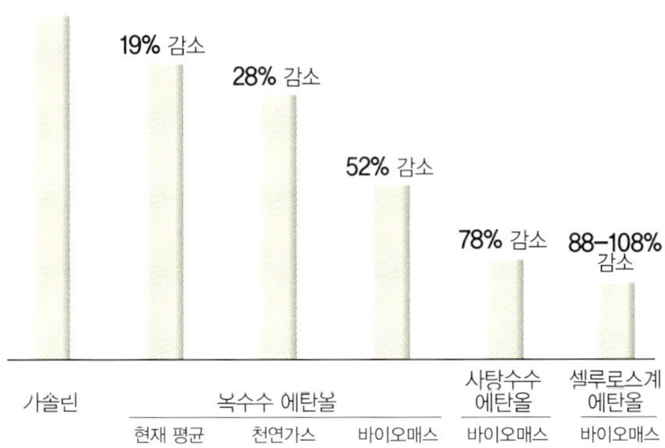

그림 8-6 화석 에너지와 여러가지 바이오매스 에너지원에 따른 온실가스 감축효과 그래프

생산해서 사용할 경우에는 각각 28%와 52%까지 줄어든다. 그리고 전분질계 바이오매스가 아니라 사탕수수와 같은 당질계 바이오매스를 사용한 에탄올을 원료로 사용할 경우에는 이산화탄소 배출량이 78%로 줄어들며, 조류와 같은 셀루로스계 바이오매스에서 생산한 에탄올을 원료로 사용하는 경우에는 최대 88~108%까지 파격적으로 줄어든다. 이와 같이 바이오매스 원료는 앞서 설명한 탁월한 이산화탄소 감축 효과에 더해서 무한정 재생산되는 원료, 가장 저렴한 원료, 식량 자원과 경쟁하지 않는 원료, 쓰레기도 사용이 가능한 원료라고 하는 장점도 있다.

2 바이오매스 에너지의 응용

바이오매스 원료로부터 바이오 에너지를 추출하여 사용하는 방법은 크게 〈그림 8-7〉과 같이 3가지 방법이 있다. 첫 번째 방법은 바이오매스 원료를 에탄올이나 바이오 디젤과 같은 액상 연료(바이오 연료, biofuel)로 만들어서 이를 자동차 연료 등으로 사용하는 것이다. 사용하는 방법은 에탄올 그대로 연료 사용하는 방법, 다른 원료와 같이 연소시켜서 가스로 만들어서 사용하는 방법, 바이오 디젤을 생산해서 자동차나 산업용 에너지원으로 사용하는 방법, 그리고 에탄올을 메탄올에 섞어서 사용

바이오 연료	• 오늘날 사용되는 가장 일반적인 유형의 바이오 연료는 에탄올과 바이오 디젤이다. • 에탄올, 가스화, 바이오 디젤, 에탄올과 메탄올의 결합
바이오파워	• 전기, 열병합 • 직접연소법, 동시연소법, 가스화 방법, 열분해 방법, 혐기성 소화법
바이오 생산품	• 부동액, 플라스틱, 접착제, 인공 감미료, 치약 겔 • 목재 접착제, 성형 플라스틱, 폼 단열재

그림 8-7 바이오매스가 사용되는 바이오 연료, 바이오 발전, 바이오 생산품

하는 방법이 있다. 두 번째 방법은 바이오매스 원료를 불완전 연소시켜서 가스나 석유로 바꾼 후, 이를 보일러와 가스 터빈을 가동하여 직접 발전을 하거나 잔여 열을 이용하여 열병합 발전을 하는 것(바이오파워, biopower)이다. 바이오파워에 대한 두 번째 방법을 보다 구체적으로 살펴보면 직접연소법(direct combustion), 동시연소법(cofiring), 가스화 방법(gasfication), 열분해 방법(pyrolysis), 혐기성 소화법(anaerobic digestion) 등이 있는데, 본 교재에서는 전기를 생산하는 이 방법들을 차례대로 자세히 살펴볼 예정이다. 마지막 세 번째 방법은 바이오매스 원료를 부동액, 플라스틱, 접착제, 인공 감미료, 치약 겔과 같은 바이오 생산품으로 만들어서 사용하는 것이다.

바이오매스 원료를 사용하여 발전하는 방법, 즉 바이오파워는 여러 가지가 있으며, 이 중에서 직접연소법(direct combustion)은 바이오매스 원료를 보일러에서 직접 연소시켜서 고온 · 고압의 수증기를 만들어서 증기 터빈을 작동시킴으로써 전기를 생산하는 방법이다. 바이오매스 발전소는 대부분이 직접연소법을 채택하여 사용한다. 때때로 발전소에서 나오는 고압 수증기를 고온의 물로 식혀서 만든 온수를 빌딩이나 가정집에 공급하기도 한다. 보통 직접연소법에 의한 바이오매스 발전은 20% 근처의 열효율이 나온다. 〈그림 8-8〉은 바이오매스 원료를 직접연소법을 사용한 보일러와 증기 터빈 시스템을 연동하여 발전하는 체계도이다. 바이오매스 원료를 창고에 모아 놓았다가 이물질 제거 및 건조를 하는 사전처리 작업을 거쳐서 연소실(furnace)에 원료로 넣고 연소시키면 보일러(boiler)에 들어있는 물이 수증기가 되어서 증기 터

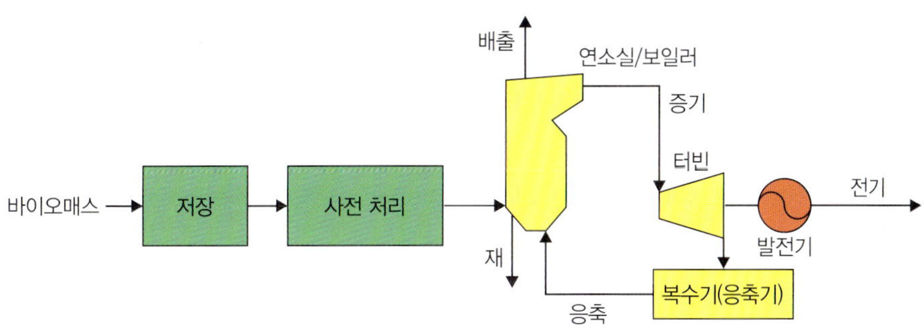

그림 8-8 바이오매스 원료를 직접연소법(direct combustion)과 증기 터빈 시스템으로 발전을 하는 체계도

빈(steam turbine)을 가동시키고 이와 연동된 발전기(generator)가 작동하면서 교류의 전기를 생산한다. 그리고 증기 터빈을 거쳐서 나온 수증기는 복수기 또는 응축기(condenser)라는 장치를 거쳐서 다시 물이 된 후에 보일러로 들어간다. 연소실에서는 재와 배출 가스가 외부로 나간다. 매우 단순한 화력발전소 구조이며, 석탄을 사용하는 대신에 바이오매스를 원료로 사용한다는 점만 다르다.

또 다른 바이오매스 발전 방식은 동시연소법(cofiring)이다. 이는 화력발전소의 연소실에 석탄과 바이오매스 원료를 혼합하여 넣고 연소시키는 방법이다. 〈그림 8–9〉는 동시연소법을 사용한 바이오매스 발전 시스템 개략도이다. 〈그림 8–9〉에서 보듯이 바이오매스 원료를 사전 처리를 한 후에 분쇄하여 가루로 만들고, 젖은 석탄을 분쇄하고 건조하여 만든 가루 석탄을 앞에서 준비한 바이오매스 원료와 섞어서 연소실에서 동시연소법으로 태우고 이로부터 나온 열로 보일러를 덥힌다. 보일러에서 나온 수증기로 증기 터빈을 돌리고 터빈과 연동된 발전기가 회전하여 전기를 생산한다. 이 방법의 바이오매스 발전소는 화력발전소와 거의 유사하기 때문에 별다른 큰 투자와 개발 없이 바로 저렴하게 사용할 수 있다는 것이 큰 장점이다. 이에 더해서 원료가 석탄이 아닌 바이오매스이기 때문에 석탄보다는 CO_2와 같은 온실가스와 SO_2와 NO같은 공해 유발 물질들이 덜 생긴다는 장점도 있다. 특히 직접연소법을 사용한 바이오매스 발전 방식보다는 석탄을 같이 사용하기 때문에 열효율이 더 높아서 약 33~37% 정도의 열 효율이 나온다.

바이오매스를 이용한 바이오파워의 세 번째 방법은 〈그림 8–10〉에서 설명하는 것과 같이 가스화(gasfication) 공정을 통해서 각종 에너지원으로 사용하는 것이다. 즉

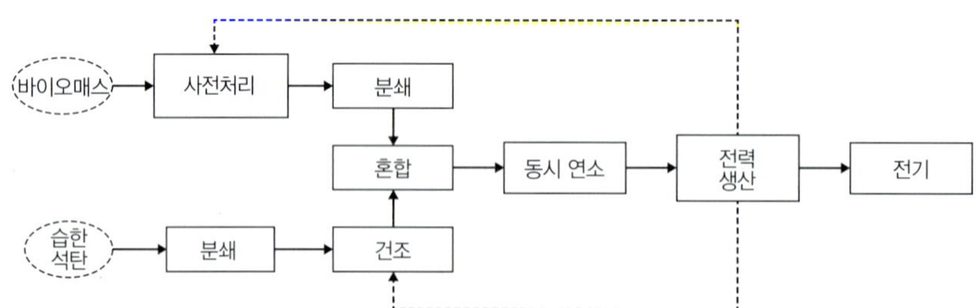

그림 8–9 동시연소법을 사용한 바이오매스 발전 시스템 개략도

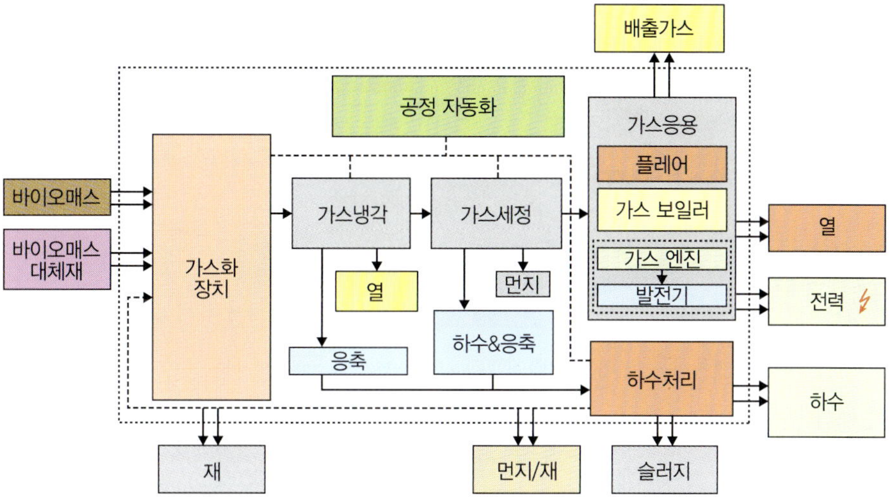

그림 8-10 바이오매스를 이용한 가스화 공정 개략도

바이오매스 원료에 기타 공기와 수증기를 섞은 후 산소가 충분하지 않은 환경에서 연소시키면 합성가스인 H_2+CO의 가스가 만들어진다. 이 가스를 가스 냉각화 공정과 가스 세척화 공정을 통하여 보일러 연소용 가스로 만들어서 사용하면 도시난방용 열이 생긴다. 그리고 이 가스로 가스 터빈을 돌리고 이에 연결된 발전기를 작동시켜서 발전을 하면 국가 전력망에 필요한 전기가 생긴다. 그리고 가스화 공정, 가스 냉각화, 가스 정제화 및 가스 터빈 작동 후의 잔여 가스 사용을 통하여 생긴 덥힌 온수를 도시 생활용수로 공급할 수도 있다. 바이오매스 원료를 가스화 공정으로 만든 가스의 열량은 천연가스의 열량의 1/5~1/2 정도이며, 직접연소법의 에너지 효율보다 이 방법의 에너지 효율이 2배 정도 높다. 또한 이 공정에서 만들어지는 수소 가스는 연료전지 음극에 공급하는 수소로 사용할 수 있다.

바이오매스 원료의 열화학적 변환(thermochemical conversion)을 통하여 다양한 바이오매스 생산물을 만드는 공정은 〈그림 8-11〉에 나타낸 것과 같이 크게 3가지로 분류한다. 앞서 〈그림 8-10〉에서 설명한 가스화 공정도 열화학적 변환의 한 공정이다. 그리고 〈그림 8-11〉에서 분류한 것처럼 열분해 공정(pyrolysis)과 가수분해 공정(hydrolysis)이 열화학적 변환의 나머지 공정이다. 바이오매스 원료를 무산소 환경의

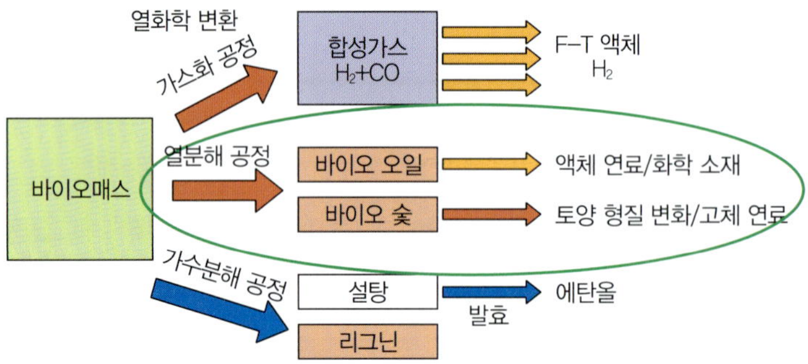

그림 8-11 바이오매스의 열화학적 변환인 가스화, 열분해, 가수분해를 통한 다양한 바이오매스 생산물의 과정과 분류

고온에서 연소시키면 탄화수소가 풍부한 가스가 만들어지고, 이 가스를 빠르게 냉각시키면 석유와 비슷한 바이오 오일(bio-oil)과 숯과 비슷한 바이오 숯(bio-char)이 생산된다. 이러한 공정을 열분해 공정이라고 하며, 〈그림 8-11〉에서 연두색 타원으로 그려 놓은 공정이 이에 해당한다. 이 공정에서 생산된 바이오 오일은 액체 연료 겸 화학 원료로 사용하며, 바이오 숯은 토양 형질 변화나 고체연료로 사용한다. 이 바이오 오일은 원유처럼 전기 생산을 위한 화력발전소용 연료로도 사용하며, 바이오 숯은 열을 내는 연료이다. 그리고 〈그림 8-11〉의 맨 아래 공정인 가수분해 공정은 당질계 바이오매스 원료인 사탕수수 등을 가수분해시켜서 설탕이나 리그닌(lygnin)을 만들고, 설탕을 발효시켜서 에탄올을 생산하는 공정이다.

〈그림 8-12〉는 각각 바이오매스 에너지원인 메탄 가스를 만드는 소를 비롯한 동물들에 의한 혐기성 소화작용(anaerobic digestion)과 이 결과 나오는 부산물에 대한 사진이다. 어떤 종류의 박테리아는 무산소 환경에서 유기물을 부수고 소화시키는 과정에서 바이오 가스를 만든다. 이를 혐기성 소화작용이라고 하며, 도시의 음식물 매립지나 쓰레기 매립지에서 자연스럽게 발생한다. 이러한 매립지에서는 박테리아가 각종 유기물을 소화시켜서 나오는 메탄 가스가 풍부한 바이오 가스(매립지 가스)가 생긴다. 이 가스를 발열이나 전기 생산에 사용할 수 있다.

최근에는 바이오매스 원료로 미세 조류(micro-algae)를 인공적으로 대량 육성한 후, 이 조류의 광합성 과정을 이용하여 에탄올을 대량으로 생산하는 새로운 바이오 에너지 공정이 개발되었다. 그러므로 〈그림 8-13 (a)〉에서 보는 것과 같은 넓은 토지에 대규모의 조류 농장을 만들 수만 있으면, 태양광 에너지와 공기 중의 이산화탄소 및 물과 영양분만 가지고 〈그림 8-13 (b)〉와 같은 미세 조류 공장에서 에탄올을 대량으로 생산할 수 있다. 즉 이 공정은 친환경이면서 온실가스가 거의 없는 바이오매스 에너지 생산공장이다. 미세 조류는 농산물이나 임산물을 바이오매스 원료로 사용하는 다른 바이오매스 발전소나 공장에 비해서 매우 높은 에너지 효율을 갖는다.

그림 8-12 바이오매스 에너지원으로 사용되는 (a) 소를 비롯한 동물들에 의한 혐기성 소화(anaerobic digestion)와 (b) 이 결과 나오는 부산물의 사진

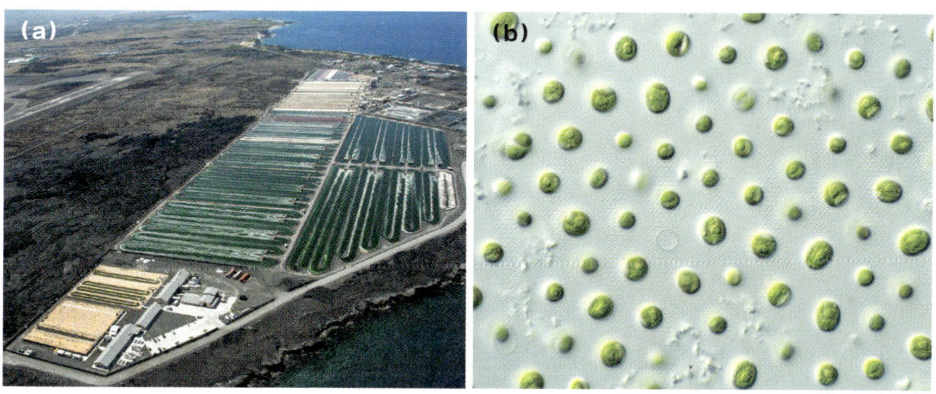

그림 8-13 바이오매스 에너지원인 (a) 조류(algae) 농장 사진과 (b) 현미경으로 확대하여 찍은 조류 사진

자료: (a) Charles H. Greene, Celina M. Scott-Buechler, Arjun L.P. Hausner, Zackary I. Johnson, Xin Gen Lei, Mark E. Huntley, Wikimedia Commons, (b) CSIRO, Wikimedia Commons

〈그림 8-14 (a)〉는 바이오매스 에너지원인 조류(algae)의 1개 세포 내에서 일어나는 작은 에탄올 공장 공정을 상세히 보여주는 그림으로 공기 중에서 이 조류 세포 내에서 이산화탄소를 흡수하고 외부로부터 물과 영양분 및 태양광 에너지를 흡수해서 산소와 당의 일종인 피루브산을 만드는 광합성 회로가 작동한다. 세포 내에서 생성된 당은 에탄올 합성 공정에 의해서 에탄올로 변환된다. 이런 조류 공장을 사용하여 에탄올을 생성하면 다른 바이오매스 원료를 사용하는 것보다 바이오 디젤 생산량이 매우 커짐을 〈그림 8-14 (b)〉로부터 알 수 있다. 〈그림 8-14 (b)〉에서 보듯이 콩, 해바라기씨, 카놀라씨, 자트로파 대추, 팜 오일, 미세 조류는 각각 50, 100, 160, 200, 600, 5000이다. 즉 에이커당 매년 바이오 디젤 생산량은 미세 조류가 다른 바이오 오일 원료에 비해서 9~100배 정도 에탄올 생산량이 가장 크다.

〈그림 8-15〉은 미세 조류로부터 생산한 바이오 오일 → 바이오 디젤 → 재생 연료 → 자동차 연료 사용 → 이산화탄소 → 미세 조류 공급원의 순환 고리를 보여주는 그림이다. 물론 이 과정에서 바이오 오일로부터 단백질을, 바이오 디젤로부터 글리세

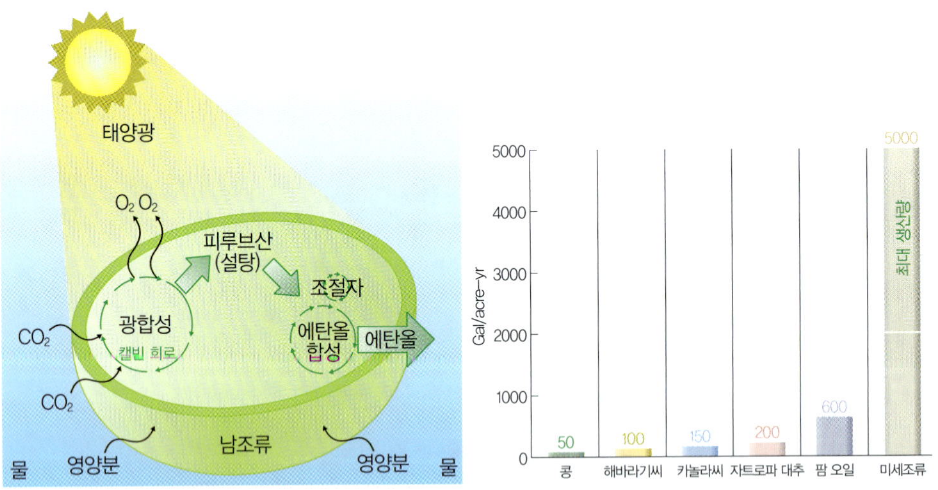

(a) (b)

그림 8-14 (a) 바이오매스 에너지원인 조류(algae)의 1개 세포 내에서 일어나는 작은 에탄올 공장 공정과 (b) 여러가지 바이오 디젤을 만드는 여러가지 바이오매스 에너지원들과 조류 사이의 효율 비교 그래프

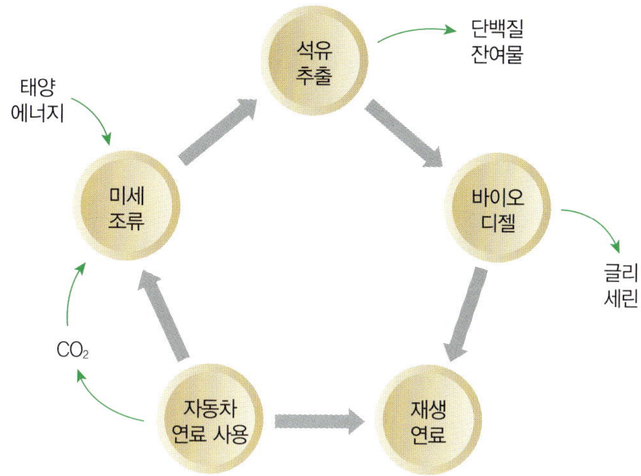

그림 8-15 조류에서 생산되는 바이오 디젤 및 이를 연료로 사용 후 이산화탄소와 찌꺼기가 다시 순환되어 조류에 공급되는 순환 사슬

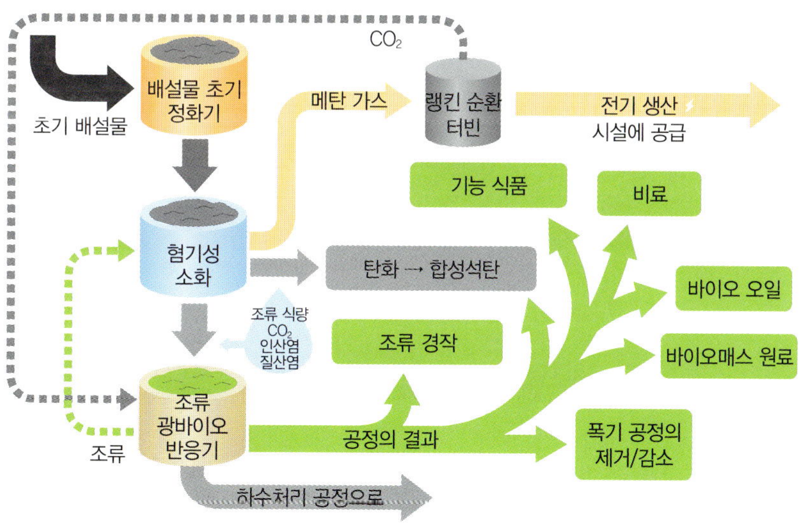

그림 8-16 조류에서 바이오 연료를 추출하고 이를 사용하는 관련 산업 연결 모식도

린 및 관련 부산물을 생산할 수도 있다.

마지막으로 〈그림 8-16〉에 미세 조류를 활용하여 생산할 수 있는 각종 생산물을 나뭇가지표기로 정리하여 놓았다. 왼쪽 하단은 조류 농장에 있는 조류 광바이오반응기(algae photo-bioreactor)로 이곳에서 연두색 나뭇가지 화살표를 따라서 보듯이 조류 식품, 탄화 공정으로 만든 합성석탄, 기능성 식품, 비료, 바이오 오일, 찌꺼기로 바이오매스 원료 등이 생산된다. 그리고 다시 조류 농장의 찌거기는 유기물로 제공하여 〈그림 8-12〉에서 설명한 혐기성 소화작용을 위한 원료로 사용한다. 그러면 이로부터 조류 광바이오반응기의 영양 물질, 탄화 공정을 통한 합성석탄, 발전용 메탄가스 등이 추가로 생산된다.

Chapter

9

원자력 에너지의 이해

1 원자로의 종류와 핵분열 과정

3장 1절에서 원자력 에너지인 핵분열 에너지에 대한 이론, 역사, 원리, 원자로의 구조 및 가압경수로의 원리 등을 어느 정도 설명하였다. 여기에서는 좀 더 세부적으로 원자로의 여러 가지 종류와 각각의 작동원리 및 장단점을 논할 것이다.

인류의 미래 에너지는 지구 온난화를 유발하는 석유, 석탄 등의 화석 에너지에 의존하기보다는 잠정적으로 핵에너지인 원자력 에너지를 비롯한 각종 대체 에너지 및 신에너지에 상당 부분 의존할 수밖에 없는 실정이다. 이 중에서도 기술적으로 완성도가 높으면서 가성비가 좋은 원자력 에너지가 현재로서는 21세기를 대표하는 대체 에너지이다. 우라늄은 화학원소 주기율표에서 92번째 원소로 1789년 독일에서 처음 발견하였으며, 1896년 방사선 물질이 발견된 이후 라듐이나 바나듐 원소와 함께 방사능 방출하는 물질 중의 하나로 인식되었다. 그러다가 1905년 아인슈타인(Albert Einstein)의 특수 상대성 이론이 발표되고 이로부터 유도된 3장 1절에서 설명한 질량–에너지 등가원리가 알려지면서 핵반응과 방사성 물질에 대한 관심과 응용이 시작되었다. 이 원리에 따르면 물체의 정지 질량 m이 갖는 에너지 E는 $E=mc^2$이다. 이 식은 에너지를 이론적으로 설명하기 때문에 매우 중요한 식이다. 1934년에 이탈리아계 미국인인 엔리코 페르미(Enrico Fermi)가 핵 속의 중성자에 대한 베타 붕괴를 실험적으로 보여 주었으며, 독일 과학자인 오토 한(Otto Hahn)과 프리츠 스트라스만(Fritz Stassman)이 1938년 실험적으로 핵분열을 증명하여 핵분열 에너지의 시대를 열었다.

〈그림 9–1 (a), (b)〉는 각각 원자력발전의 원료인 $^{235}_{92}U$에서 중성자 충돌에 의한 핵분열 과정 및 이 결과로 생기는 에너지 발생을 보여주는 그림과 $^{238}_{92}U$ 광석에 대한 사진이다. 이 경우는 아래 식으로 표현되는 〈그림 3–3〉에서 보여준 $^{235}_{92}U$가 중성자 충돌로 루비듐과 세슘 및 중성자 2개로 핵분열하는 과정과는 다른 과정이다. 다시 말하면 $^{235}_{92}U$가 중성자 충돌로 다음과 같은 핵분열 과정으로도 진행할 수도 있다는 것이다.

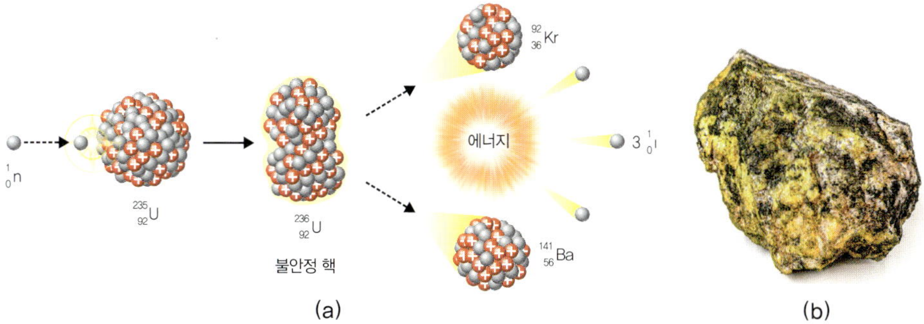

그림 9-1 (a) 원자력발전의 원료인 ($^{235}_{92}$U)U에서 중성자 충돌에 의한 핵분열 및 에너지 발생의 모식도와 (b) $^{238}_{92}$U 광석

$$^{235}_{92}\mathrm{U} + {}^{1}_{0}\mathrm{n} \rightarrow {}^{236}_{92}\mathrm{U}^{*} \rightarrow {}^{140}_{54}\mathrm{Xe}^{*} + {}^{94}_{38}\mathrm{Sr}^{*} + {}^{1}_{0}\mathrm{n} + {}^{1}_{0}\mathrm{n}$$

$$^{235}_{92}\mathrm{U} + {}^{1}_{0}\mathrm{n} \rightarrow {}^{236}_{92}\mathrm{U}^{*} \rightarrow {}^{94}_{36}\mathrm{Kr}^{*} + {}^{139}_{56}\mathrm{Ba}^{*} + {}^{1}_{0}\mathrm{n} + {}^{1}_{0}\mathrm{n} + {}^{1}_{0}\mathrm{n}$$

여기에서 충돌 후에 제논(Xe)과 스트론튬(Sr) 및 중성자 2개로 또는 크립톤(Kr)과 바륨(Ba) 및 중성자 3개로 핵분열을 할 수도 있다. 〈그림 9-1 (a)〉는 후자의 핵분열 과정을 그려놓은 것이다. 위 식에서 핵분열 후에 발생한 원소에 별표를 위 첨자로 붙인 것은 현재의 핵분열 후 원소는 불안정한 원소라는 의미이다. 그러므로 이들 불안정한 원소는 베타 붕괴(beta decay)에 의한 반감기를 여러 단계 거쳐서 안정된 원소로 바뀐다.

이제는 핵분열이 일어나는 원인과 알파 붕괴, 베타 붕괴 및 감사선이 나오는 원인을 간단하게 이해하기 위하여 〈그림 9-2〉의 물질의 궁극적 입자인 표준모형의 기본입자 종류와 분류를 살펴본다. 모든 물질은 분자로 구성되어 있고, 분자는 천연 원소와 인공 원소를 모두 합한 118가지의 원소가 적당히 화학 결합되어 있다. 앞서 3장 1절에서 설명한 바와 같이 원자의 중심에 핵이 있고, 핵은 양성자와 중성자로 이루어져 있다. 그리고 〈그림 9-2〉의 표준 모형에 따라 원자보다 더 작고 근본인 30종의 기본입자(elementary particles)가 서로 결합하여 양성자와 중성자 및 전자를 구성하며 우주의 기본 힘인 중력, 전자기력, 강한 핵력, 약한 핵력을 매개한다. 기본입자

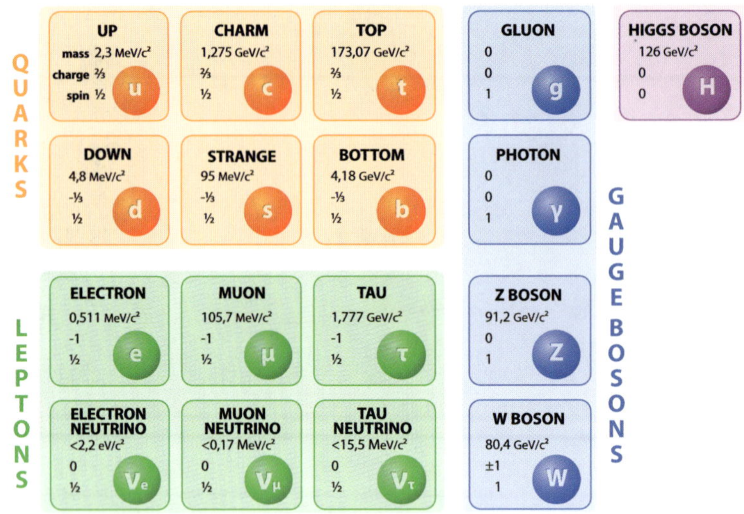

그림 9-2 물질의 궁극적 입자인 표준모형의 기본입자 종류와 분류

는 그 성격과 용도에 따라 쿼크(quark) 12종, 보존(boson: 광자, 글로온 등) 6종, 렙톤(lepton[경입자]: 전자, 중성미자 등) 12종이 있다. 그리고 기본입자는 아니지만 쿼크 3개가 결합한 합성 입자인 바리온(baryon[중입자]: 양성자, 중성자, 델타입자, 오메가 입자 등)도 있다. 이들 기본입자들 중 전자는 1897년에, 중간자인 뮤온은 1937년에, 중성미자는 1950년에, 쿼크는 1964년에, 타우온은 1975년에, 힉스는 1964년에 예측하여 2012년에 각각 확인되었다. 이런 기본입자의 표준모형에서 쿼크 6종과 렙톤 6종 및 이들의 반입자 12종을 모두 합한 총 24종은 페르미온이라는 입자로 분류하는데, 이 페르미온 입자들은 페르미-디락 통계를 따르며 스핀이 1/2의 정수배가 되는 입자들로 양성자와 중성자를 구성한다. 또한 페르미온 입자와는 성격이 다른 보존 입자 5종이 있는데, 여기에는 강한 핵력을 매개하는 글루온, 전자기력을 매개하는 광자(photon), 약한 핵력을 매개하는 Z 보존과 힉스까지 5종이며, 추가로 아직 발견되지 않은 가상의 입자인 그래비톤(중력자)이 있으리라 예측하고 있다. 그러므로 방사능 물질에 중성자가 강하게 충돌하면 방사능 물질의 핵을 구성하는 기본입자들의 결합이 깨지면서 핵분열이 일어나는 것이다. 그리고 이와는 반대로 강한 외부의 열과 압력으로 중수소와 삼중수소의 기본입자들의 결합이 깨지고 다시 기본입자들이 서로

재결합하여 헬륨이 만들어지는 과정이 핵융합이다.

앞에서 살펴보았듯이 원자 속의 핵이 강한 중성자 운동 에너지를 받으면 핵이 분열되어 중성자가 구조로부터 이탈되어 나오고 원자 자체는 다른 원소로 변하는 핵분열 과정에서 반응 전후에 질량이 감소하는데, 이 질량 손실량이 열 에너지와 빛 에너지로 방출된다. 즉 핵분열 반응은 원자량이 큰 원소($^{235}_{92}U$와 $^{239}_{94}Pu$)의 핵에서 가능하고, 핵융합 반응은 원자량이 작은 원소(중수소, 삼중수소, 헬륨, 리튬)들이 극단적인 환경에서 결합하여 새로운 원소가 되는 것을 말한다.

핵분열 반응을 이용하는 원자로에도 세분하면 여러 종류로 나뉜다. 열 원자로(thermal reactor)라고 하는 일반 원자로에서는 지금까지 설명한 것과 같은 $^{238}_{92}U$의 동위원소인 $^{235}_{92}U$의 핵분열 반응을 이용한다. 고속 중성자로에서는 $^{238}_{92}U$에 고속 중성자를 충돌시켜서 핵분열이 가능한 플루토늄 239($^{239}_{94}Pu$)로 변환시킨 후에 이를 핵분열시켜서 열이 발생하도록 하는 원자로이다. 이 경우 핵반응이 진행되는 동안에 초기에 주어진 $^{238}_{92}U$과 $^{239}_{94}Pu$가 합쳐진 초기 양보다 나중에 반응 후에 나온 $^{239}_{94}Pu$의 양이 증가하기 때문에 보통 이런 원자로를 증식로(Breeder Reactor)라고 부른다. 이에 더해서 핵분열 장치를 적당하게 설계한다면 핵분열 반응 속도를 일정하게 유지하면서 그 이외에 남은 고속 중성자를 이용하여 핵분열 불능 물질인 $^{238}_{92}U$을 핵분열 가능 물질인 Pu^{239}로 전환할 수 있다. 이러한 원자로를 고속증식로(fast Breeder reactor, FBR)라고 하는데, 핵분열이 일어나는 $^{239}_{94}Pu$을 직접 만들기 때문에 우라늄 광석에서 $^{235}_{92}U$을 농축하는 과정이 생략될 수 있다. 반면에 $^{238}_{92}U$에 고속 중성자가 아닌 저속 중성자(열중성자)가 충돌하면 $^{239}_{94}Pu$가 아닌 $^{239}_{92}U$가 만들어지는데, 이 우라늄 동위원소는 핵분열을 거의 하지 않는다. 그러므로 고속 중성자를 사용하는 고속증식로에서 핵분열이 가능하기 때문에 농축 과정을 생략할 필요가 있으면 이 원자로 방식을 선택할 수 있다. 다만 원자로 제어가 어렵기 때문에 고도의 원자로 안정성 기술이 필요하다. 보통 FBR은 농축기술 확보가 어려운 경우에 사용한다. 또 다른 원자로 작동 방식으로는 열증식로(thermal Breeder reactor, TBR)가 있으며, 이 원자로 방식은 비핵분열 물질인 토륨($^{232}_{90}Th$)을 사용하는 것이 특징이다. 즉 $^{232}_{90}Th$에 고속 중성자 1개를 충돌시켜서 $^{233}_{90}Th$을 만든다. 이 동위원소는 매우 불안정하기 때문에 베타 붕괴를 통하여 핵

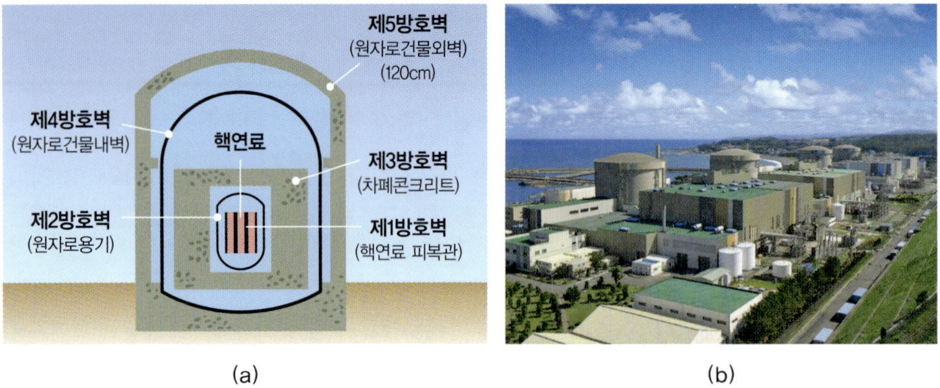

그림 9–3 원자력발전소의 노심을 보호하는 5중 방호벽의 구조와 (b) 5중 방호벽 콘크리트 돔형 원자로 건설된 경북 경주시 양남면의 월성 원자력발전소 전경
자료: (b) IAEA Imagebank, Wikimedia Commons

분열 물질인 $^{233}_{92}U$이 되는데, 이 물질이 핵분열 원료이다. 일반적으로 TBR은 인도와 같이 토륨을 많이 생산하는 국가들이 연구하고 개발하려고 하는 원자로 방식으로 당연히 $^{239}_{94}Pu$가 생성되지 않는다.

어떤 방식의 원자로이든지 간에 핵분열 반응에서는 핵분열 원소가 안정된 원소로 핵분열을 하는 과정에서 3장 1절의 〈그림 3–18〉에서 설명한 알파 입자, 베타 입자, 감마선, 중성자 등과 같은 인체에 해로운 다량의 방사선과 중성자를 방출한다. 그러므로 원자력발전소에서는 〈그림 9–3 (a)〉와 같이 핵연료 피복관인, 원자로 용기, 차폐 콘크리트, 원자로 건물 내벽, 원자로 건물 외벽으로 이루어진 5중 방호벽을 설치하여 방사선과 중성자들을 거의 완벽하게 차폐한다. 이렇게 5중 방호벽을 설치한 콘크리트 돔형으로 건설된 대한민국 월성 원자력발전소 전경 사진이 〈그림 9–3 (b)〉이다.

2 방사능 단위

이 절에서는 우선적으로 방사선에 대한 물리적 용어와 방사능 단위를 정확히 정의한다. 보통 말하는 방사선의 속도는 전자기파 방사선(γ선, X선)의 속도를 말하는 것으로 빛의 속도(30만 km/s)와 같다. γ선이나 X선은 고 에너지 전자기파로 파장은 매우 짧고 주파수는 매우 높지만 속도는 일정하다. 고 에너지 전자기파의 의미는 물질에 대한 투과력이 크다는 뜻이므로 방호와 차폐에 특별한 주의를 기울여야 한다. 입자 방사선(α선, β선, 중성자)의 속도는 에너지 크기에 비례하고 전자기파의 4~6% 수준이다. 방사선의 에너지는 주로 전자볼트(eV)로 표시한다. 1볼트의 전위차(volt)가 있는 진공상태에서 운동할 때 1개의 전자가 얻게 되는 에너지가 1 eV이며, 이를 J과 cal로 환산하면 1 eV=1.6×10^{-19} J=3.8×10^{-20} cal이다. 그리고 원자의 직경은 약 10^{-10} m이고, 원자핵의 직경은 10^{-14} m 정도이다. 원자핵의 핵자(양자 및 중성자)의 정지질량(rest mass)은 각각 약 1.67×10^{-27} kg이고, 전자의 정지질량은 양자의 1,840분의 1 정도이다. 이들 입자가 운동을 하게 되면 속도에 따라 무거워지며 광속에 가까워지면 입자의 무게는 상대성 원리에 따라 급격히 증가한다. 이는 질량과 에너지가 상호 전환될 수 있음을 의미한다.

방사선의 세기나 양은 방사선의 영향을 정량적으로 이해하는 데 가장 중요한 물리적인 인자이다. 선량(線量)은 시간적으로 누적된 양이다. 방사선량을 나타내는 단위로는 베크렐(Becquerel, Bq), 큐리(Curie, Ci), 뢴트겐(Roentgen, R), 그레이(Gray, Gy), 시버트(Sievert, Sv), 라드(Rad), 렘(Rem)과 같은 다양한 단위들이 사용된다.

먼지 방사성물질이 1초 동인 1개의 원자핵이 붕괴하는 경우, 그 물질의 방사능은 1베크렐(Bq)이라고 정의한다. 1개의 원자핵이 붕괴할 때 1개의 방사선이 발생하므로 1초 동안 붕괴하는 원자핵이 많으면 많을수록 방사능의 세기가 크며 따라서 방사선은 많이 방출된다. 또한 큐리(Curie)는 베크렐 단위가 사용되기 전에 가장 보편적으로 사용된 방사선량 단위이다. 1큐리(Ci)는 1초 동안 3.7×10^{10} 개의 원자핵이 붕괴하면서 발생시키는 방사선량으로 1 g의 라듐이 내는 방사능의 세기이다. 따라서 1 Ci는 3.7 × 10^{10} Bq에 해당한다. 뢴트겐(R)은 조사(照射)선량을 나타내는 단위로서, 현재는 전리 작용에 의해 건조한 공기 1 kg당 2.58×10^{-4} C의 전기량을 만들어내는 γ선 혹은 X선의 세기를 1 R으로 정의한다. 그리고 물질 1 kg이 1 J의 방사선 에너지를 흡수하는 것을 1그레이(Gy)라 한다. Gy는 물질의 방사선 흡수선량 단위로서 방사선 방호 측면에서 중요한 의미를 가진다. 한편 시버트(Sievert)는 방사선의 영향을 평가할 때 사용하는 선량당량(등가선량) 단위로 방사선의 종류가 달라도 등가선량이 같으면 그 영향은 같다. 달리 표현하면 생물체가 방사선에 쪼였을 때 흡수선량(에너지)이 같다고 하더라도 방사선의 종류와 에너지에 따라 받는 (생물학적) 영향이 다르다는 것이다. 방사선의 종류와 에너지에 관계없이 사람이 어느 정도의 방사선에 노출되었는지를 표현하기 위하여 시버트(Sv) 단위를 사용한다. β선, γ선 및 엑스선의 경우 1 Sv와 1 Gy가 같지만, α선이나 중성자선의 경우에는 생물학적 인자(선질계수 또는 방사선 가중인자)를 고려하여 두 단위가 다음과 같은 관계로 표현된다. 이 이유는 α선이나 중성자선을 받았을 때 같은 에너지를 흡수하더라도 γ선보다 인체에 미치는 영향이 훨씬 크기 때문이다.

Sv 선량=(Gy 선량)×(선질계수 혹은 방사선 가중인자)

라드(rad)는 물질의 방사선 흡수선량 단위로서, 절대에너지 흡수량을 나타내며 물질 1 g당 방사선 에너지 100 erg(1 erg=10^{-7} J)가 흡수된 것을 1 rad라고 한다. 그레이와 유사한 개념이다. 라드와 그레이 사이의 관계는 1 rad=10^{-2} J/kg=10^{-2} Gy이다. 마지막으로 렘(rem)이라는 단위는 생물학적 효과를 고려한 방사선 선량당량의 단위로 (rad×RBE)로 표기한다. 여기에서 RBE는 relative biological effectiveness의 준말로 생물학적 효과비율을 나타내는데, 이는 시버트에서 설명한 선질계수와 같은 의미를 갖은 것으로 이는 방사선의 종류에 따라 다르다. β선, γ선 및 X선의 RBE를 1로 놓으며, 열중성자는 약 2.5이고, 양성자는 2이며, 고속중성자 및 α선은 10~20의 값을 가지고, 가속된 무거운 하전 입자는 20 정도로 놓는다.

현재는 렘(rem) 대신에 시버트(Sv)를 표준적으로 사용한다. 이런 단위를 사용하면 방사성 입자 및 방사선의 피폭으로 인한 피폭물의 에너지 흡수량(축적량)은 rad 또는 Gy로 표기한다. 즉 1 rem은 1 rad에 해당되는 감마 또는 X선에 의해 피폭됨으로 인해 인체의 세포가 받는 생물학적 영향을 나타내는 단위이다. 1 rem이 너무 큰 값이기 때문에 국제적으로는 1 rem의 일천분의 1인 1 mrem을 주로 사용한다. 통상 국제 방사선 예방협회가 고시한 인체의 방사선에 의한 최대 노출 한계는 연간 0.5 rem (500 mrem)을 넘지 않는 것이다. 방사선 최대 노출 한계의 크기를 이해하기 위하여 일본 후쿠시마 원전 사고로 인한 피폭량은 최대 노출 한계값인 0.5 rem의 7000배 정도로 보고되고 있다.

3 핵연료 농축

우라늄 광물은 우라늄 함량이 88.2% 정도인 섬우라늄광(Uraninite, UO_2)과 불순물 우라늄산화물인 역청우라늄광(Pitchblend, UO_2)이 대부분이고 부란네라이트(Brannerite), 키노타이트(Carnotite), 코피나이트(Coffinite), 인회우라늄광(Autunite) 등의 산화물과 규산염 우라늄 광물로도 채굴된다. 이 중에서 섬유라늄광은 흑녹색의

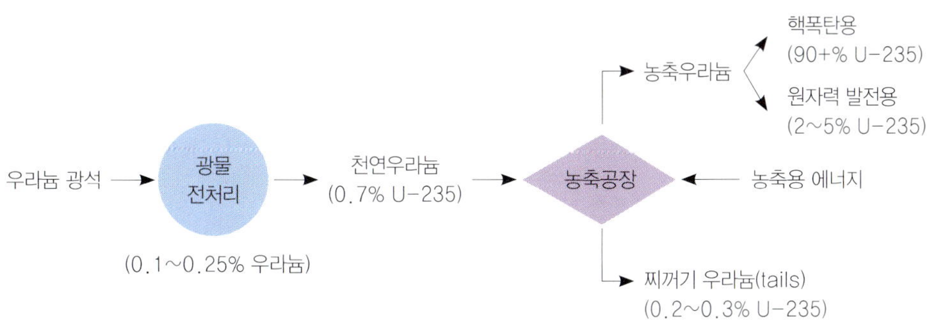

그림 9-4 우라늄 연료의 농축 과정에 대한 순서도

우라늄산화물(U_3O_8)과 공생하며 채굴된다. 우라늄은 〈그림 9-4〉에서 보는 우라늄 연료의 농축 과정에 대한 순서도에 따라 살펴보면 다음과 같다. 즉 광산에서 우라늄 광석을 채광한 뒤, 선광 과정을 거쳐서 U_3O_8가 농축된 옐로우 케이크(yellow cake)라고 하는 정광으로 생산되며, 정광은 UF_6로 변환되고, 이를 농축 시설에서 여러 가지 방법으로 다시 $^{235}_{92}U$를 2~5%까지 농축한 후, 성형하고 가공하여 최종적으로 원자로의 우라늄 핵연료가 된다. 보통 우라늄 광석 1톤당 1~2.3 kg의 우라늄이 나오지만, 핵분열이 가능한 우라늄 동위원소 $^{235}_{92}U$는 자연 우라늄의 0.7%이므로 7~16.1 g을 얻을 수 있다. 정광이 천연 UF_6로 변환되고 농축되는 과정은 다음과 같다. 즉 정광에서 불순물 제거한 순수 우라늄 광물에 불소(F)을 반응시켜서 UF_6의 기체를 만든다. 기체 UF_6를 수십 km의 긴 터널(확산 배터리)을 통과시키는 동안 가벼운 $^{235}_{92}UF_6$와 무거운 $^{238}_{92}UF_6$는 확산 속도의 차이에 따라 중력에 의해서 분리된다. 이런 과정을 기체확산법이라고 하며, $^{235}_{92}U$를 이 공정으로 2~5%로 농축되면 원자력발전용 핵연료로 사용되며, 이를 90% 이상 농축하면 원자폭탄이 된다.

$^{235}_{92}U$를 농축시키는 과정은 기체확산법, 원심분리법, 레이저농축법, 노즐분리법, 플라즈마분리법, 이온교환법, 멤브레인투과법 등과 같이 많은 방법이 있다. 이 중에서 대량생산이 가능한 제조법 중에서 가격 측면으로 유리한 방법은 기체확산법이고, 고순도 농축법으로는 원심분리법과 레이저농축법을 주로 사용한다. 나머지 방법은 실험실 수준에서 사용한다. 여기에서는 앞에서 설명한 기체확산법을 제외한 원심분리법과 레이저농축법만을 간단하게 설명하겠다. 원심분리법은 질량수가 다른 가벼운 $^{235}_{92}UF_6$와 무거운 $^{238}_{92}UF_6$ 기체를 원심분리기에서 회전시켜서 공간적으로 분리되도록 하는 방법이고, 레이저농축법은 천연 우라늄에서 만을 레이저로 이온화시킨 후에 전자기장을 걸어 $^{235}_{92}U$을 공간적으로 분리하여 모으는 방법이다.

〈그림 9-5〉는 우라늄 원료가 우라늄 광산에서 채광되어서 원자력발전으로 가정까지 전기로 전송되는 순서도를 그린 것이다. 앞서서 간단하게 설명하였지만 〈그림 9-5〉를 보면서 보다 체계적으로 이 과정을 설명하면 다음과 같다. 우라늄 광산에서 천연 우라늄이 포함된 우라늄 광석을 채광하여 정련시설에서 정련 우라늄인 옐로우 케이크를 만든 다음에 UO_2를 기체 UF_6로 변환한 변환 우라늄을 이용하여 자연 속에

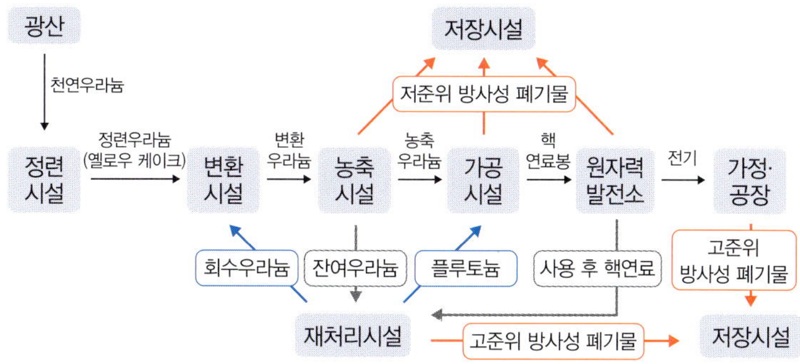

그림 9-5 우라늄 원료가 우라늄 광산에서 채광되어서 원자력발전으로 가정까지 전기로 전송되는 순서도

서 0.7%로 존재하는 $^{235}_{92}U$를 2~5%로 농축 시설 내에서 다양한 농축 기술로 이를 적절하게 농축한다. 이렇게 농축한 농축 우라늄을 가공시설에서 핵 연료봉을 제작하여 원자력발전소의 핵연료로 제공하여 전기를 발전한다. 최종적으로 발전된 전기는 가정과 공장으로 공급된다. 이 과정에서 농축 시설에서 농축하지 않은 잔여 우라늄은 재처리시설에서 핵분열이 일어나지 않는 $^{238}_{92}U$을 핵분열을 하는 $^{239}_{94}Pu$으로 재처리해서 가공시설로 보내어 다시 핵 연료봉으로 제작한다. 물론 재처리시설에서 나온 잔여 우라늄은 변환시설에서 다시 보내어져서 핵 연료봉을 만드는 과정을 다시 순환하도록 한다. 이러한 과정 중에 농축 시설, 가공시설, 원자력발전소에서 나오는 중저준위 방사선 폐기물은 중·저준위 방사선 폐기물 저장시설로 보내서 보관한다. 원자력발전소와 재처리시설에서 나오는 고준위 방사선 폐기물은 중·저준위 방사선 폐기물 저장시설과는 별도로 지어진 고준위 방사선 폐기물 저장시설에서 보관한다.

4 핵연료 폐기

9장 3절의 〈그림 9-5〉에서 보았듯이 원자력발전소에서 사용하는 핵연료를 만들어서 폐기하기까지를 핵연료 주기(reactor fuel cycle)라고 한다. 이 핵연료 주기는 (1) 연료봉을 제작하는 단계, (2) 사용한 연료봉을 원자로의 노심에서 제거한 후 원자로 내에서 재처리하는 단계, (3) 농축 공정이나 연료봉 제작공정에서 남는 연료에 대한 재순환 단계, (4) 방사능 폐기물을 처리 후에 저장하는 단계 전부를 말한다.

핵연료 주기는 〈그림 9-6〉에서 보는 것처럼 선행 핵주기와 후행 핵주기로 나누어 살펴볼 수 있다. 선행 핵주기는 우라늄 광산에서 채광을 한 후부터 우라늄 광석을 정련, 변환, 농축 과정을 거쳐서 $^{235}_{92}U$를 2~5%로 농축하여 핵연료로 제조해서 원자력 발전소에 공급하는 과정을 말한다. 후행 핵주기는 원자력발전소에서 배출된 사용 후 핵연료를 발전소 내의 임시 저장소를 거쳐 중간 저장소로 옮기고 다시 사용 후 핵연료에 남아 있는 $^{238}_{92}U$을 재처리해서 핵분열을 하는 $^{239}_{94}Pu$으로 만들고, 이 $^{239}_{94}Pu$을 소듐냉각고속로(sodium-cooled fast reactor, SFR)의 핵연료로 사용한다. SFR에서 배출된 사용 후 핵연료는 다시 사용 후 핵연료 처리 시설로 보내지는 순환과정을 재차 거친다. 한편 원자력발전소와 각 단계에서 폐기된 각종 중·저준위 폐기물은 중·저준위 폐기물 처리장에서 영구 폐기된다. 우리나라에서는 경주 방사능 폐기장이 중·저준위 폐기물을 영구 보관하는 곳이다. 그리고 사용 후 핵연료 처리장과 중간 저장소에 보관된 최종 사용 후 핵연료와 여러 가지 고준위 폐기물들을 지하 500~1,000 m 깊이의 암반층에 영구적으로 밀봉해 놓는다. 2023년 현재까지는 국내에서 고준위 폐기물

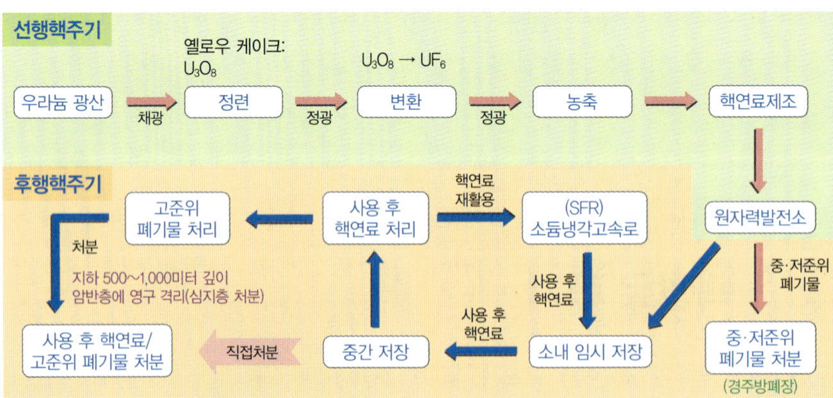

그림 9-6 핵연료 주기. 선행 핵주기와 후행 핵주기의 프로세스

영구저장소가 아직 없어서 이 문제가 원자력발전소 운영의 가장 큰 이슈이다. 간단하게 정리하면 선행 핵주기는 광산에서 우라늄 광석을 채광하여 최종적으로 핵연료를 제작하여 원자력발전소에서 발전용 원료로 사용하는 과정이고 후행 핵주기는 사용 후 핵연료를 재처리하고 폐기하며 각종 고준위 핵 폐기물을 영구 보관하는 과정이다.

〈그림 9-5〉와 〈그림 9-6〉에서 설명한 선행 핵주기 중에서 변환시설에서 생산한 UF_6부터 핵발전소에서 핵연료로 사용하는 핵연료 집합체까지의 제조 공정을 설명한 것이 〈그림 9-7〉이다. UF_6는 기체 상태로 운반되어서 ${}^{235}_{92}UF_6$로 농축 시설에서 농축되어 ${}^{235}_{92}U$를 2~5%로 농축한다. 이를 다시 ${}^{235}_{92}UO_2$로 변환하여 분말로 만든 후에 고온에서 소결시켜서 펠릿 형태의 소결체를 만든다. 우라늄 펠릿을 우라늄 통에 소결체 장입을 하여 우라늄 연료봉을 제작한다. 이 연료봉을 모아서 핵연료 집합체를 조립한 후 이상유무를 검사하여 최종적으로 핵연료 집합체를 완성한다.

핵 산업에 있어서 선행 핵주기인 핵연료의 채취, 수송, 농축 과정과 핵발전소 발전, 후행 핵주기인 핵 폐기물의 저장과 폐기과정에서 핵누출의 위험성은 확률적으로 존재한다. 즉 〈그림 9-5〉와 〈그림 9-6〉에서 설명한 우라늄 원광의 채취 및 세척공정, 핵연료의 정제 및 제작과정, 핵 반응기의 운전과정, 핵연료의 재활용 장탈과정, 핵연료의 재활용과정에서 우라늄 원광의 채취 및 세척공정 등에서 상당량의 방사선 비활성 기체인 라돈(radon, ${}^{222}_{86}Rn$) 가스가 방출되며 원광의 분쇄와 정제 과정 중에서도 80%에 달하는 폐기물이 발생한다. 물론 우라늄 광산에서 채광 과정에서 발생하는 광석 폐기물은 지하 광맥에 재투입하여 처리하므로 큰 문제는 없다. 그러나 핵 반응기의 운전과정 및 핵연료 장탈과정에서 당연히 각종 방사성 물질이 핵 반응기, 핵 연

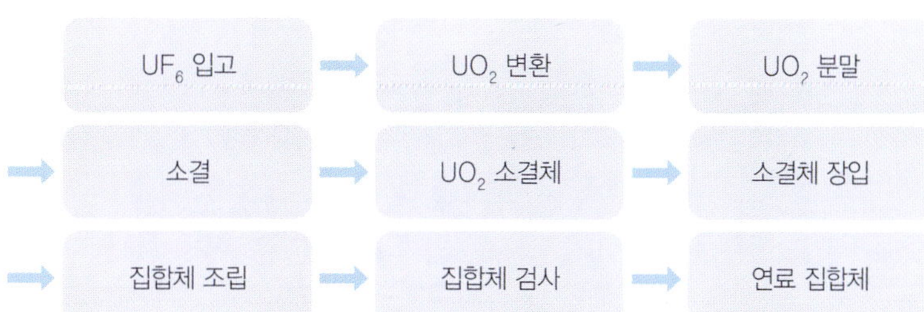

그림 9-7 원자력발전용 핵연료 집합체 제조 공정

료봉을 오염시킨다. 즉 이들 과정에서 스트론튬(Sr), 세슘(Cs), 요오드(I), 크립톤(Kr), 플루토늄(Pu)과 같은 반감기가 긴 방사능 물질들이 생성되고 주변을 오염시켜서 다량의 고준위 폐기물과 중·저준위 폐기물을 양산한다. 이 핵 폐기물들은 당연히 핵연료봉과 핵 반응기 내에서 정상적인 핵발전용 핵분열 반응을 방해한다. 그리고 원자로 내의 노심을 순환하는 물과 핵연료 재처리 공정에서도 나오는 물도 당연히 핵 폐기물이다. 대부분의 핵 폐기물은 방사성 수준이 높아서 주의가 필요한 용액 상태의 고준위 핵 폐기물이다. 이 용액은 핵화학적으로 아직 뜨겁기 때문에 (방사성 붕괴 계속) 냉각 및 저장한 후, 이 액상 폐기물의 수분과 산 용액 등을 증발시켜서 결정화된 고체 침전물을 만들고(calcination), 고온에서 이 고체 침전물을 소성(calcination)하여 화학적으로 안정한 고체 산화물 (유리와 결합) 형태로 만들어서 핵 폐기물 저장소에 영구 또는 임시로 보관한다.

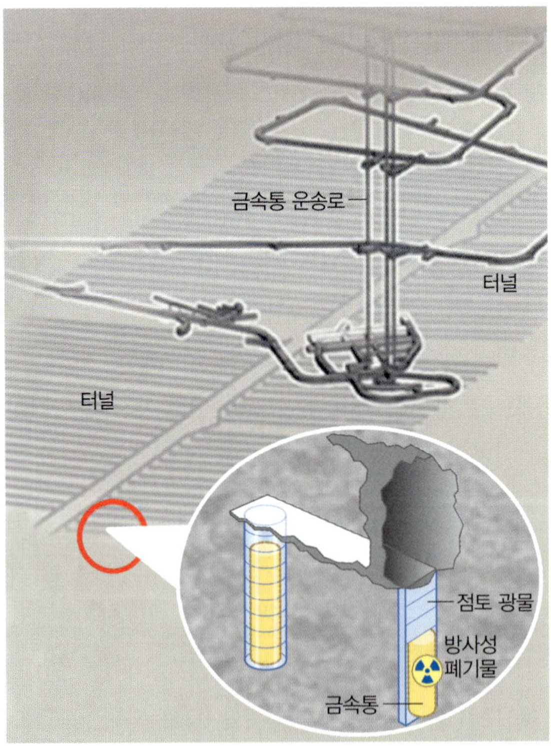

그림 9-8 핀란드 에우리요키에 짓는 온칼로 핵 폐기물 지하 저장소 개략도

〈그림 9-8〉은 핀란드 에우리요키(Eurajoki)에 짓는 온칼로(Onkalo) 핵 폐기물 지하 저장소에 대한 개략도이다. 핀란드는 남서부 해안도시 에우리요키에 2004년부터 세계 최초이자 유일한 사용 후 핵연료 영구 처분 시설인 온칼로(Onkalo)를 짓기 시작하여 2020년부터 운영을 시작하였고, 2024년에 본격적으로 운영을 할 예정이다. 화강암을 5 km 길이의 터널로 파고 들어간 뒤에 지하 500 m 깊이에 18억 년된 단단한 화강암 지층 위에다 온칼로 핵 폐기물 저장소를 짓고 있다. 이곳에서는 소성된 핵 폐기물 드럼통들은 철과 구리로 만들어진 지름이 1 m이면서 길이가 3~5 m 크기인 구조물에 넣고 이를 다시 완충재로 감싸서 보관한다. 2024년 완공될 예정인 온칼로에는 향후 100년간 핵 폐기물 6,500 t을 저장할 예정이고, 다음 세기에 완전히 봉인하여 10만 년을 견디도록 한다는 계획이다. 그러나 이곳을 제외하고는 대한민국을 포함한 전 세계 어디에서도 아직 고준위 폐기물에 대한 지정학적·시간적으로 안전성이 보장되지 않아서 영구 핵 폐기물 저장소 시설은 아직 없다. 대부분의 국가들은 임시 핵 폐기물 저장소만을 운영하고 있을 뿐이다. 우리나라도 고준위 핵 폐기물 저장소는 없으며, 경상북도 경주시 양북면에 2015년부터 운영된 10만 드럼 용량의 중·저준위 핵 폐기물 저장소(명칭: 경주 방사성폐기물 처분장)만 가동 중이다.

5 원자로의 구조

대한민국 원자력발전소의 거의 60% 이상은 3장 1절의 〈그림 3-12〉에서 이미 설명한 가압경수로의 구조를 갖는다. 가압경수로는 핵연료 집합체가 냉각세이사 중성자 감속재인 경수 속에 담겨있는 노심이 원자로서 5중 방호벽으로 보호되고 있으며, 이 노심을 순환하는 일차 계통의 냉각수는 보일러와 증기 터빈을 돌아가는 이차 계통과는 완전히 폐쇄 분리된 구조이기 때문에 안정성이 높은 원자로이다. 〈그림 9-9〉는 가압경수로인 한국표준형 원전(울진 3, 4 호기) 기준의 원자로 용기의 구조도를 보여주고 있다. 〈그림 9-9〉에서 보면 연료봉과 제어봉이 다발로 묶인 핵연료 집합체(원전연료 집합체)를 원자로 용기가 둘러싸고 있으며 하부에는 노내 계측기 안내관과 하부지지 구조물이 있다. 그리고 상부에는 상부 제어봉 안내 구조물과 노심 지지 방벽이 설치되었다. 상부 구조물과 하부 구조물 사이에는 냉각제 입구 노즐과 냉각제 출구 노즐이 설치되어서 냉각제인 물(경수)이 순환할 수 있도록 되어있다. 즉 하단부에 원자로에서 나온 냉각제(가압된 고온의 물)가 들어가는 입구와 식어서 나가는 출구가 있다. 그리고 냉각제 입구로 들어온 가압된 고온의 물이 튜브판이 붙잡고 분리판으로 고정된 뒤집어진 U 형태의 튜브 다발을 거쳐서 냉각제 출구로 나가서 원자로로 돌아간다. 한편 급수 노즐로 공급된 보일러용 물이 재순환 노즐을 통해서 증기 발생기에 들어가고, 이 물은 급수노즐(downcomer)과 급수예열기(economizer)를 통하여 뜨거운 튜브 다발 아래로 보내지면서 증기가 된다. 이 증기는 습분분리기(swiri-vane seperators)와 증기건조기(chevron seperators)를 거쳐서 증기발생기의 상단에 위치한 증기 출구로 나가서 증기 터빈을 회전시킨다. 동시에 증기 터빈을 거쳐서 나온 증기는 다시 물로 변해서 급수 노즐로 재순환된다. 물론 증기 터빈을 거친 뜨거운 증기는 차가운 바닷물로 냉각시키는 냉각 시스템이 증기발생기 외부의 증기 터빈 이후에 설

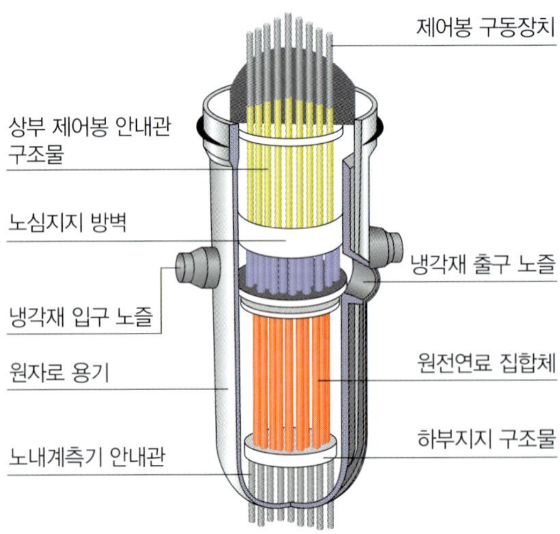

그림 9-9 가압경수로인 한국표준형 원전(울진 3,4 호기)기준의 원자로 용기

치되어 있다.

〈그림 9-9〉에서 보여준 가압경수로의 원자로 (압력)용기에 들어가는 연료봉 집합체의 연료봉 구조도와 연료봉 내에 주입되는 우라늄 펠릿의 사진이 〈그림 9-10〉이다. 〈그림 9-10 (a)〉에서 보면 핵연료봉은 〈그림 9-10 (b)〉에서 보는 ${}^{235}_{92}UO_2$의 소결체인 우라늄 펠릿 약 380개를 지름 약 9.5 mm, 길이 4 m인 피복관에 넣어서 만든다. 그리고 피복관을 스프링으로 누른 후에 헬륨가스를 주입하고 봉단마개로 막아서 만든다. 우라늄 펠릿의 크기는 지름이 약 8.5 mm이고 높이는 약 11~14 mm이다. 이런 핵연료봉을 230~270개 다발로 묶은 후에 중성자 흡수제인 제어봉을 중간중간에 넣어서 단면이 사각형인 핵연료 집합체(〈그림 9-11〉)를 만든다. 제어봉은 제어봉 구동장치(rod cluster control assembly)로 조정한다. 노심에 들어가는 물(경수)은 냉각제이면서도 감속재의 역할을 동시에 한다. 여기에서 감속재는 원자로의 핵분열 반응 과

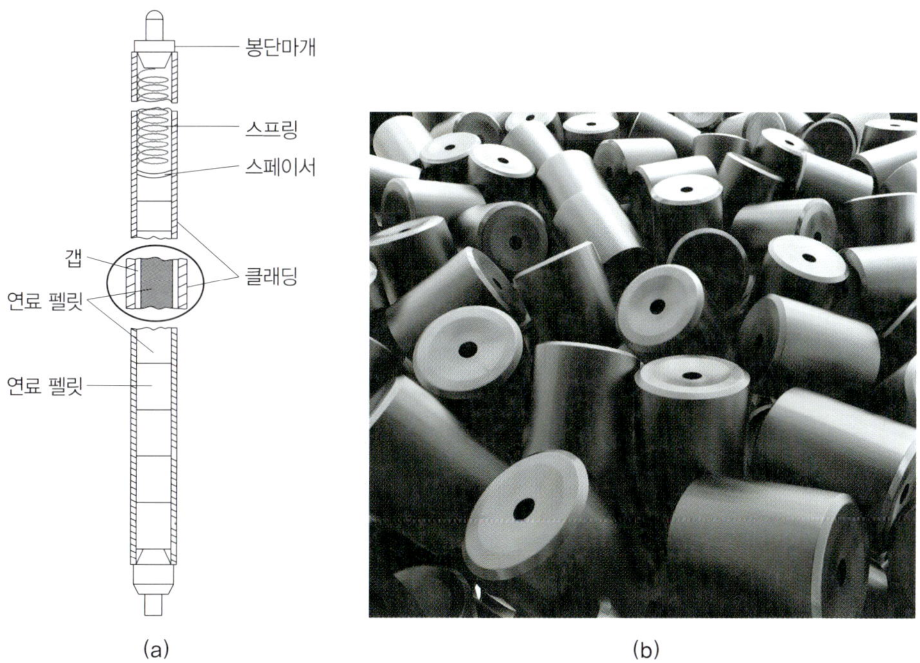

그림 9-10 (a) 원자로 내에 넣는 핵연료봉 집합체의 연료봉 구조도와 (b) 연료봉 내에 들어가는 우라늄 펠릿의 사진

정에서 생성되는 고속중성자를 열중성자로 감속시켜서 핵분열이 더 잘 일어나도록 하는 물질을 말한다. 이런 감속재 물질로는 중성자 감속 효과가 크며 중성자 흡수단면적은 작은 수소, 중수소, 탄소 등을 포함한 물질을 사용하지만 보통 경수나 중수를 사용한다. 〈그림 9-12〉는 핵연료 집합체의 단면도로 빈 원형, 빨간 원, 검정 원은 각각 핵연료봉(fuel rod), 제어봉(control rod), 긴급정지봉(shutdown rod)을 의미한다. 그리고 맨 바깥은 중성자 반사벽으로 구성된다. 그리고 핵연료 집합체는 연료봉 외에도 안내관, 지지격자, 상하단고정체, 계기관 등도 필요하다. 또한 원자력발전소에

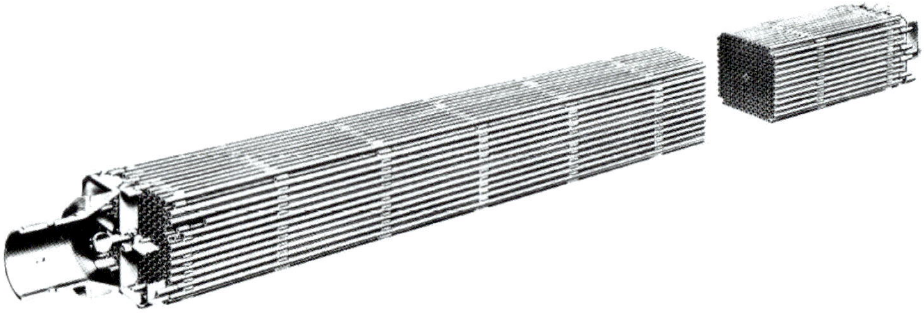

그림 9-11 핵연료 집합체

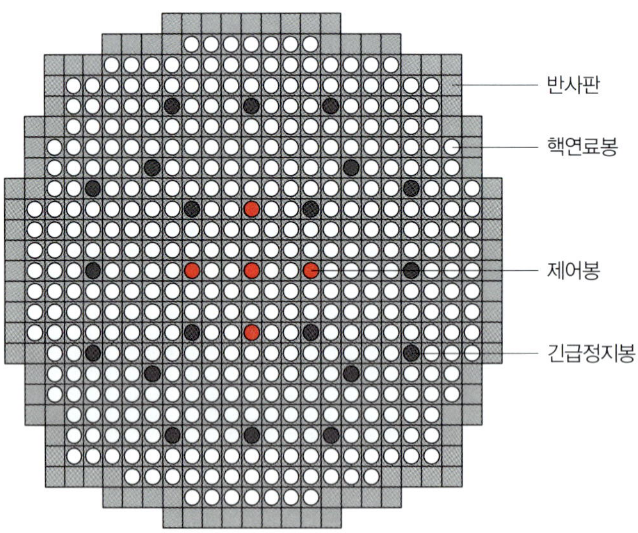

그림 9-12 핵연료 집합체의 단면도

서는 이러한 핵연료 집합체를 원자로 1기당 150~210개 정도를 장전해 운전한다. 한국형 표준 원자로인 OPR-1000 노심에는 핵연료 집합체가 177개가 들어가며, 핵연료 집합체마다 연료봉이 236개이므로 총 41,772개 연료봉이 탑재된다. 그러므로 노심에서 차지하는 연료봉들의 총 크기는 대략 지름 3 m × 길이 4 m가 된다.

6 원자로의 종류

원자로는 핵연료 집합체들이 들어가는 감속재 종류에 다음과 같이 구분한다. 냉각재로 물(H_2O, 경수)을 감속재로 동시에 사용하는 경우에는 경수로라고 하고, 경수 대신에 중수(D_2O)를 사용하면 중수로라고 한다. 또한 이산화탄소(CO_2)를 냉각재로 사용하면서 흑연(C)을 감속재로 사용하는 경우에는 흑연 감속로라고 하고, 헬륨(He)을 냉각재로 사용하면서 흑연을 감속재로 사용할 때는 고온 가스 냉각로라고 말한다. 미래형 원자로인 고속증식로에서는 용융상태의 나트륨 금속을 냉각매체로 사용한다. 그리고 3장 1절에서 설명한 중성자 흡수능력이 큰 은(Ag), 인듐(In), 카드뮴(Cd), 붕소(B), 하프늄(Hf), 탄화붕소(B_4C), Ag-In-Cd 합금, Hf(하프늄) 등으로 만든 중성자 제어봉을 노심에 우라늄 연료봉들과 같이 설치하여 앞서서 설명한 여러 가지 원자로의 다양한 감속재와 같이 핵연료로부터 핵분열 반응 결과로 나오는 고속 중성자를 열중성자로 바꾸고 그 양을 줄여가면서 핵분열 연쇄반응을 제어한다.

원자로의 열반응기(thermal reactor)는 〈그림 3-9〉와 〈그림 9-8〉에서 설명한 일차 계통과 이차 계통을 통틀어서 지칭하는 용어이다. 즉 노심의 핵분열 반응에 의하여 발생한 열을 이용하여 원자로와 증기발생기를 거치면서 만들어진 압축 수증기로 증기 터빈을 구동한 후, 해양온도차 발전에서 응축된 물을 순환하여 증기발생기에서 재사용하는 종류의 핵 반응기를 일컫는 용어이다. 일차 계통의 원자로에서 나온 물을 가압하여 고온 고압의 물이 증기발생기로 들어가도록 만든 원자로가 가압경수로(pressurized water reactor, PWR)이며, 원자로에서 바로 고온의 수증기가 나오도록 만든 원자로가 비등경수로(boiling water reactor, BWR)이고, 가압경수로에서 경수(물) 대신에 중수를 사용하면서 연료를 천연 우라늄($^{238}_{92}U$)을 사용하는 원자로를 (가압)중수로(heavy water reactor, HWR)라고 한다.

현재 가압경수로형 원자력발전소는 세계에서 운전 중인 원자력발전소의 60% 이상을 차지한다. 최신 데이터인 2022년 12월 기준으로 한국수력원자력㈜ 자료에 따르면 국내에는 총 25기(24,650 MWe)의 원자로가 가동 중이며, 이 중에서 고리 3기, 신고리 2기, 새울 2기, 신월성 2기, 한빛 6기, 한울 6기, 신한울 1기로 총 22기는 가압경수로형 원자로이고, 나머지 3기가 (가압)중수로형 원자로이다. 세계 최초의 상업용 가압경수로형 원자로는 미국 펜실베니아주 피츠버그시 인근에 건설된 쉬핑포트(Shippingport) 원자력발전소의 원자로이다.

가압 경수로형 원자로는 〈그림 3-9〉의 가압경수로 원자로에 대한 그림에서 보듯이 원자력발전소는 전체적으로 3개의 분리된 냉각회로를 가지고 있다. 즉 원자로 냉각재 계통(reactor coolant system)과 증기 및 급수 계통(steam and feedwater system)은 일차 계통이고, 터빈을 지난 뜨거운 증기를 식히는 바닷물로 식히는 복수기 냉각수 계통(condenser cooling water)은 이차 계통에 속한다. 이 중에서 냉각수가 방사성을 띠고 있는 냉각회로는 노심을 순환하는 원자로 냉각재 계통이다. 이미 〈그림 3-9〉와 〈그림 9-9〉에서 설명한 일차 계통(primary system)이라고도 하는 원자로 냉각재 계통은 5중 방호벽의 격납 용기 안에 위치하며, 원자로가 중앙에 위치하고 여기에 2~3개의 냉각 회로가 연결되어 있다. 각 냉각 회로는 하나의 증기발생기와 1~2개의 원자로 냉각재 펌프(reactor coolant pump), 그리고 이들과 연결하는 배관으로 구성되어 있다. 이때 원자로 냉각재 계통의 압력을 조절하는 가압기가 연결되어서 냉각재를 150 기압으로 유지한다.

보통 원자로 내에서 핵연료의 핵분열 반응이 일어나면서 핵에너지가 발생되는 곳을 원자로 노심(reactor core)이라고 한다. 이때 원자로에서 발생하는 에너지는 냉각재(coolant)에서 흡수되어 냉각재가 증기발생기에서 증기가 된다. 냉각재가 원자로 노심을 떠날 때는 온도가 320~330℃이지만 150 기압으로 가압한 결과로 인하여 냉각제는 액체상태이다. 냉각재는 냉각재 펌프로 매우 빨리 순환시킨다. 복수기(응축기)를 냉각시키기 위한 복수기 냉각수 계통은 일반적으로 강물, 바닷물, 호숫물을 사용하는 순환수 계통(circulation water system)의 물을 사용한다. 다만 냉각수가 충분하지 않을 때는 일반적으로 냉각탑(cooling tower)을 설치할 수도 있다. 가압경수로형 원자력발전소에서는 원자로 냉각재로 증기 터빈을 직접 구동하지 않고 증기발생기를 통해 필요한 증기를 만들어서 증기 터빈을 가동시키는 간접사이클 방식이다. 이렇게 원자로와 냉각 계통이 작동하는 가압경수로형 원자력발전소의 열효율은 대략 33~35% 수준이다.

가압경수로형 원자로와 다른 원자로는 〈그림 9-13〉의 아래쪽 그림에서 설명하는 비등경수로이다. 이 원자로는 경수를 냉각제와 감속재로 사용하면서 노심에서 바로 냉각재가 증기로 변하고, 이 증기가 증기 터빈을 가동시키는 원리이다. 일본의 원자

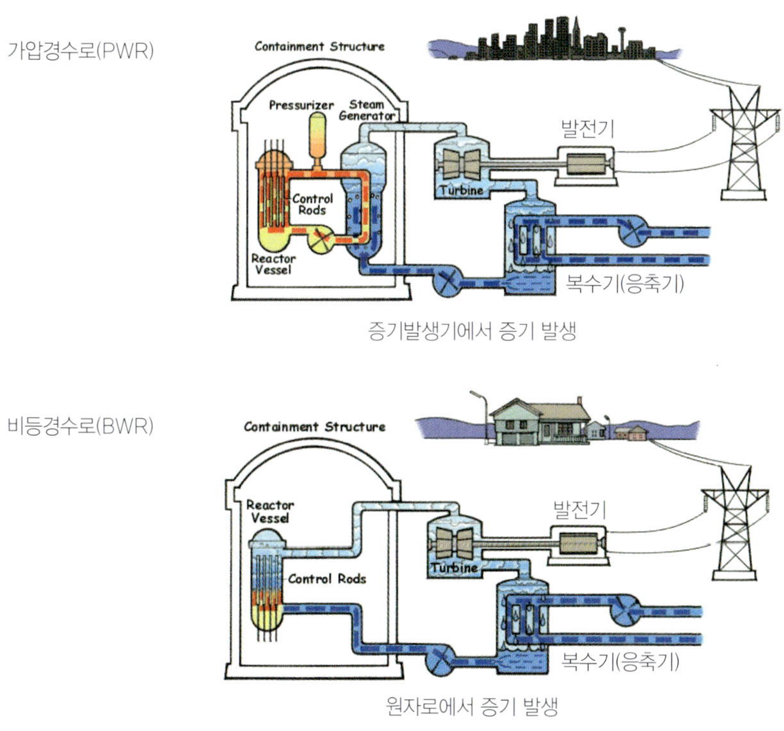

그림 9-13 가압경수로와 비등경수로의 비교

력발전소는 대부분이 비등중수로 원자력발전소이고 대다수 우리나라 원자력발전소의 원자로는 비등경수로보다 안정성이 뛰어난 가압경수로 형태이다. 〈그림 9-13〉는 가압경수로와 비등경수로 형태의 원자로에 대한 차이를 보여주는 비교 그림이다.

가압경수로 및 비등경수로와는 다른 형태의 원자로 형태로 (가압)중수로가 있다. 가압중수로로 대표적인 원자로는 캐나다 원자력공사에서 개발한 캔두(Canada deuterium uranium, CANDU) 원자로이다. 즉 가압중수로와 캔두는 같은 의미로 사용한다. 우리나라의 월성 1호기는 캔두 원자로를 채택한 원자력발전소이다. 이 원자로에서 중수를 사용하는 이유는 중수가 일반적인 경수(물)에 비해 중성자를 거의 흡수하지 않으므로 농축시키지 않은 0.7%의 천연 우라늄 $^{235}_{92}U$를 그대로 원료로 사용하여도 고속중성자가 충분히 노심 내에 존재할 수 있기 때문이다. 이 결과 농축시키지 않은 천연 우라늄을 사용할 수 있으므로 핵연료 수급에서 큰 이점을 갖는다. 그 대신에 천연우라늄을 사용하기 때문에 가압경수로에서보다는 짧은 기간 동안 원자로를 운전 후에 원자로 가동을 중단하고 연료봉을 교체해야 하는 단점이 있다. 그러나 최근에 개선된 가압중수로에서는 수평으로 위치한 칼란드리아 안에 수백 개의 수평 핵연료 채널을 넣도록 하여서 연료교환(on-power-refueling)이 원자로 가동 중에도 가능하도록 하였기 때문에 원자로 가동률이 높아지면서 경제성이 매우 좋아졌다. 이 방식의 원자로의 단점은 중수를 만드는 시설이 필요하므로 원자력발전소 전체 건설비가 증가한다는 것과, 현재까지는 천연 핵연료를 사용하기 때문에 핵연료의 양이 가압경수로보다 많이 필요하다는 것이 대표적이다.

구분	경수로(PWR)	중수로(PHWR)
사용 연료	저농축 우라늄(U235, 2~5%)	천연 우라늄(U235, 약 0.7%)
냉각재·감속재	경수(H_2O)	중수(D_2O)
연료 교체 시기	15~18개월마다, 정지 후 1/3 교체	운전 중 매일 교체
운전 기수	고리 4기, 영광 6기, 울진 6기	월성 4기
개발 국가	미국, 세계 원자력 발전의 60%	캐나다, 세계 원자력 발전의 5%

그림 9-14 가압경수로와 가압중수로의 비교

앞에서 설명한 3가지 형태의 원자로는 현재 전 세계에서 보편적으로 운용 중인 원자로 형태이다. 이 종류 외에도 고속증식로라는 원자로 형태가 있는데, 이 원자로 내부에서는 핵분열 물질의 총량이 공급된 핵 연료량보다 많아진다. 〈그림 9-15〉는 고속증식로의 핵분열 원리를 상세하게 보여주는 그림이다. 그림에서 보듯이 고속증식로 제1과정에서는 천연 우라늄 내의 미량이 들어있는 불안정한 $^{235}_{92}U$이나 $^{239}_{94}Pu$에서 방출된 고속중성자가 천연 우라늄에 많이 포함된 안정된 $^{238}_{92}U$과 충돌하여 $^{238}_{92}U$를 $^{239}_{94}Pu$로 핵변환을 시킨다. 그러고나면 고속증식로 제2과정에서 $^{239}_{94}Pu$가 고속중성자와 충돌하여 핵분열을 하는 과정에서 다량의 열과 방사선 및 고속중성자를 방출하는 연쇄 핵분열 반응이 고속증식로에서 열에너지가 생성된다. 그러므로 핵분열 가능 물질과 핵 분열을 끝낸 물질을 포함하는 연료가 동시에 생산되면서 핵연료가 증식되는 효과가 생긴다. 고속증식로에서는 중성자 감속현상이 생기지 않는 액체 나트륨이나 가압 헬륨가스를 노심 냉각제로 사용한다. 현재 고속증식로를 이용하여 상업용 발전을 하려는 연구개발은 활발한데, 일본의 몬주 고속증식로 발전소가 대표적인 실험용 고속증식로 원자력발전소이다.

고속증식로에는 냉각재의 종류에 따라 액체금속 고속증식로(liquid metal fast

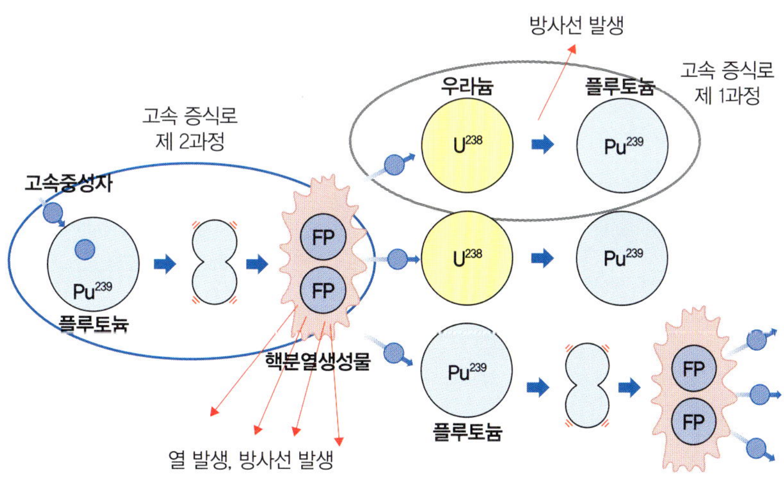

U^{238} + 중성자 → Pu^{239}(핵분열 + 중성자), Th^{232} + 중성자 → U^{238}(핵분열 + 중성자)

그림 9-15 고속증식로의 핵분열 원리

Breeder reactor, LMFBR), 기체 냉각식 고속증식로(gas-cooling fast Breeder reactor, GFBR), 용융 증식로(molten salt Breeder reactor, MSBR)가 있다. 액체금속 고속증식로에서는 감속재가 필요하지 않으며, 열전달이 우수한 나트륨을 냉각재로 사용하고, 높은 가압도 필요 없다. 그리고 〈그림 9-16〉에서 보듯이 (1) 저온의 나트륨 액체금속이 노심에서 고온이 되어서 열교환기를 순환하는 1차 냉각계통, (2) 열교환기에서 열 에너지를 받은 고온의 나트륨이 과열기, 증발기, 2차 냉각계통의 순환펌프를 돌면서 물을 증기로 만드는 2차 냉각계통, (3) 2차 냉각계통의 증발기에서 물이 증기로 바뀌고 이를 다시 과열기에서 온도를 더욱더 높인 후에 이 증기로 증기 터빈을 돌리고나서 바닷물 냉각수에 의해서 식은 후 다시 증발기로 가는 3차 냉각계통, (4) 마지막으로 증기 터빈을 거쳐서 나온 증기를 물로 다시 식혀서 증발기로 보내기 위한 바닷물 냉각수가 돌아가는 4차 냉각계통이 있다. 그래서 가압경수로의 3단계 냉각계통보다 1단계가 많은 4단계의 냉각계통을 유지한다.

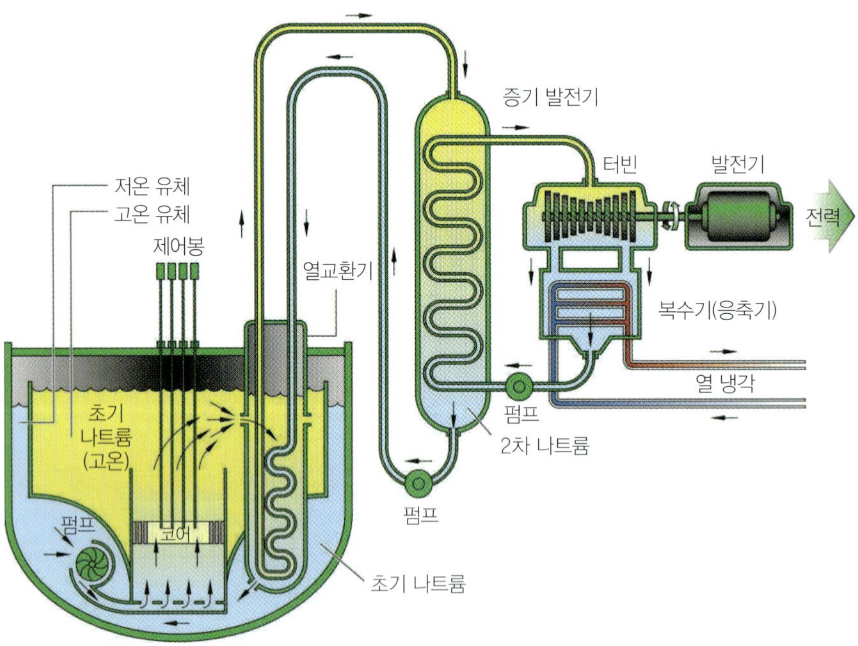

그림 9-16 액체금속 고속증식로(LMFBR)의 계통을 보여주는 체계도

Chapter

10

풍력 에너지의 이해

1 풍력 에너지의 역사

풍력 에너지의 장점은 오염을 발생시키지 않는다는 것과 에너지의 원천이 무료라는 것이다. 그러나 몇몇 장소는 제외하고는 풍력의 크기와 방향에 대한 시간적 및 지정학적 예측이 어렵고 불규칙하다는 치명적인 단점이 있다.

풍력 에너지의 역사는 인류가 돛을 사용한 항해의 역사와 함께 시작되었을 정도로 오래되었다. 그리고 이미 약 1,000년 전부터 곡식을 빻거나 가루로 만들기 위한 방앗간용 풍차로 사용하거나 관계수로에서 물을 끌어올리거나 물을 배수하는 용도로 풍차를 사용하였다. 기원전 2세기에 페르시아와 아프가니스탄의 국경지역에서 방앗간으로 사용하였다는 문헌 기록도 있다. 그러나 전기 발전기를 가동시킨 최초의 풍차는 덴마크의 과학자이자 발명가인 폴 쿠르(Poul la Cour)가 발명하였다. 1차 대전 후에는 비행기 프로펠러 날과 같은 에어 포일 단면을 가진 풍차용 돛이 개발되어서 풍차 발전기의 효율이 좋아지기 시작하였지만, 1931년 크리미아에서 최초로 풍력터빈을 사용한 풍력발전기에서 저압 전기를 생산할 때부터 프로펠러형 풍차가 제대로 이용되기 시작하였다. 반면에 양날형 풍차는 1940년 공기역학자인 카르만(Theodore von Karman)과 푸트남(Palmer Cosslett Putna)에 의해 고안되었다. 그리고 1945년에 푸트남과 스미스-푸트남사(Smith-Putnam company)에서 기계로 대규모 대량 풍차 발전기를 만들어 파는 단계로 접어들면서 대중화가 이루어졌다.

2 풍력 에너지원

풍력 에너지에 대한 간단한 정의와 종류는 4장 2절에서 이미 설명하였다. 다시 한

번 설명하자면 공기의 유동이 가지는 운동 에너지, 즉 풍력 에너지를 발휘하는 바람의 공기역학적(aerodynamic) 특성을 이용하여 풍력발전기의 회전자(날개)를 회전시키고, 회전하는 날개의 회전 운동 에너지로 발전기를 돌리는 기술이 풍력발전 기술이다. 풍력발전기는 지면에 대한 회전축의 방향에 따라 수평형과 수직형으로 분류하는데, 이는 〈그림 4-4〉에서 볼 수 있다.

사실 풍력 에너지는 태양에너지의 부산물이다. 즉 태양에너지가 지역적, 계절적, 지형적 조건에 따라 불균일하게 공기의 온도를 올렸다가 내렸다가 한 결과로 생기는 공기의 흐름이 바람, 즉 풍력이다. 지구에 도달하는 태양에너지의 약 2% 정도만이 풍력 에너지로 전환된다. 지표는 여러 요인으로 인하여 불균일하게 데워지거나 차가워진다. 그러면 데워진 공기는 올라가고 차가워진 공기는 내려오면서 기압의 차가 생긴다. 이러한 공기의 기압 차이에 의하여 고기압에서 저기압으로 바람이 불게 된다.

풍력터빈은 바람의 운동 에너지를 풍력발전기의 날개가 기계적 운동 에너지로 바꾸는 데 사용하는 회전 엔진이다. 즉 순서적으로 살펴보면 바람이 풍력발전기의 회전날개를 돌리고, 회전 날개는 회전 터빈을 회전시킨 후에 이에 연결되어 있는 발전기

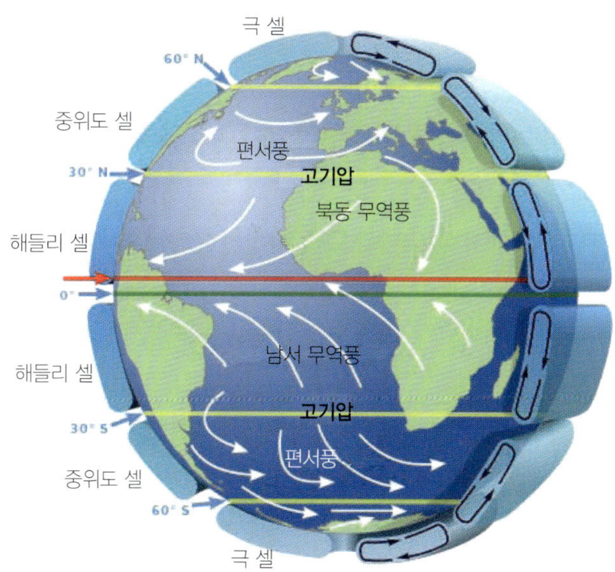

그림 10-1 풍력 에너지의 지구적 요인에 의한 바람

를 돌려서 교류 전기를 생산한다.

풍력발전은 태양에 의한 지표의 부등 가열로 인하여 발생한 바람을 이용하여 전기를 생산하는 태양에너지의 간접적 발전 응용 형태이다. 그러므로 바람의 발생요인을 살펴보는 것이 중요하다. 지구에서 발생하는 바람은 행성 규모의 바람과 지역적 규모의 바람으로 나누어 발생 이유를 살펴볼 수 있다.

우선 행성 규모의 바람은 〈그림 10-1〉에서 보듯이 북극과 남극보다는 주로 태양에 의한 지표 가열이 훨씬 큰 적도 부근에서 발생한다. 〈그림 10-1〉에서 전지구적 바람의 이동 방향을 자세히 그려 놓았듯이 양 극지대에서는 차가워진 공기가 성층권에서 지표면으로 내려가며 극 고압대를 형성하고, 이 공기들은 지표를 따라 고위도(위도 60도 정도)대로 이동하다가 이곳에서 중위도(위도 30도)에서 오는 공기와 만나 상승하여 다시 극지방으로 돌아가는 직접순환의 수직적 바람을 만든다. 동시에 적도에서는 뜨거워진 공기가 상층권으로 올라감에 따라 열대저압대가 형성되며, 이로 인하여 위로 올라간 공기는 중위도 지방까지 직접순환(해들리순환)을 하게 된다. 중위도 고압대에서는 훼럴순환을 통하여 고위도 저압대로 공기가 이동한다. 이런 와중에 북반구를 기준으로 살펴보면 지구가 동쪽에서 서쪽으로 자전하는 관계로 인하여 지표면에서는 극 저압대에서 고위도 저압대 사이에서는 극동풍이 불고, 고위도 저압대에서 중위도 고압대 사이에서는 편서풍이 불며, 중위도 고압대에서 열대저압대 사이에서는 북동 무역풍이 분다. 남반부에서는 북반부와는 지표면에서 바람의 방향이 서로 반대로 분다는 사실을 〈그림 10-1〉에서 이해할 수 있다.

지역 규모의 바람은 두 가지 메커니즘으로 설명한다. 하나는 바닷가에서 부는 해풍과 육풍을 설명하는 육지와 바다의 부등 가열이고, 다른 하나는 산악 지형에서 골바람과 산바람을 설명하는 산악 지형에 의한 부등 가열이다. 〈그림 10-2〉는 해풍과 육풍의 바람 메커니즘을 설명한 그림이다. 이에 따르면 낮에는 육지가 더 뜨거워서 공기가 위로 올라가기 때문에 낮은 고도에서는 해풍이 부는 것이며, 밤에는 육지가 더 차가워서 공기가 내려오기 때문에 낮은 고도에서는 육풍이 부는 것이다. 그리고 골바람과 산바람을 설명한 것이 〈그림 10-3〉이다. 즉 산에서 낮 동안에는 산 위쪽에서 공기가 가열되고 골짜기는 덜 가열되기 때문에 바람이 산기슭을 따라 상승하

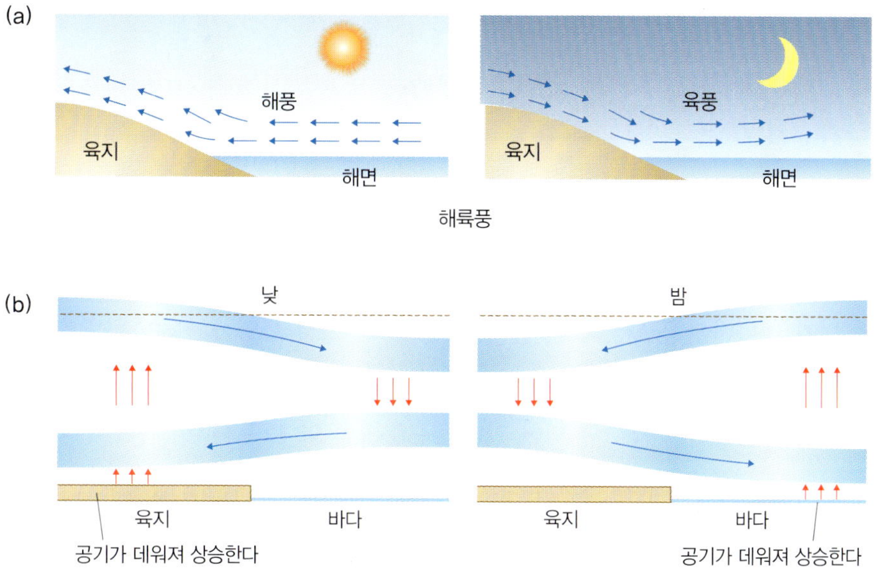

그림 10-2 (a) 해풍과 (b) 육풍이 부는 원리와 차이를 보여주는 모식도

그림 10-3 (a) 골바람과 (b) 산바람의 발생 원리 모식도

는 골바람이 분다. 반면에 밤에는 산 위쪽이 산 아래보다 상대적으로 차가워지기 때문에 공기가 내려와서 산기슭을 따라 골짜기 쪽으로 바람이 불어 내려가는 산바람이 분다.

3 풍력발전의 주요 요소

풍력터빈의 발전량을 증가시키기 위하여 중요하게 보아야 하는 4가지 주요 요소가 있는데, 이는 풍속, 풍력타워 높이, 공기밀도, 날개 반지름 크기이다. 첫째로 풍속은 발전된 전기 에너지의 양을 결정한다. 이미 10장 2절에서 설명하였듯이 바람은 균일하지 않아서 때때로 강하게 불다 약하게 불기도 한다. 그러나 풍력터빈은 너무 강하게도 약하게도 작동하지 않도록 되어 있다. 즉 풍속이 약 12.8 km/h 이하로 불면 풍력터빈은 기어가 작동해도 발전기가 정상 속도로 돌 수 없기 때문에 정지하도록 설계되어 있다. 풍력발전기의 정상 풍속의 범위는 보통 40 km/h~88 km/h이다. 만약에 풍속이 88 km/h를 초과하면 풍력터빈의 손상을 막기 위하여 자동으로 작동이 중지되도록 되어있다.

둘째로 공기밀도는 고도에 따라 달라지는데, 이 공기밀도가 풍력발전기의 날개에 가해지는 풍속에 의한 운동에너지를 결정한다. 그러므로 공기밀도가 점점 조밀해지면 풍력터빈의 날개를 점점 더 강하게 돌릴 수 있기 때문에 발전량이 점점 더 커진다. 즉 고도가 높아질수록 공기가 희박해지면서 기압이 낮아지기 때문에 너무 높은 고도에 설치하는 것은 풍력터빈의 작동 효율을 낮추게 된다. 이와는 반대로 해수면 근처와 같은 아주 낮은 고도에서는 공기밀도가 조밀해지기 때문에 공기가 무거워지면서 풍력터빈을 보다 효과적으로 회전시킬 수 있게 된다.

셋째로 풍력타워 높이가 높을수록 풍력터빈의 발전 효율은 점점 더 좋아진다. 일반적으로 바람은 높은 고도에서 더 세게 불고 지표면에 비해서 난류가 덜 생긴다. 즉 풍속이 어느 정도 일정하다는 것이다. 따라서 풍력타워의 높이가 높을수록 발전량이 커지면서 일정한 발전량이 가능해진다.

넷째로 날개 반지름의 크기는 이 풍력발전기가 받아들이는 바람의 총량을 결정한다. 즉 날개가 크면 클수록 훨씬 더 많은 바람을 맞을 수 있고, 이에 따라 날개의 회전 속도가 빨라지면서 발전량이 많아지게 된다. 그러므로 날개의 지름 또는 반지름은 발전량을 결정하는 매우 중요한 요소가 된다. 풍력발전소에서 사용하는 날개의 수는 발전 효율과 경제성 및 안정성을 고려하여 결정된 3개가 일반적으로 사용된다.

4 풍력발전용 수직형 풍차

10장 1절의 풍력 에너지의 역사에서 살펴보았듯이 초기에는 〈그림 10-4〉의 스페인 캄포 데 크립타나 지역의 풍차와 네덜란드 잔센스칸스 지역의 풍차를 통해서 보는 것과 같은 방앗간이나 배수 시설로 사용한 풍차가 대부분의 풍력 에너지 활용법이었다. 이러한 풍차는 바람을 맞는 날개로 형태로 보면 〈그림 4-4〉에서 분류한 수평형 풍차처럼 보이지만 실제로는 동력을 전달하는 회전축이 수직으로 서있기 때문에 수직형 풍차로 분류한다. 즉, 초기에는 날개에 중심축과 연결된 톱니바퀴가 바로 수직축으로 연결되며, 이 수직축에 연결된 맷돌이 돌아가면서 곡식을 빻는 방앗간 맷돌 역할을 하는 것이다. 반대로 맷돌에서 보면 수직으로 서있는 회전축에 돛이 달려서

그림 10-4 풍력 에너지를 사용하는 (a) 스페인 캄포 데 크립타나 지역의 풍차 사진과 (b) 네덜란드 잔센스칸스 지역의 풍차 사진

자료: (a) Lourdes Cardenal, Wikimedia Commons, (b) Murdockcrc, Wikimedia Commons

돌아가는 것으로 이해가 되므로 이는 현대식으로 보면 수직형 풍력발전 방식과 동일하다.

초기 수직형 풍차를 풍력발전용 풍차로 활용한 것이 핀란드의 다리우스(Darrieus) 풍차이다. 이 풍차 형태는 저속의 모든 바람의 방향에 대해서 회전이 가능하다는 것이 가장 큰 장점이다. 〈그림 10-5〉에서는 각각 수직형 다리우스 풍차와 이를 응용한 자이로밀(다리우스 H형) 풍차의 실물 사진을 볼 수 있다. 이러한 다리우스 풍차의 작동원리는 〈그림 10-6 (a)〉에 상세히 그려 놓았다. 그림에서는 설명을 쉽게 하기 위해서 〈그림 10-5 (b)〉에 나온 다리우스 H형 풍차를 기준으로 설명한다. 이 경우 풍차의 단면은 비행기 날개의 단면과 비슷하다. 풍차 날개 단면의 바깥쪽과 안쪽을 지나가면서 압력 차이로 생긴 양력과 회전력과 합쳐져 위쪽 날개를 2시 방향으로 돌리고, 동일한 바람이 불 때 아래 날개는 10시 방향으로 회전하면서 더욱 강력하게 돌아간다. 〈그림 10-5 (b)〉에는 캐나다 매그달린섬(Magdalen Islands)에 있는 수직형 다리우스 풍력발전기의 실물이 나와 있다.

〈그림 10-5〉와 〈그림 10-6〉에서 설명한 수직형 다리우스 풍차와는 다른 형태의

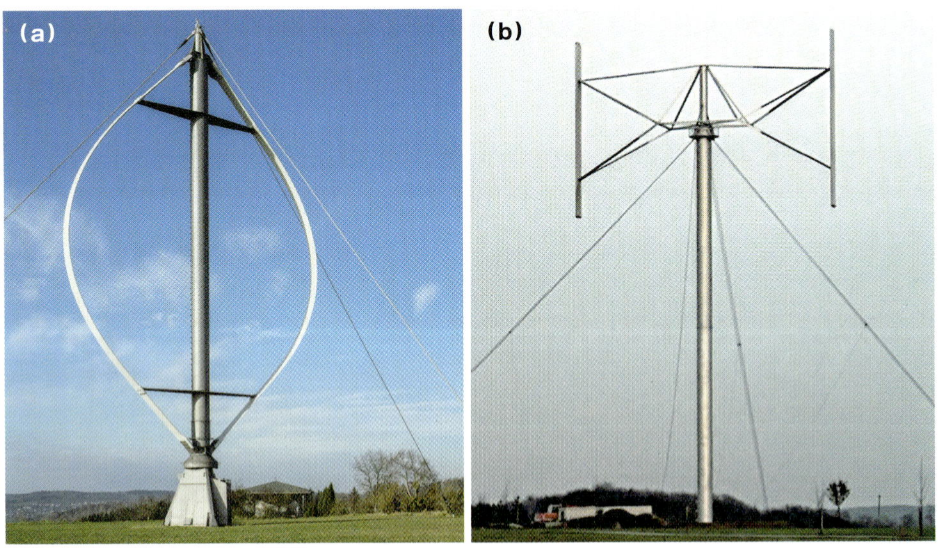

그림 10-5 수직형 풍력발전기의 (a) 다리우스 풍차와 (b) 자이로밀(다리우스 H형) 풍차
자료: (a) Dietrich Krieger, Wikimedia Commons, (b) Stahlkocher, Wikimedia Commons

수직형 풍차로 사보니우스(Savinius) 풍차가 있다. 이런 사보니우스 풍차의 동작원리는 〈그림 10-7〉에서 상세히 설명하고 있다. 그림에서 보듯이 사보니우스 풍차의 단면은 가운데가 열린 태극무늬 형태로 되어있다. 바람이 왼쪽에서 오른쪽으로 불 때,

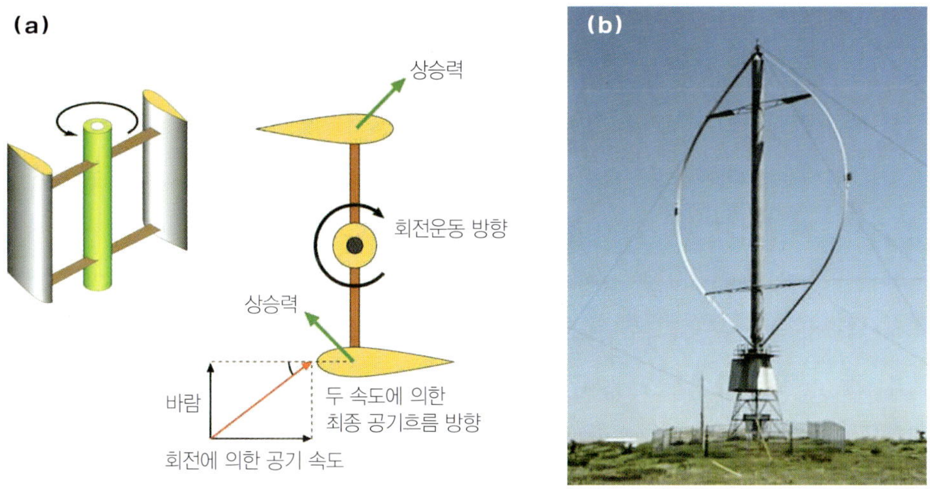

그림 10-6 수직형 다리우스 풍차의 (a) 작동원리와 (b) 캐나다 매그달린섬(Magdalen Islands)에 있는 실물 사진

자료: (a) Giancarlo Rossi Giancarlo Rossiderivative work Giancarlo Rossi, Wikimedia Commons

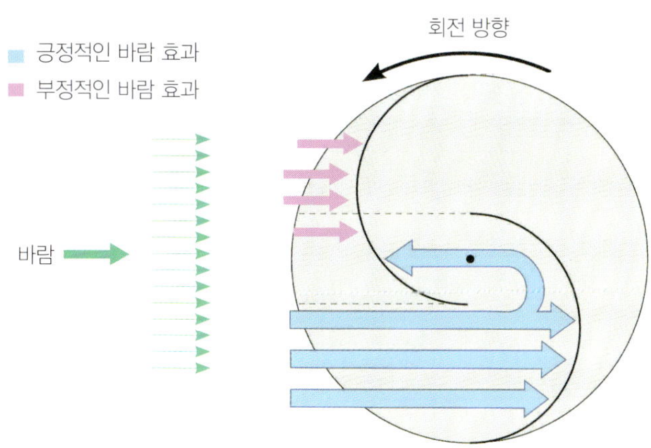

그림 10-7 수직형 풍차인 사보니우스 형태에서 회전력을 발생시키는 원리

자료: Ugo14, Wikimedia Commons 변형

오목한 아래쪽 풍차 날개에는 강한 충격이 가해져서 반시계 방향으로 도는 회전력을 만들고 중심 부분의 일부 바람은 위로 올라가서 위쪽 풍차 날개의 뒤쪽에 충격량을 가한다. 이러한 효과를 '긍정적인 바람 효과(positive wind effect)'라고 한다. 그리고 위쪽 날개의 볼록한 부분에 부는 바람은 바람이 흩어지면서 약한 충격량만을 위쪽 날개의 볼록한 면에 가한다. 이러한 효과는 앞서 말한 '긍정적인 바람 효과'에 대응하여 '부정적인 바람 효과(negative wind effect)'라고 말한다. 그 결과로 위쪽 날개의 볼록한 부분에 인가되는 바람의 충격량은 상대적으로 아래 오목한 부분에 가해지는 충격량보다 매우 작아지므로, 즉 '긍정적인 바람 효과'가 '부정적인 바람 효과'보다 훨씬 더 커지므로 사보니우스 풍차 날개는 반시계 방향으로 돌게 된다. 마찬가지로 회전 후에도 위가 아래로 내려오고 아래가 위로 올라가는 형태가 만들어지면 동일한 회전력이 지속적으로 작동하여 여전히 반시계 방향으로 회전함을 알 수 있다.

수직형 풍차는 다리우스 풍차, 사보니우스 풍차 외에도 이를 개선한 개량형 풍차와 또 다른 다양한 형태의 풍차들이 존재한다. 대부분의 수직형 풍차는 저속의 풍속에서 돌게 만들었기 때문에 대규모 대용량 풍력발전기로는 적합하지 않으며, 주로 지정학적으로 특수한 경우에 사용하는 풍력발전기의 풍차이다.

5 풍력발전용 수평형 풍차

앞서 설명한 다리우스 풍차를 포함한 수직형 풍차와는 다른 종류가 〈그림 10-8〉에서 보여주는 수평형 풍차로, 각각 육상 풍력발전기와 해상 풍력발전기이다. 수평형 풍차는 현대의 풍력발전기에서 가장 일반적인으로 사용하는 풍차로 회전축이 지면에 수평하게 놓여서 이 회전축이 풍력터빈과 일체형으로 수평하게 설치되어 있다. 즉 수평형 풍차는 풍차 날개의 회전축이 바람의 방향과 평행하면서 지면에 수평하게 놓여 있는 것이 특징이다. 수평형 풍차는 보통 날개의 수로 분류하여 단일 날개형

그림 10-8 수평형 풍력발전기인 (a) 대관령 풍력터빈과 (b) 제주도 해상 풍력터빈

(mono blade), 양날개형(twin blade), 3날개형(triple blade)이 있는데, 현재에는 발전 효율 및 제작상의 문제와 안정성으로 인하여 3날개형이 주로 사용된다. 그리고 출력 및 날개의 지름 크기로 다음과 같이 3종류로 구분하기도 한다. 소형 수평형 풍력발전기는 출력(전력, power) 10~50 kW이고 날개 크기가 1~16 m이다. 그리고 중형 수평형 풍력발전기는 출력이 50~500 kW이고 날개 크기는 16~50 m이다. 마지막으로 대형 수평형 풍력발전기는 출력이 500~1000 kW 이상이고 날개 크기는 50~130 m 이상이다.

수평형 3날개 풍차의 작동원리는 〈그림 10-9〉에서 보듯이 바람이 왼쪽에서 오른쪽으로 풍력발전기의 날개로 분다면, 비틀려서 회전축에 붙어있는 날개에의 단면은 비행기 날개의 단면과 비슷하게 만들어져 있기 때문에 날개에 양력이 발생하여 회전축을 반시계 방향으로 돌리게 된다. 날개에 발생하는 양력은 날개의 단면 모양과 베르누이 원리에 따른 날개 위와 아래의 유속 차이와 날개 받침 각도에 의한 충격의 반작용에 따라 복합적으로 생긴다.

수평형 풍력발전기의 세부 구조는 〈그림 10-10〉에 상세히 그려져 있다. 수평형 풍력발전기의 구조를 보면 〈그림 10-10〉에서와 같이 날개(blade)는 피치모터(pitch motor)에 붙어서 바람의 방향에 따라 피치를 바꿀 수 있도록 되어있다. 날개에 붙어있는 회전축은 전달 기어를 거쳐서 정속으로 회전하면서 발전기(generator)로 연결된다. 바람의 방향이 바뀔 경우에는 요 데크(yaw deck) 위에 설치된 요 드라이브(yaw drive)를 사용하여 요 방향을 바꾼다. 바람의 크기와 바람의 방향은 풍력터빈 바깥

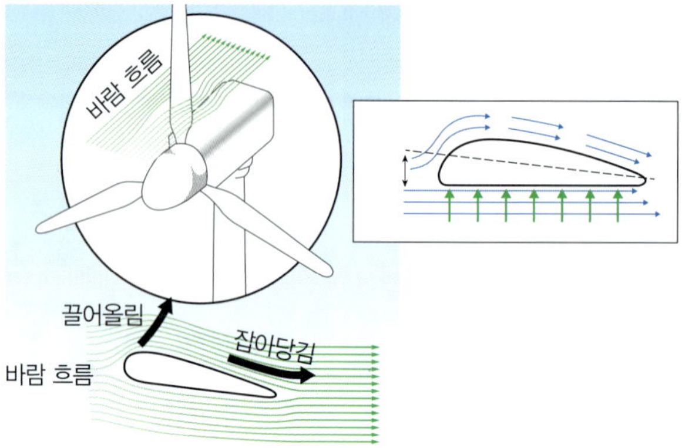

그림 10-9　수평형 3날개 풍력발전기의 회전 원리

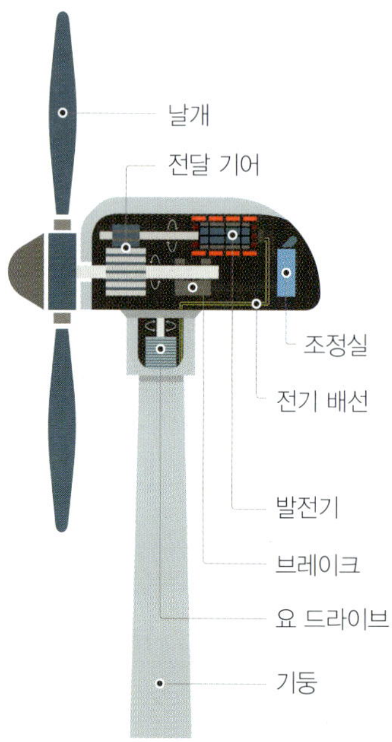

그림 10-10　수평형 풍력발전기의 구조

으로 나가있는 유속계(anemometer)를 통하여 이를 측정한 후에 터빈 조정실(turbine nacelle controller)에서 전체의 상태를 자동으로 조정한다. 한편 풍속이 너무 커져서 위험할 경우에는 터빈 조정실 옆에 붙어있는 브레이크(brake)로 풍력발전의 풍차를 정지시킨다.

6 해상 풍력발전소 및 기술개발 추세

〈그림 10-11〉은 2007년 기준으로 본 미국 상업용 풍력발전 기술의 개발 추세를 예측한 그래프이다. 여기에서 보듯이 1980년대부터 1990년 중반까지는 중형 풍력발전소를 주로 건립하다가 1990년 하반기부터 급속도로 대형 풍력발전소를 세우기 시작하여 지금은 육상용은 3.6 MW급 이상으로, 해상용은 6 MW급 이상을 목표로 풍력발전소를 초대형급으로 세우기 시작하였다. 이는 지구온난화에 따른 신재생에너지의 확대 정책과도 깊은 관계가 있다.

특히 유럽에서는 19개의 해상 풍력발전소를 건립하여 900 MW의 전력을 공급하는 프로젝트가 진행되고 있다. 이 해상 풍력발전소는 바다 깊이가 22 m 이하인 곳에 집중적으로 건립하도록 계획이 수립되어 진행되고 있다. 오늘날 해상 풍력발전소의 풍력터빈은 3~5 MW급이며, 이 풍력터빈을 돌리는 풍차는 대부분 수평형 3날개 풍차 형태이다. 그리고 충분한 출력을 내기 위하여 날개의 직경은 80~126 m로 엄청나게 크다는 걸 알 수 있다. 일반적으로 바다에서 부는 바람은 난류가 없이 일정하고 강하기 때문에 해상 풍력발전소의 풍력타워의 높이는 육상 풍력발전소의 높이보다는 낮

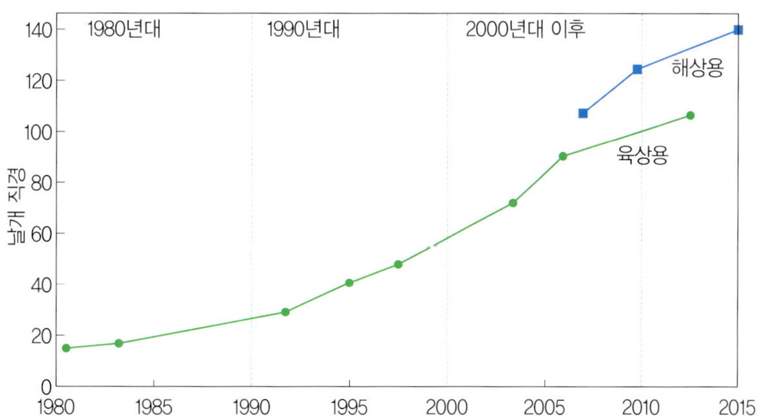

그림 10-11 2007년 기준 미국 상업 풍력발전 기술의 개발 추세 예측

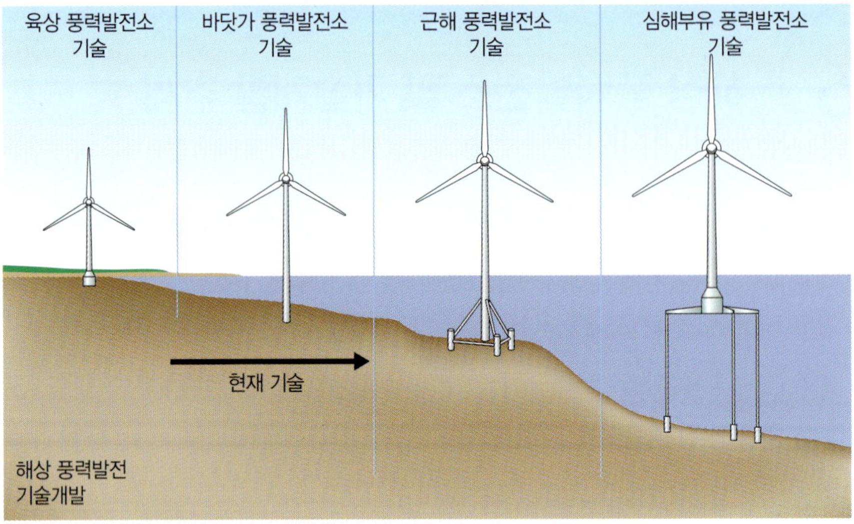

그림 10-12 해상 풍력발전(offshore wind) 기술 개발 진행도

다. 〈그림 10-12〉에서 보는 전 세계에 대한 해상 풍력발전소의 발전 방향에 따라 살펴보면, 육상(land-based) 풍력발전소에서 풍력발전기의 크기 제한 문제를 피하기 위하여 바다 깊이가 30 m 이하인 바닷가에 설치하는 총 430 GW급의 바닷가(shallow water) 해상 풍력발전소를 지어서 발전을 하고 있는 중이다. 그리고 앞으로는 바다 깊이가 30~60 m 정도인 근해(transitional depth) 해상 풍력발전소를 거쳐서 60~900 m 바다 깊이에 설치할 심해부유(deepwater floating) 해상 풍력발전소를 건립할 예정이다. 다만 바닷가와 근해 해상 풍력발전소는 바다 바닥에 설립되지만, 심해부유 해상풍력 발전소는 바다 바닥이 아닌 부유식으로 바다에 띄우는 방식으로 건설될 예정이다.

대표적인 바닷가 해상 풍력발전소는 〈그림 10-13〉과 같이 구성된다. 이 그림에서 ⓐ는 해상 풍력발전소로 풍력에 의하여 교류의 전기를 만들고, ⓑ는 이러한 각 풍력발전소에 생산한 전력을 모으는 전력선이며, ⓒ는 해상과 육상을 연결하는 전송선이다. 그리고 ⓓ는 해상에 있는 변압기가 있는 변전소이고, ⓔ는 풍력발전소에서 나온 교류를 해상에서 직접 직류로 바꾸는 컨버터, ⓕ는 기상측정탑이며, 마지막으로 ⓖ는 이 모든 전기를 모아서 적절히 변환하여 전기가 필요한 곳으로 보내는 육상 발전소이다.

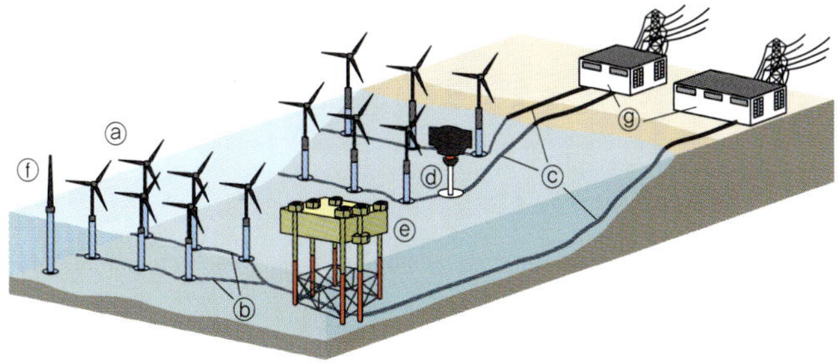

그림 10-13 해상 풍력발전소의 구성도

Chapter

11

태양에너지의 이해

1 태양에너지의 원천

태양에너지는 태양이 핵융합 반응으로 만들어지는 3.9×10^{23} kW라는 막대한 일률(power)의 복사 에너지를 기반으로 한다. 태양에서 중심 핵을 포함한 플라즈마 지역의 온도는 핵에서 1,500만 K 이상이며, 태양 표면에서의 온도도 약 5,800 K 정도이다. 이러한 태양 내부의 플라즈마 지역에서는 수소 원자가 안정한 헬륨으로 융합하는 핵융합 반응과정에서 감마선과 많은 에너지를 방출한다. 이러한 초고온에서 나오는 복사 에너지가 약 1억 5,000만 km의 거리를 진행하여 지구 대기권에 17×10^{14} kW 정도의 일률에 해당하는 태양에너지가 들어온다. 태양광의 스펙트럼에서 보면 가시광선의 에너지가 약 38%이며, 자외선 영역의 에너지가 9%이고, 적외선 영역의 에너지가 나머지 53%를 차지한다. 태양에서 나온 태양에너지는 〈그림 5-2〉에서 보는 것처럼 자연스럽게 대기권에 입사한 태양에너지의 약 51% 정도가 지표면에 도달한다. 지표와 해양면에 도달한 태양에너지도 대부분은 다시 재복사와 반사로 인하여 대부분은 우주로 흩어진다. 최종적으로 구름과 대기에 전달되는 에너지가 23%, 육지 및 해양에 전달되는 에너지가 7% 정도로 총 30%만이 〈그림 5-3〉에서 보여준 지구 내에서 각종 에너지로 전환되어 사용된다. 나머지 70%의 태양에너지는 우주로 다시 빠져나간다. 태양이 만드는 총 일률의 20억분의 1보다 작은 양인 17×10^{14} kW의 일률만이 지구 대기권에 도달하지만, 이는 100 MW급 원자력 발전소 1,700만 개가 발전하여 생산하는 전력(일률)과 동등하다. 즉 이는 전 세계 에너지 총 소비량(일률)의 약 1만 2,000배로 매우 어마어마한 양임을 기억해야 한다. 그러므로 이 중에서 지구 내에서 순환하는 30%의 태양에너지만이라도 인류가 잘 활용하기 위해서는 태양에너지 기술과 정책 및 활용이 적극적으로 추진되어야 한다. 다만 태양에너지를 이용하기 위한 태양전지와 주변기기들의 제조 및 생산, 운반, 설치, 폐기의 전 과정에서 추가적인 에너지가 덜 사용되는 폐기물이 최소화되도록 정책 및 기술이 잘 뒷받침되어야 한다.

태양에너지의 장점은 다음과 같이 정리할 수 있다: (1) 태양에너지 양이 엄청나고,

(2) 환경오염 물질의 배출이 없다는 것이다. 이와는 반대로 태양에너지의 단점은 다음과 같다: (1) 지표면과 해양면에서 태양에너지 밀도가 매우 낮고, (2) 그 결과로 태양에너지를 수집하는 것이 기술적으로 어렵다는 것이다. 그러나 태양에너지의 수요가 지속적으로 늘고 있으며, 장점이 크게 부각되고 있기 때문에 이에 대한 연구가 대규모로 진행 중이다.

2 태양에너지의 발전 방식

태양에너지를 이용하여 발전하는 방법으로는 〈그림 5-4〉에서 설명한 직접 전기를 만드는 태양광 발전 방식과 태양열을 이용한 증기터빈/발전기로부터 전기를 생산하는 태양열 발전 방식이 있다. 이 중에서 기술적으로 중요하고 효율이 좋은 방식은 태양광 발전 방식이기 때문에 이를 집중적으로 설명할 것이다. 기술적인 면에서 태양전지에 사용되는 실리콘 단결정 제조법이 정립되고 다양한 태양전지 재료들이 새로이 개발되면서 태양에너지의 실질적 이용 가능성이 대두되기 시작하였다. 그러면서 전 세계적으로 태양전지에 대한 연구개발과 태양광 시설에 대한 생산이 촉진되어 직접적으로 발전에 사용되기 시작하였다. 이 결과로 태양광 발전 시스템 가격이 급속도로 감소하면서 이용률은 더욱 증대되고 있다.

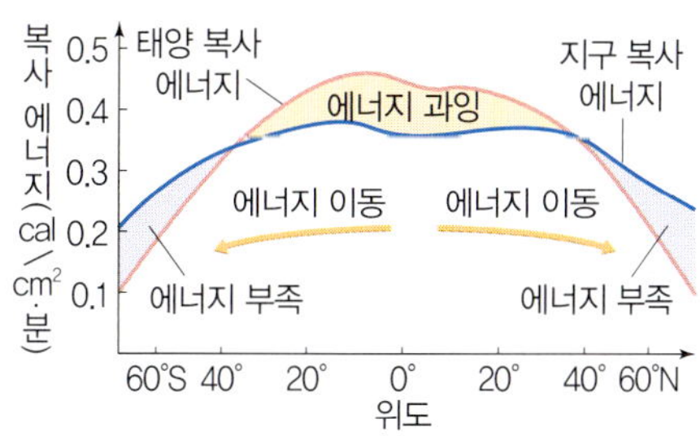

그림 11-1 지구 위도별 태양으로부터 받는 복사에너지 양 및 에너지 평형

태양전지를 구동하기 위해서는 태양전지에 비춰지는 태양에너지가 가장 중요한 요소이기 때문에 이를 자세히 조사하고 살펴보아야 한다. 대기권에서 산란, 편광, 흡수, 굴절되지 않고 도달하는 직사광을 직사일사(direct component of radiation)라고 하며, 지구의 대기권에서 수분, 공기입자, 공해물질 등에 의해서 산란된 형태의 무방향성 복사 에너지를 산란일사(diffuse component of radiation)라고 한다. 이러한 직사일사(D)와 산란일사(I)를 합한 태양 복사에너지의 총량인 총 일사량(D)은 〈그림 11-1〉처럼 위도에 따라 다르다. 〈그림 11-1〉에서 보면 빨간 곡선은 위도에 따른 태양 복사 에너지이고 파란 곡선은 지구 복사 에너지 곡선으로 적도부터 시작하여 대략 북위 40°에서 남위 40° 사이에서는 지구에 들어오는 순 에너지가 더 많은 과잉 에너지 지역이며, 그 이상으로 양극까지는 오히려 지구에서 나가는 에너지가 더 많은 에너지 부족 지역이 된다. 이를 수식으로 근사하여 표현해보면 지표면의 총 일사량(G)는 다음과 같이 나타낼 수 있다.

$$G = D + I \sin r$$

여기에서 산란일사(D)는 모든 방향에서 일정하다고 가정하였으며, r은 수직에 대한 태양의 고도이다.

지구의 대기층 밖에서 태양으로부터 단위시간당·단위면적당 수직으로 들어오는 태양에너지는 약 1.36 kW/m^2로, 이를 태양 상수(solar constant)라고 한다. 태양 복사에너지는 〈그림 11-1〉에서 보는 것처럼 적도지역에서 극지방보다 훨씬 많이 나타난다. 이는 태양복사량이 위도에 따라 달라지기 때문이다. 지구의 지역별 태양에너지의 일사량 분포를 나타낸 〈그림 11-2〉에서 보듯이 가장 많은 연평균 일사량을 가지고 있는 지역은 대부분이 사막지역과 적도 일대임을 알 수 있다. 또한 태양은 여러 범위의 파장(스펙트럼)에 걸쳐서 에너지가 분포한다. 이러한 스펙트럼에 따라 태양에너지는 다양한 용도로 사용된다. 그리고 어떤 파장은 지구상의 생명체를 유지하기 위한 식물의 광합성 합성으로 사용되고, 또 어떤 에너지는 직접 전기에너지 형태로 바꾸어 쓸 수 있으며, 또 다른 파장 영역의 태양에너지는 열적 변환과정을 거쳐서 열

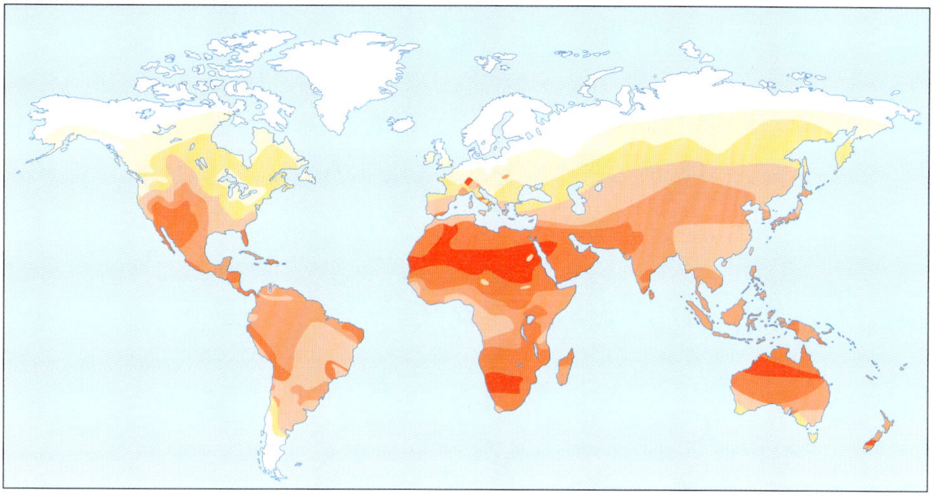

그림 11-2 지구의 지역별 태양에너지의 일사량 분포
(색이 진한 흰색에서 붉은 색으로 변할수록 일사량이 더욱 큰 지역임)

을 발생시킬 수도 있다.

태양에너지의 실질적인 이용은 태양에너지의 수집으로부터 시작한다. 가열을 목적으로 할 때 태양에너지는 집열기에서 열에너지로 변환되며, 변환된 열에너지는 잠시 집열기 안에 저장된다. 또는 액체 또는 공기의 순환 같은 열전달 매체를 이용하여 열에너지를 사용하거나 저장된다. 태양에너지의 집열 시스템은 크게 3가지로 구분하다. 첫째는 150℃ 이하의 온도에서 방열하기 위한 공기나 물의 직접 가열시스템이고, 둘째는 150℃ 이상의 고온을 만들기 위한 집열시스템이며, 세 번째로는 태양전지(photovoltaic cell)에 의한 직접적인 전기를 생산하는 광전시스템이다.

태양에너지의 발전 분류인 태양광 발전과 태양열 발전을 1부 5장의 〈그림 5-4〉에서 간단하게 설명하였지만, 이 두 가지 태양에너지 이용방법을 확실하게 이해하고 구분하기 위하여 〈그림 11-3〉에서 다시 한 번 더 설명한다. 〈그림 11-3〉에서 보듯이 태양광 발전은 태양에너지를 이용하여 태양전지 모듈에서 직접적으로 직류 전기를 생산한 후, 이를 인버터로 교류 전기로 바꾸어서 활용한다. 반면에 태양열 발전에서는 태양에너지를 집열판으로 모은 후 열교환기로 증기를 만들어서 보일러/터빈을 돌리고 이로부터 발전기를 사용하여 교류 전기를 간접적으로 만들어서 활용한다.

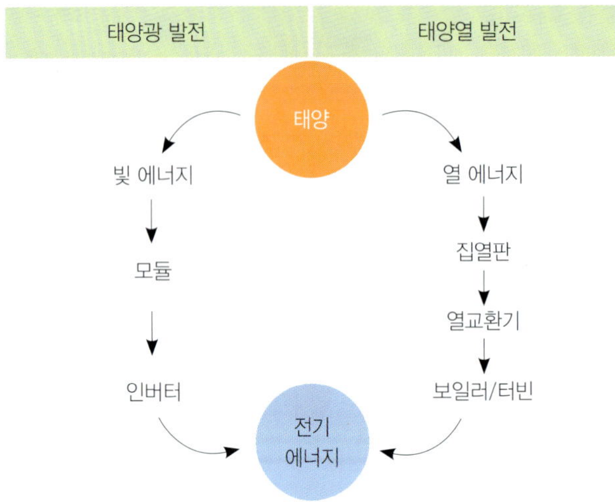

그림 11-3 태양에너지의 발전분류인 태양광 발전과 태양열 발전

3 온실효과

태양에너지는 태양에서 핵융합 반응으로 만들어진 빛, 즉 전자기파에 실린 에너지이다. 태양광의 전자기파에 대한 파장별 스펙트럼은 〈그림 11-4〉의 상단 그림에서 보듯이 파장이 매우 짧은 감마선부터 시작하여 가시광을 거쳐서 파장이 매우 긴 광파인 라디오파까지 펼쳐져 있다. 〈그림 11-4〉의 하단 영역은 〈그림11-4〉의 상단에 표시해 놓은 매우 좁은 가시광 스펙트럼을 보기 좋도록 색깔별로 넓게 펼쳐 놓은 그림으로 파장이 짧은 쪽은 보라색이고 파장이 긴 쪽은 적색임을 알 수 있다. 〈그림 11-5〉는 태양광에서 나오는 대략 250 nm~2,500 nm까지의 스펙트럼대에 따라 측정된 복사조도(irradiance) 분포이다. 검은 실선 곡선은 5,778 K의 흑체(black body)에서 나오는 복사선이다. 여기에서 노란색을 칠한 부분은 대기층에 도달한, 즉 대기 흡수가 없는 태양광에 대한 파장별 복사조도 분포이고, 붉은색으로 표현된 부분은 대기층을 지나서 해수면에 도달한 태양광의 파장별 복사조도이다. 해수면에서의 태양광 스

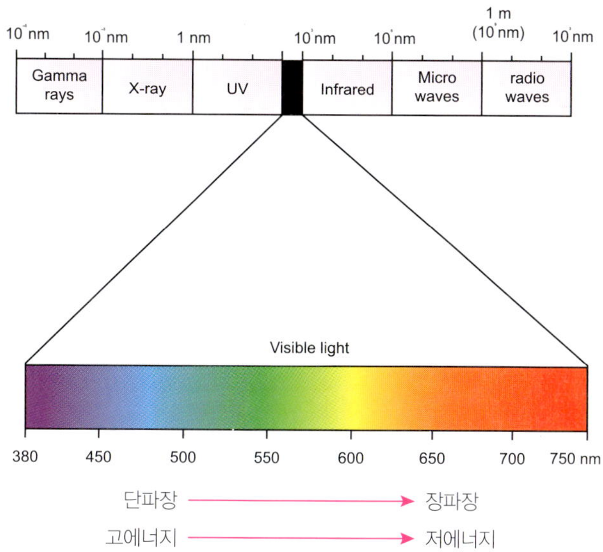

그림 11-4 전자기파 스펙트럼

펙트럼의 복사조도는 대기층의 산소분자(O_2), 물분자(H_2O), 이산화탄소분자(CO_2)에 의한 흡수가 강하게 발생하여 군데군데 움푹 들어가 있다. 전체적인 복사조도의 형태는 3가지가 모두 비슷한 형태를 가지므로 태양표면의 온도를 이 스펙트럼의 복사조도로부터 충분히 유추할 수가 있으며, 대기층의 흡수대가 무엇인지와 어느 파장대에서 발생하는지를 정확히 알 수 있다. 그러므로 〈그림 11-5〉로부터 주로 지표면에 설치하는 태양전지의 작동 파장대를 대기층의 태양광 흡수대가 없는 다른 파장대에 맞추어서 작동시켜야 함을 알 수 있다.

태양열 온수나 태양열 발전을 하고자 할 때 사용하는 온실의 유리에 대한 분석을 〈그림 11-6〉과 맞추어서 살펴보아야 한다. 대부분의 유리들은 〈그림 11-6〉에서 보듯이 대략 파장 300 nm의 근자외선부터 2,500 nm대의 적외선까지를 수로 통과시킨다. 여기에서 유리에는 다양한 코팅 기술이 적용되어 맨 유리보다는 더 좋은 투과도를 가지도록 만들 수도 있다. 즉 과거의 어두운 유리를 벗어나서 가시광만 투과하고 자외선과 적외선은 투과하지 않는 유리의 코팅인 로이 코팅, 로이 코팅을 한 번한 싱글로이 코팅, 이것을 두 번 코팅한 더블로이 코팅, 그리고 세 번 코팅한 트리플로이 코팅도

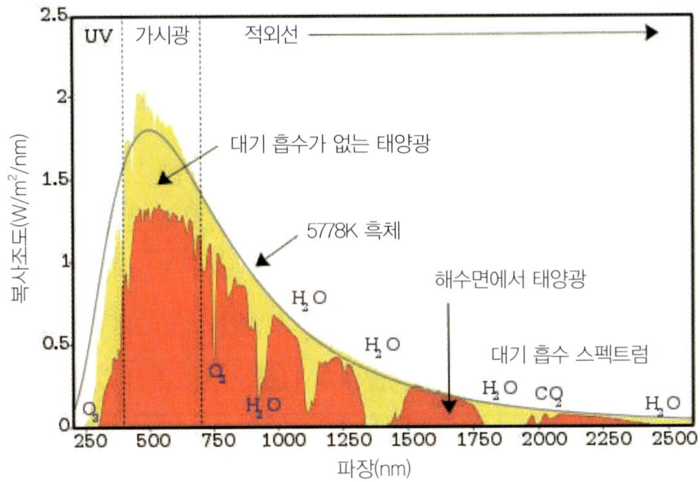

그림 11-5 태양에서의 햇빛 스펙트럼(노란색 그래프), 5778 K의 흑체복사 스펙트럼(검은색 실선) 및 해수면에서의 햇빛 스펙트럼(빨간색 그래프)

자료: Robert A. Rohde, Wikimedia Commons

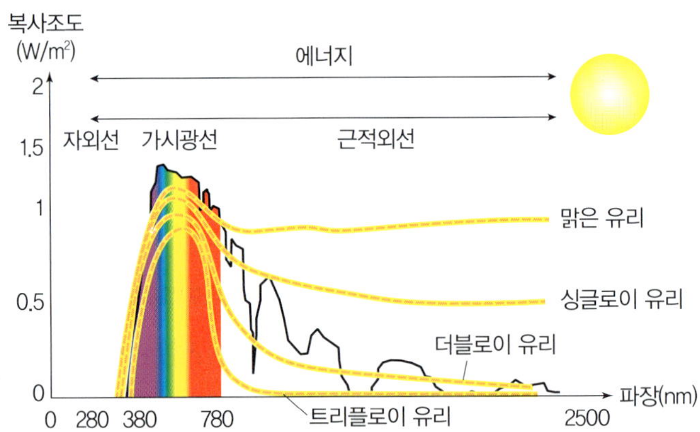

그림 11-6 창유리의 투과세기 스펙트럼

사용하고 있다. 보통 온실에서 태양광이 유리를 통과할 때 전자기파의 광자와 유리의 분자가 충돌하면서 가열되고 있는 유리 안에서 유리 분자에 의한 산란(재복사)이 일어난다. 그러면 〈그림 11-7〉에서 보여주는 것처럼 온실의 유리로 들어오는 태양광 복사에 의해 생긴 에너지 손실은 산란(재복사)광의 파장 증가를 유발시킨다. 재복사

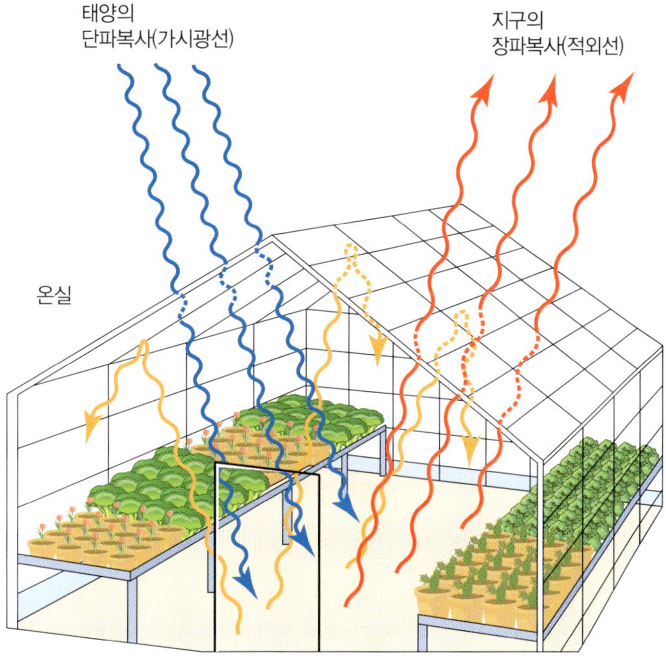

그림 11-7 유리온실의 온실효과

된 전자기파의 파장이 증가된 뒤 폐쇄된 온실 안에 들어온 복사전자기파의 일부는 산란이나 회절이 된다. 그 결과 전체적으로 유리로 구상된 온실로 들어오는 태양에너지가 전도, 대류, 그리고 재반사에 의한 열 손실과 같아질 때까지 온실 내부의 온도는 지속적으로 올라간다. 그러다가 밤에는 들어오는 태양광의 복사에너지가 멈추기 때문에 온실 내 열 에너지의 상당량이 온실 밖으로 재복사에 의해 빠져나가는 열손실이 발생하면서 온실 내의 온도가 떨어진다.

4 태양열 에너지의 온수/난방 응용

11장 3절에서 언급한 가정집이나 농촌에서 지붕에 주로 설치하는 소용량 가정용 태양열 온수시스템은 난방용보다는 급탕용으로 활용한다. 소용량 태양열 온수시스템은 태양열을 받아서 뜨거워진 물을 저장하는 축열조를 지붕의 상부 쪽에 설치하고, 물을 덥히는 태양열 온수기의 집열기는 지붕의 하부 쪽에 설치함으로써 자연스러운 자연순환식 열유체의 대류현상으로 온수가 축열조에 저장되도록 한다. 한편 대용량 태양열 온수시스템은 집열된 열에 의하여 덥혀진 열유체를 축열조로 펌프를 이용하여 강제순환시키고, 덥혀진 온수는 배관을 통해 사용자에게 전달된다. 특히 계절적 문제나 날씨 문제로 집열량이 부족해지는 경우에는 심야전기 등을 보조열원으로 이용하여 열유체를 추가로 덥힌다. 이러한 태양열 온수시스템의 평판형 집열기 구조는 〈그림 11-8 (a)〉에서 보듯이 집열기의 아래쪽에 설치된 열유체 유입관으로 차가운 열유체가 유입되어 열유체 도관을 통과한다. 이때 태양빛이 잘 통과하는 보호용 투명판을 통과한 태양빛이 흡열관에서 흡수되어 열유체 도관으로 집속되도록 만든 열유체 도관에 태양열이 전달되어 열유체 도관 내부의 열유체를 뜨겁게 덥힌다. 뜨거워진 열유체는 집열기 상부의 열유체 배출관을 통하여 축열조로 배출된다. 이러한 시스템

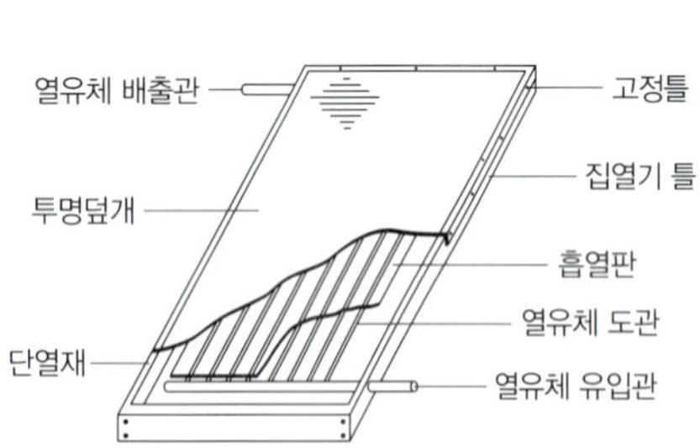

(a)

(b)

그림 11-8 (a) 소용량 평면형 태양열 집열기 구조도와 (b) 평면형 태양열 집열기 실제 사진

은 전체가 금속이나 플라스틱으로 만든 집열기 틀에 고정되며, 집열기 틀은 다시 금속제 고정틀에 의하여 고정된다. 그리고 집열기 틀과 고정틀 사이의 공간은 열손실을 줄이기 위하여 단열재로 채운다. 〈그림 11-8 (b)〉는 〈그림 11-8 (a)〉에서 설명한 평판형 집열기의 실물 사진이다.

〈그림 11-9〉는 〈그림 11-8〉에서 설명한 소용량 평판형 자연순환식 태양열 온수기 구조도를 집열기와 축열조가 연결된 구성를 간단하게 보여주는 그림이다. 소용량 평판형 집열기에서 태양에너지에 의하여 덥혀진 온수는 집열기의 열유체 배출관을 통하여 축열조로 이동하고 축열조에서 식은 열유체는 다시 열유체 유입관을 통하여 집열기로의 열유체 도관으로 들어가서 태양열을 받는다. 이 모든 과정에서 강제 순환식 펌프의 도움이 없이 뜨거워진 열유체는 위로 올라가고 차가워진 열유체는 아래로 내려오는 자연순환식으로 열유체가 이동한다. 이때 조심해야 하는 것은 집열기의 집열관 상단 부분을 축열조 온수 탱크의 하단 부분보다 아래에 배치해야만 열유체들의 자연순환이 생긴다는 것이다. 축열조이자 온수 탱크에서는 필요한 온수를 온수 출구로 배출시켜서 사용하고 다시 냉수 투입구로 냉수를 투입시켜서 덥힌다. 이러한 태양열 온수기는 4~5인 가정용으로 일일 온수사용량이 180~300리터 정도이면 소용량으로 분류하고, 이 이상으로 온수를 사용하는 경우에는 대용량으로 분류한다. 다만 사계절이 있는 경우에는 동절기를 기준으로 온수의 온도를 설정하면 하절기의 과

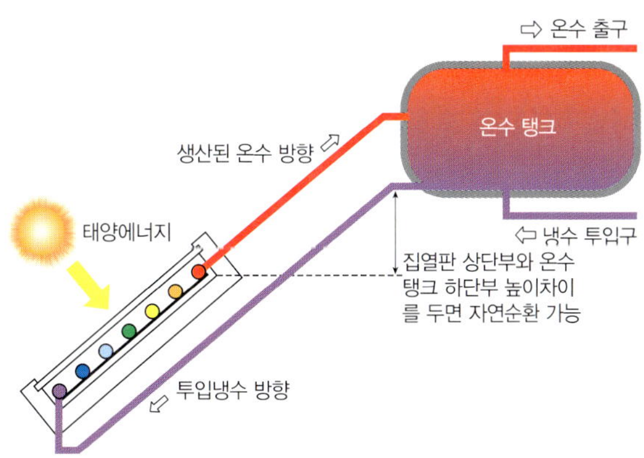

그림 11-9 소용량 평판형 자연순환식 태양열 온수기 구조도

열로 인해 태양열 온수기의 수명이 현저하게 단축될 수 있으므로 조심히 사용해야만 한다.

〈그림 11-10〉은 〈그림 11-8〉과 〈그림 11-9〉에서 설명한 소용량 태양열 온수시스템에 반하는 대용량 가정용 태양열 난방·온수 공급 시스템의 계통도를 보여주는 그림이다. 〈그림 11-10〉에서 설명한 태양열 집열기에서 배출된 뜨거워진 열유체는 코일형 열교환기를 통하여 실제로 사용하는 물을 뜨겁게 덥힌다. 그리고 열교환기를 통하여 식은 열유체는 열유체가 보충되는 탱크로 이동한 후, 열유체 순환펌프를 통해 다시 태양열 집열기의 열유체 유입관으로 들어간다. 한편 열교환기에서 차가운 물이 온수로 변한 후에 축열조로 이동하여 난방용 온수로 난방부하(난방시스템)를 거쳐서 다시 축열조로 돌아간다. 그리고 축열조 내에 설치된 파이프로 찬물이 급수되어 데워진 후에 이를 재차 난방·급탕 겸용 보일러에서 뜨거운 물로 만들어 온수 급탕으로 제공한다. 여기에서 대용량 태양열 난방·온수 공급 시스템의 특징은 집열기로 들어가는 열유체를 강제로 순환시키는 열유체 순환펌프와 열교환기와 축열조 사이에도 강제로 순환시키는 펌프가 설치되어서 모든 열유체와 물들이 자연순환식이 아니라 강제순환식으로 순환한다는 점이다.

〈그림 11-10〉에서 설명한 대용량 가정용 태양열 온수·난방 공급 시스템은 〈그림

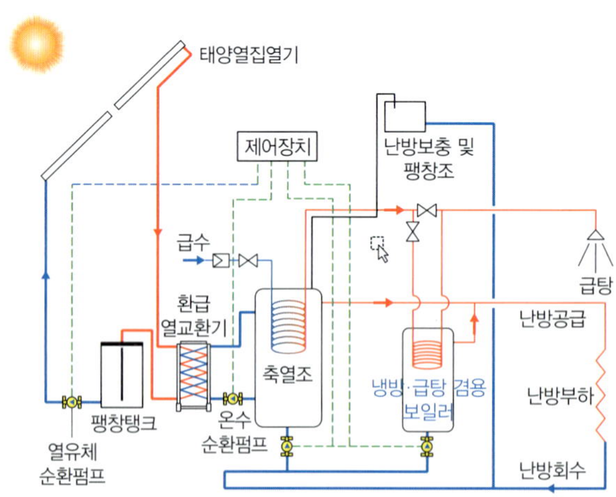

그림 11-10 대용량 가정용 태양열 난방·온수 공급 시스템 계통도

11-11〉에서 구분해 놓은 것처럼 크게 집열부, 축열부, 이용부로 나누어 이해할 수 있다. 각 부분을 기능이나 구조로 좀 더 세분해 보면 집열부는 태양열 집열판과 열교환기를 중심으로 구성되고, 집열부의 집열기 형태에 따라 평판형, 진공관형, 접시형, 혼합형으로 구분된다. 그리고 축열조를 중심으로 생각하는 축열부는 소용량, 이중자켓형, 열유체 축열형, 판튜브형 등으로 분류된다. 마지막으로 이용부는 배관, 보온, 보조 보일러, 각종 밸브 및 제어장치, 지지 구조물로 구성된다. 이 중에서 이용부를 제외한 집열부와 축열부는 차례대로 상세히 살펴볼 것이다.

앞에서 소용량과 대용량 태양열 난방·온수 시스템을 각각 설명한 〈그림 11-9〉와 〈그림 11-10〉에서 사용한 태양열 집열기는 평판형이므로 평판형 집열기에 대한 설명은 〈그림 11-9〉와 〈그림 11-10〉에서 진행한 것으로 끝마친다. 다른 형태의 집열기로는 〈그림 11-12〉에서 보여주는 태양열 온수·난방 시스템의 진공관형 집열기가 있다. 진공관형 집열기는 투과체(보통 유리) 내부를 진공으로 만들고 그 내부에 태양열 흡수판(집열기 코팅판)을 설치한 집열기이다. 이는 유리관 내부가 진공인 단일 진공관형과 유리관이 2중으로 구성되어 그 사이가 진공인 2중 진공관형이 있다. 〈그림 11-12〉는 히트파이프(heatpipe)식 이중 진공관형 집열기를 보여주며, 〈그림 11-12 (a)〉에서 보듯이 집열기 코팅이 내부벽에 코팅되어 흡수한 열이 집열기 코팅과 열전달핀을 통하여 열유체가 들어있는 구리파이프로 만들어진 동열파이프에 열전달이 되

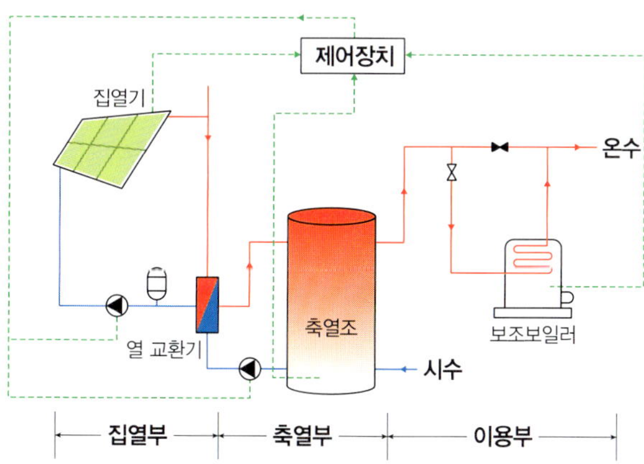

그림 11-11 대용량 태양열 온수기의 집열부, 축열부, 이용부 구조

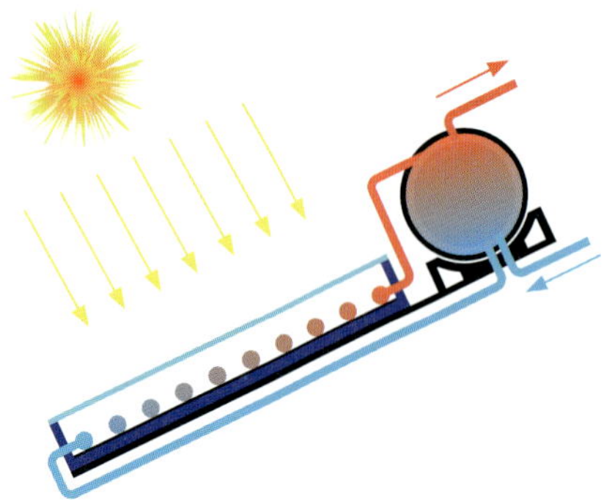

(a)

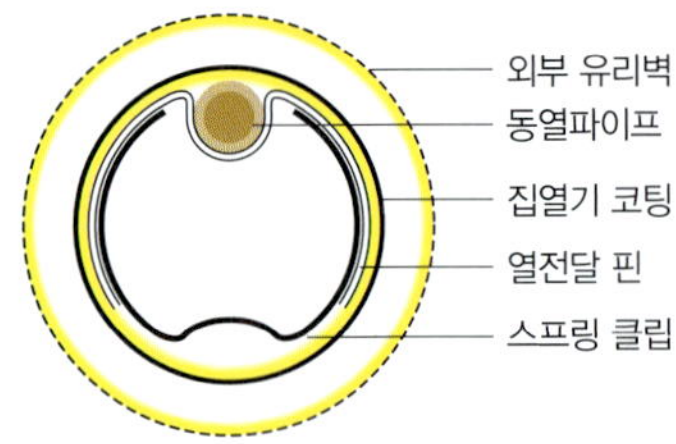

(b)

그림 11-12 (a) 히트파이프식 이중 진공관형 태양열 집열기의 원리와 (b) 이중 진공관형 태양열 집열기의 단면도

도록 만든 히트파이프식 구조로 되어있다. 구리파이프 내에서는 식은 열유체가 아래로 흘러내리고 하단부에서 집중적으로 열전달이 일어나서 더워지면서 위로 올라간다. 〈그림 11-12 (a)〉에서 보듯이 최종적으로 히트파이프의 위쪽에서 태양열에 의한 가열에너지가 온수와 열교환이 된다. 그리고 〈그림 11-12 (b)〉처럼 열전달핀으로 스프링 클립에 눌려서 동열파이프와 집열기 코팅면이 열적 측면에서 서로 밀착되는 효과가 나오도록 하였다. 이중 유리벽은 내부와 외부 사이에서 발생하는 열손실을 막아주고, 두 유리벽 사이의 진공은 대류 및 전도에 의한 열손실을 원천적으로 차단한다. 〈그림 11-13〉은 〈그림 11-12〉에서 설명한 진공관형 태양열 집열기의 실물 사진이다.

〈그림 11-14〉는 태양열 온수·난방시스템의 종류들 중 흡열관·열유체 도관에 더해서 그 뒷면에 선집광식 포물면을 설치하고 이 포물면의 초점에 집열관(내부구조는 흡열관과 열유체 도관으로 구성됨)을 놓는 PTC(parabolic trough concentrator)형 집열기의 구조를 보여준다. 그리고 추적장치를 사용하여 이 포물형 반사판이 시간대와 계절에 따라 태양을 향하도록 만든다. 집열기는 일사광선이 고밀도로 집광되기 때문에 집열관 내의 열유체의 온도가 고온으로 올라가고, 열손실면적은 집열관에 국한되므로 평면형에 비해서 열손실이 매우 적어진다. 이 시스템을 사용하면 집열관 내부의 온도가 200~250℃ 정도로 쉽게 올라간다. 이 PTC형 집열기는 태양에서 직접 오

그림 11-13 히트파이프식 이중 진공관형 태양열 집열기를 설치한 태영열 집열판의 실물 사진

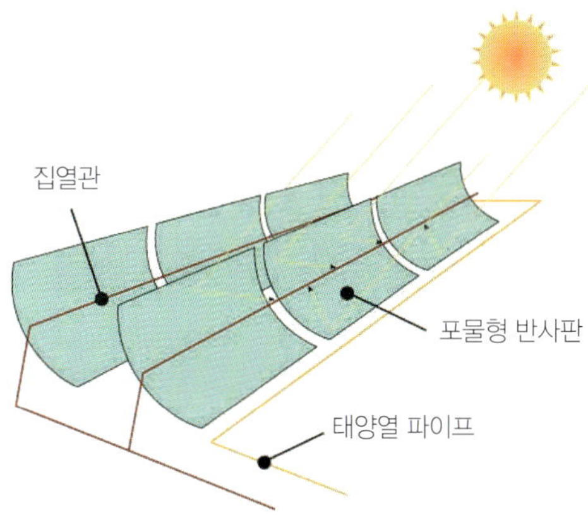

그림 11-14 태양열 온수 · 난방 시스템의 PTC(Parabolic Trough Concentrator)형 집열기의 구조
자료: AndrewBuck, Wikimedia Commons

는 직사일사만 집열이 가능하므로 입사각이 일정하지 않은 산란일사는 집열관에 거의 집광되지 않는다. 따라서 직사일사가 많은 청명한 지역에서 사용하는 것이 효과적이다.

〈그림 11-15〉는 포물면 반사판을 사용하는 PTC 집열기의 〈그림 11-14〉의 열효율을 증가시키기 위하여 반사판의 구조를 이중 포물면의 반사면과 2개의 집열관의 구

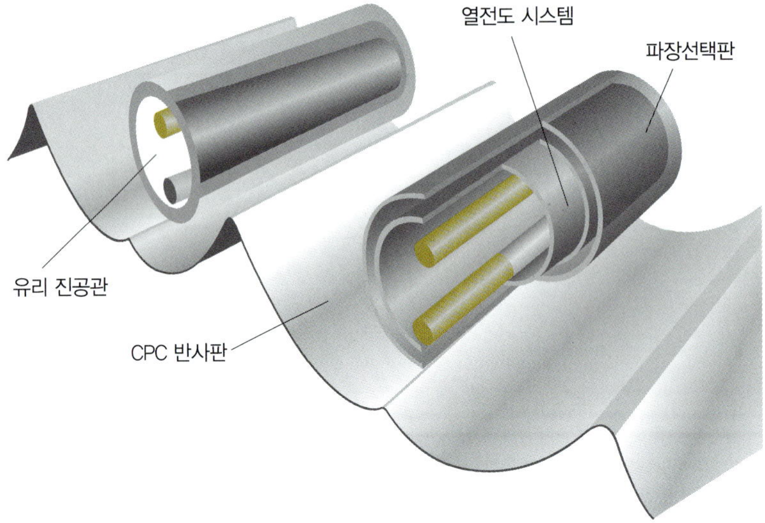

그림 11-15 태양열 온수 · 난방 시스템의 CPC(Compound Parabolic Concentrator)형 집열기의 구조

조를 갖도록 구성한 CPC(compound parabolic concentrator)형 집열기의 구조도이다. 이 집열기는 태양을 추적하는 추적장치가 없이 2개의 서로 다른 포물면의 반사면이 서로 다른 위치에 놓여있는 진공유리관 내의 집열관 2개에 집광을 할 수 있도록 만든 집열기이다. 이 집열기의 특징은 (1) 태양 추적장치 없이 직시일사와 산란일사를 모두 집광할 수 있도록 포물면이 개조되었다는 점과 (2) 집열부에 열손실이 적어지도록 유리 진공관으로 2개의 집열관을 감싸안은 형태를 취하면서 유리관 내부에 파장선택판과 열전도판을 설치하여서 집열관의 명을 늘리고 집열 효과를 높였다는 것이다. 한편 단가를 줄이기 위하여 유리 진공관이 없는 CPC형 집열기도 있다.

〈그림 11-16〉은 태양열 온수 · 난방 시스템의 접시(dish)형 집열기의 구조를 보여주는 그림이다. 이 집열기의 반사판은 〈그림 11-14〉에서 보여준 선집광식 포물면 반사판이 점집광식 포물면 또는 구면 반사판으로 만들어져 있으며 태양을 3차원으로 추적하는 장치가 부착되어 있기도 하다. 반사판의 초점에 놓인 작은 면적의 열흡수판이 태양열을 흡수한다. 이 집열기는 집광비에 따라서 집열관 내의 집열온도가 달라지는데, 수백℃까지 온도가 올라갈 수 있으므로 태양열 발전에도 사용할 수 있다.

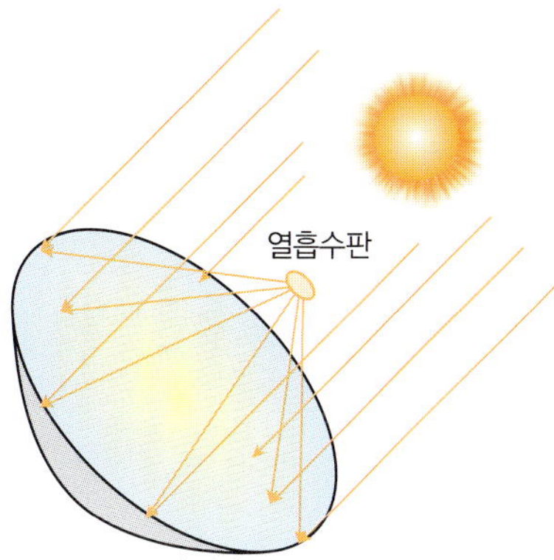

그림 11-16 태양열 온수 · 난방 시스템의 접시(dish)형 집열기의 구조

5 태양열 에너지의 증류 장치 응용

11장 4절에서는 태양열 에너지의 온수와 난방 응용 대해 상세히 살펴보면서 집열관의 종류와 원리를 설명하였다. 여기에서는 태양열 에너지를 증류장치로 응용하는 또 다른 보기를 설명하고자 한다. 〈그림 11-17〉은 태양열을 이용한 간단한 증류장치를 보여준다. 바닷물이나 강물을 유입관(inlet)으로 받아서 유리로 덮인 증류장치(증류조)에 넣은 후에 유리지붕으로 입사하는 태양열로 증류조의 물을 증류하여 수증기로 변한 물은 출사관(outlet)으로 빠져나간다. 유입관 높이 이상으로 유입되는 물은 배수로(overflow)를 통해서 배출한다. 그러면 바닷물 속의 염분이나 강물에 포함된 해로운 성분들이 거의 걸러진 상태의 증류 상태의 수증기만을 다시 모아서 깨끗한 물을 사용할 수 있다.

태양열을 이용한 증류장치는 곡물을 직간접적으로 건조하는 데 활용할 수 있다. 〈그림 11-18〉은 태양열의 직접 건조방식을 사용한 곡물건조장치의 대략적인 모습이다.

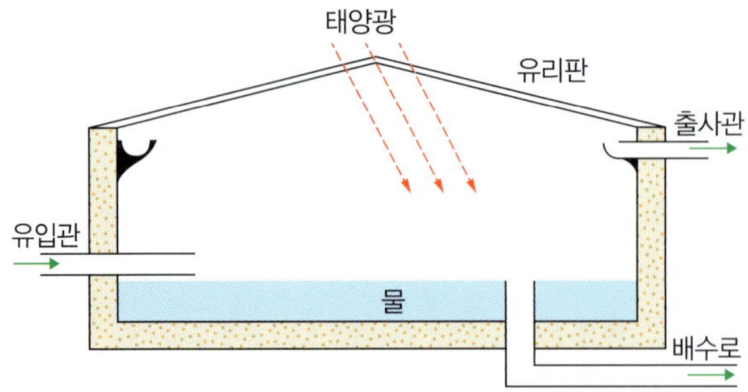

그림 11-17 태양열을 이용한 증류장치

유리로 덮여있는 곡물건조장치에 건조할 곡식이나 야채를 깔아두면 곡물건조장치의 아래쪽으로 뚫려있는 부분을 통해 건조하고 시원한 바람이 들어간다. 이 바람은 곡물을 거칠 때 유리나 플라스틱, 비닐과 같은 덮개를 통해 들어온 태양광에 의한 건조과정에서 생긴 습기와 함께 위로 지나가면서 곡물건조장치의 위쪽으로 뚫려있는 부분으로 빠져나간다. 즉 이 장치는 곡물이 태양광의 태양열로 건조하고 곡물에서 빠져나온 습기는 공기의 자연적인 대류현상으로 제거되는 직접 곡물건조방식이다. 이와 같은 직접 곡물건조방식의 장점은 낮은 시설비, 저렴한 유지관리비, 짧은 건조시간이다. 반면에 단점은 외기 조건에 쉽게 노출되어 건조상태가 일정하지 않고, 자칫 잘못하면 태양열에 의한 과다 건조 또는 과열의 위험성이 있을 수 있기 때문에 건조 대상 물질의 물질 변형이 크다는 점이다.

〈그림 11-18〉에서 설명한 태양열의 직접 건조방식에 의한 곡물건조장치와는 구별되는 방식이 간접 건조방식이다. 〈그림 11-19〉는 태양열의 간접 건조방식을 사용한 곡물건조장치를 대략적으로 그려놓은 그림이다. 〈그림 11-19〉에서 보듯이 태양광이 투과하는 유리, 플라스틱, 비닐로 이루어진 뚜껑을 투과하여 입사한 후 태양열 흡수판에서 흡수한 태양열이 재복사하면서 건조장치의 공기통 아래쪽에서 유입된 공기를 뜨겁게 데운다. 이 데워진 공기는 곡물이 층층이 놓여있는 곡물건조장치의 하단부로 유입된다. 하단부로 유입된 뜨거운 공기는 곡물을 거쳐 상단부로 올라가면서 곡물의 습기를 머금고 바깥으로 배출된다. 이러한 간접방식의 곡물건조장치의 장점은 태양열의 직접적인 고열에 노출되지 않기 때문에 과다 건조되지 않는다는 점이다. 그리고

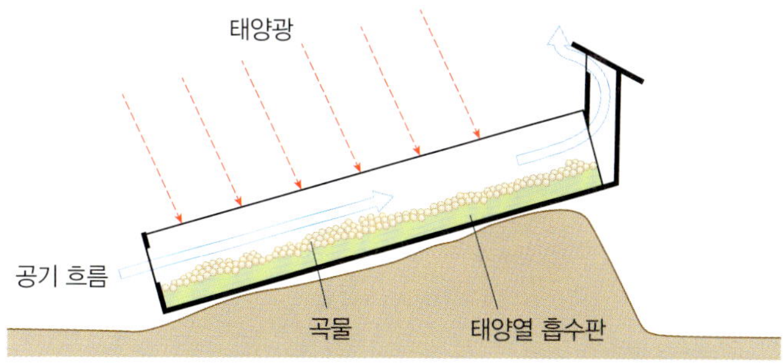

그림 11-18 태양열의 직접 건조방식을 사용한 곡물건조장치

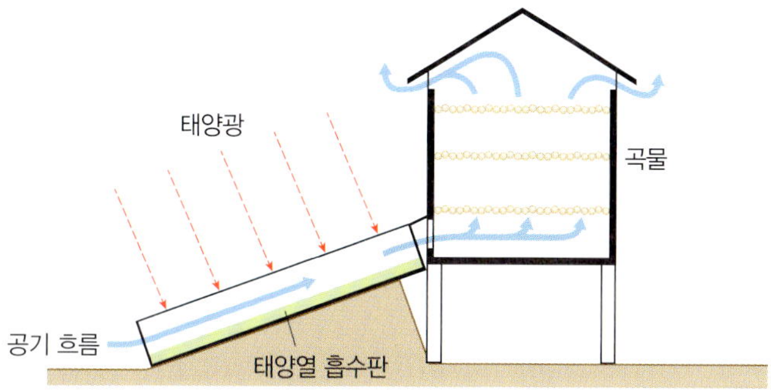

그림 11-19 태양열의 간접 건조방식을 사용한 곡물건조장치

곡물이 직접적으로 태양광의 자외선 등에 노출되지 않기 때문에 곡물의 변색과 변형 등이 없다. 반면에 단점으로는 건조 대상의 곡물이 서로 여러 층으로 엉켜서 놓이기 때문에 고른 건조가 어려워질 수 있다는 것이다. 이보다 더 큰 문제는 하부의 더운 공기가 위로 상승하면서 상부에 놓은 곡물의 건조상태가 나빠질 수 있다는 점이다.

11장 4절과 5절에서 언급한 태양열 응용분야들은 태양열 시스템에 구축되어야 적용될 수 있는 분야들이며, 태양열 시스템은 〈그림 11-20〉에서 크게 태양열 집열기술, 태양열 축열기술, 태양열 이용기술과 같이 3가지로 나눌 수 있다. 앞서 설명한 대로 태양열 집열기술에 속한 집열기 방식으로 편판형 집열기, 진공관형 집열기, 접시형 집열기 등이 있으며, 축열기술로는 크게 축열조 기술과 집열관 배열(array)기술을 언급할 수 있다. 그리고 마지막으로 이들로부터 얻은 태양열을 이용하는 이용부 기술

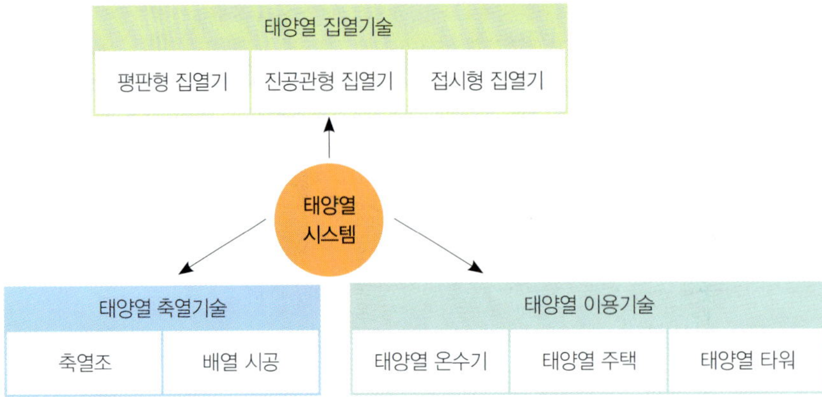

그림 11-20 태양열 이용 기술 분야들

표 11-1 태양열 이용 기술의 분류

구분	자연형	설비형		
	저온용		중온용	고온용
활용 온도	60℃ 이하	100℃ 이하	300℃ 이하	300℃ 이상
집열부	자연형시스템 공기식집열기	평판형 집열기	PTC형 집열기 CPC형 집열기 진공관형 집열기	접시형 집열기 태양열 타워 태양로
축열부	Tromb Wall(자갈, 현열)	저온축열(현열, 잠열)	중온축열(잠열, 화학)	고온축열(화학)
이용 분야	건물공간난방	냉난방·급탕, 농수산(건조, 난방)	건물 및 농수산 분야 냉·난방, 담수화 산업공정열, 열발전	산업공정열, 열발전 우주용, 광촉매폐수처리 광화학, 신물질 제조

로는 태양열 온수기, 태양열 난방주택, 태양열 발전을 의한 태양열 타워(solar tower) 기술 등이 있다. 이러한 각 부분들의 기술들이 완성되고 잘 융합되어야만 최종적인 태양열 시스템에 고효율로 널리 이용될 수 있다. 그리고 〈표 11-1〉은 〈그림 11-11〉과 〈그림 11-20〉에서 언급한 태양열 시스템의 집열부, 축열부, 이용부에 따른 태양열 집열관의 활용 온도별 필요장치와 기술을 총정리하여 상세히 분류한 것이다.

6 태양전지를 이용한 태양광 발전 원리

〈그림 5-4〉에서 언급한 태양열 발전은 저렴한 비용과 쉬운 시공으로 사용되었지만 현재는 낮은 발전 효율로 인하여 지금은 대부분 실리콘 태양전지를 이용한 태양광 발전 방식이 보다 보편적이고 널리 이용되고 있다. 이러한 태양광 발전에 필수적인 태양전지의 원리는 5장 1절의 〈그림 5-5〉에서 설명한 프랑스 물리학자인 베크렐(Edmond Becquerel)이 발견한 광기전력 효과(photovoltaic effect)이다. 이후 1870년대에 헤르츠(Hermann von Hertz)가 세레늄의 광기전력 효과를 연구하기 시작하였다. 많은 연구자들이 세레늄을 대상으로 한 광기전력 효과를 지속적으로 연구하여 광기전력 효과의 효율이 1~2%까지 올라갔다. 이를 바탕으로 세레늄 포토셀은 실질적으로 사진기의 노출계로 이용되기 시작하였다. 그리고 셀레늄보다 효율이 훨씬 좋은 실리콘을 대상으로 좋은 결과들이 보고되었지만 여전히 실험실과 특수한 경우에만 사용되었다. 1940년대에서 1950년대를 거치면서 초고순도 단결정 실리콘을 제조하는 초크랄스키 공정(Czochralski process)이 개발되면서 본격적인 고효율의 실리콘 태양전지의 역사가 열리기 시작하였다. 1954년에 미국 벨(Bell)사에서 효율이 4%인 단결정 실리콘 태양전지 개발에 성공하고 1958년에 미해군이 뱅가드(Vanguard) 인공위성에 이를 장착하여 발사함으로써 본격적인 실용화 단계로 들어섰으나 여전히 낮은 효율과 비싼 가격이 문제로 남아 1960대까지는 상용화에 어려움이 있었다. 그러다 1970년대의 오일쇼크로 인하여 값싼 에너지원을 찾는 연구가 진행되는 과정에서 태양전지의 재료인 단결정 실리콘의 크기가 커지고 순도가 높아지면서 가격 경쟁력이 생겼고, 다양한 응용분야로의 상업화가 이루어지기 시작하였다. 현재에는 비정질 실리콘 태양전지도 15% 정도의 효율이 나오고 있으며, 단결정 실리콘 태양전지인 경우에는 최대 35%까지의 효율이 나오고 있다. 여기서 비교적 제조가 쉽고 크게 만들 수 있는 다결정 실리콘은 서로 다른 그레인(grain)들이 모여 전체의 다결정 실리콘 구조를 만들다보니 그레인 경계선에서 저항이 발생하고 이로 인해 효율이 떨어지는 경향

이 있다. 반면에 초크랄스키 공정으로 제조한 단일 그레인을 갖는 대형 단결정 실리콘은 그레인 경계선에서 생기는 저항이 없기 때문에 광기전력 효과에 의한 효율이 커진다. 또한 최근에 새로이 연구된 결정화 과정이 없는 비정질 실리콘은 제조가 쉽고 박막으로 만들기 좋다는 장점이 있지만 단결정 실리콘보다 효율이 훨씬 낮다. 이러한 비정질 실리콘을 포함한 새로운 태양전지 재료인 CdTe, $CuInSe_2$, TiO_2 등에 대한 연구가 1980년 이후로 지속적으로 진행되고 있다.

태양광발전은 태양으로부터의 빛 에너지를 직접 전기에너지로 바꾸어주는 발전 방식으로, 태양광 발전의 핵심은 〈그림 5–5〉에서 설명하였듯이 반도체의 pn 접합 구조를 가진 태양전지이다. 〈그림 11–21 (a)〉에서 보듯이 태양전지의 외부로부터 광자(photon)가 태양전지의 내부로 흡수되면 광자가 지닌 에너지에 의해 태양전지 내부의 n형 반도체와 p형 반도체에서 전자(electron)와 정공(hole)의 쌍인 전자–정공 쌍이 생성된다. 생성된 전자–정공 쌍 때문에 pn 접합의 공핍층에서 변화된 페르미 레벨에 의해 발생한 전기장에 따라 전자는 n형 반도체로, 정공은 p형 반도체로 이동하며, 이 다음부터는 확산으로 공핍층의 반대면으로 각각 이동하여 이 면에 있는 부착된 전극으로 흘러간다. 이 결과 양면에서 발생한 전위차로 인한 기전력이 광기전력이다. 〈그림 11–21 (b)〉는 pn 접합 반도체의 실제 웨이퍼상에서 단면을 보여주는 그림으로, 반도체가 흡수할 수 있는 장파장에서 단파장까지의 빛이 각각 p형 반도체와 n형 반도체까지 들어가서 전자–정공 쌍을 만드는 과정을 보여준다.

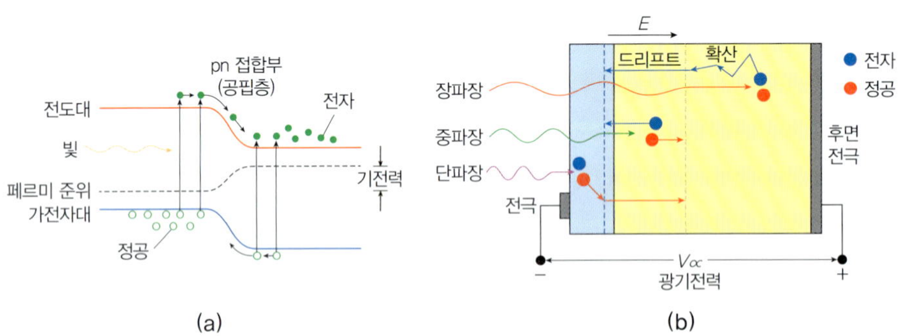

그림 11–21 (a) pn 접합 반도체의 공핍층에 빛을 비추었을 때의 광기전력 원리로 설명하는 에너지 다이어그램과 (b) pn 접합 반도체의 실제 모습과 자유전자와 정공의 이동 경로

〈그림 11−22 (a), (b)〉는 각각 〈그림 11−21 (b)〉에서 보여준 태양전지의 기본 단위인 pn 접합 반도체인 pn 접합 광다이오드(photo diode)의 실제 내부 구조를 보여주는 단면도와 pn 광다이오드 외관 사진이다. pn 접합 광다이오드가 다수 모여서 구성된 것이 태양전지이다. 〈그림 11−22 (a)〉에서 보듯이 위에서 빛이 반사방지막을 통과하여 실리콘 웨이퍼에서 얇게 만들어진 p형 반도체를 통과하고 이어서 공핍층을 지나 두꺼운 n형 반도체까지 도착한다. 그러면 앞서 설명한 바와 같이 입사된 빛에너지로 인한 공핍층 및 그 근처에서 발생한 전자−정공 쌍이 서로 양쪽 영역으로 전위차로 인하여 이동한다. 그 다음에는 확산으로 p형 반도체에 연결된 금속 전극와 n형 반도체에 연결된 금속전극으로 각각 새로이 발생하여 유입된 자유전자와 정공이 이동하여 전류를 발생시킨다. 이때 p형 반도체쪽 금속 전극과 n형 반도체 사이에는 산화물 박막으로 절연층을 코팅한다.

대표적인 광기전력 물질로는 지금까지 설명한 실리콘(Si) 외에도 저마늄(Ge), 갈륨(Ga), $CuInSe_2$, CdTe 등이 있다. 각 물질의 E−k상의 천이 방식(type), eV 단위의 밴드갭(band gap) 에너지, μm 단위로 표현한 경계선 적외선 흡수 파장(absorption edge), cm^{-1} 단위의 흡수 계수를 〈표 11−2〉에서 상세히 볼 수 있다. 물질의 선택은 사용할 파장 대역, 효율, 가격, 공정, 기술완성도 등의 요소로 고려하여 선택한다. 여기에서 천이 방식의 의미를 살펴보려면 운동량 크기 k에 대해서 에너지 E의 변화량을 보

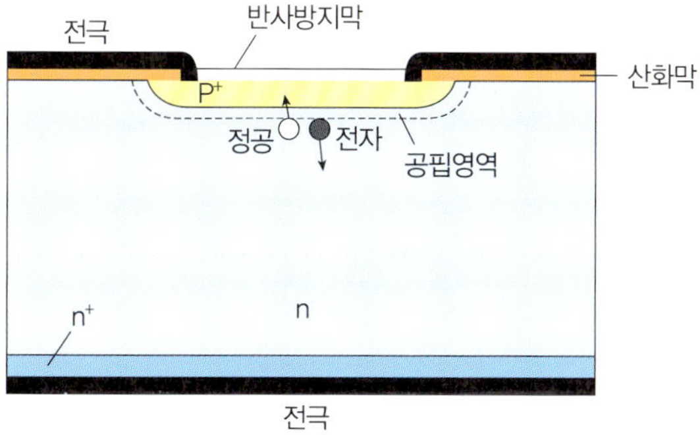

(a)

(b)

그림 11−22 (a) pn 포토다이오드 내부 구조와 (b) pn 광다이오드의 사진

표 11-2 일반적인 광기전력 물질(태양전지)의 종류와 특성들

물질	Ge	CuInSe2	Si	Ga	CdTe
천이 방식	간접	직접	간접	직접	직접
밴드갭(eV)	0.67	1.04	1.11	1.43	1.49
경계선 적외선 흡수 파장(μm)	1.85	1.19	1.12	0.87	0.83
흡수 계수(cm^{-1})	5.0×10^4	1.0×10^5	1.0×10^3	1.5×10^4	3.0×10^4

는 E-k 다이어그램으로 보아야 하는데, 이는 보통 설명하는 에너지 밴드 다이어그램과는 다른 관점이다. 〈그림 11-23 (a)〉에서 보듯이 k-E 다이어그램에서 위의 곡선은 전도대, 아래 곡선은 가전자대를 그린 것이다. 운동량 크기 k에 따라 에너지의 크기인 E가 달라진다. 전하운반자(carrier)들은 일반적으로 E-k 다이어그램에서 가전자대의 최고점과 전도대의 가장 낮은 곳에 존재한다. 직접 천이 방식 반도체는 이 최고점과 최저점이 모멘텀 k가 0인 부근에 형성되는 반도체로 전자-정공 쌍의 재결합률(recombination rate)이 높은 반도체로는 이에 대한 대표적인 물질은 비소화갈륨(GaAs)이다. 한편 〈그림 11-23 (b)〉에서 보는 것처럼 간접 천이 방식 반도체의 E-k 다이어그램은 직접 천이 방식 반도체의 경우와는 다르다. 즉 간접 천이 방식 반도체에서는 전도대의 최하점이 k=0일 때가 아니기 때문에 재결합이 이루어질 수 없다. 그 결과 광

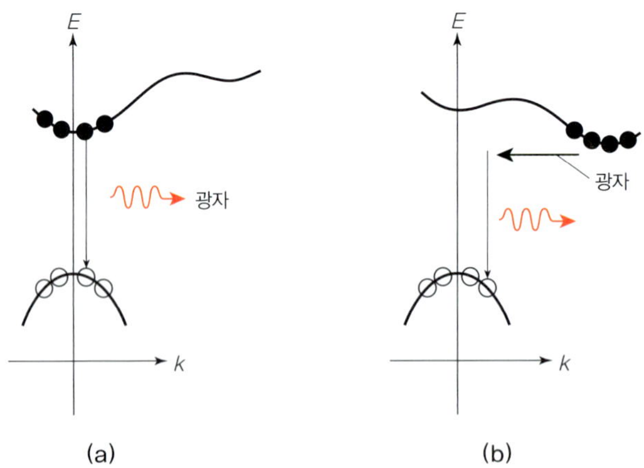

그림 11-23 (a) direct 반도체와 (b) indirect 반도체의 차이점

표 11-3 태양광 발전시스템의 장단점 비교

장점	단점
• 에너지원이 청정하고 무제한	• 전력 생산이 지역별 일시량에 의존
• 필요한 장소에서 필요한 양만 발전 가능	• 에너지 밀도가 낮아 큰 설치면적이 필요
• 유지보수가 용이하고 무인화 가능	• 설치 장소가 한정적이고 시스템 비용이 고가임
• 20년 이상의 장수명	• 초기 투자비와 발전단가가 높음
• 건설기간이 짧아 수요 증가에 신속히 대응 가능	• 일사량 변동에 따른 출력이 불안정

자(photon)의 방출이 이루어지려면 k의 변화, 즉 반도체 원자들이 만드는 격자들의 진동을 입자로 나타낸 포논(phonon)의 흡수나 방출이 있어야 한다. 즉 포논의 흡수나 방출이 전하운반자로 하여금 E−k 다이어그램의 k축을 움직여서 재결합이 이루어진다. 대표적인 간접 천이 방식 반도체로는 실리콘과 저마늄이 있다. 결론적으로 간접 천이 방식 반도체는 전도대−가전자대 사이의 직접적인 재결합이 일어나기 힘들다. 그러므로 앞서 말한대로 여러 가지 조건에 따라 선택적으로 물질을 잘 선별하여 태양전기 또는 광기전력 소자의 재료로 사용해야 한다.

태양광은 발전 시스템의 장단점은 5장 1절의 〈그림 5−1〉을 설명하는 과정에서 이미 어느 정도 논하였지만, 여기에서 다시 한번 정리하면 다음과 같다. 즉 태양광 발전 시스템의 장점은 〈표 11−3〉에서 보듯이 다음과 같이 5가지이다: (1) 에너지원이 청정하고 무제한 제공임, (2) 필요한 장소에서 필요한 양만으로 발전이 가능함, (3) 유지보수가 용이하고 무인화가 가능함, (4) 최소 20년 이상의 수명이 가능함, (5) 건설기간이 짧아서 수요 증가에 신속히 대응이 가능함. 단점도 5가지로 정리할 수 있다: (1) 전력 생산이 지역별 일사량에 의존하여 변함, (2) 에너지 밀도가 낮아서 설치면적이 크게 요구됨, (3) 설치 장소가 한정적이고 시스템 비용이 어느 정도 고가임, (4) 초기 투자비와 발전단가가 높음, (5) 일사량 변동에 따른 출력이 불안정함이다.

7 태양광 발전 시스템과 태양전지 종류

태양광 발전 시스템은 외부 발전시스템과 연동시킨 계통연계형과 외부 발전시스템과는 무관한 독립형으로 분류하여 살펴볼 수 있다. 〈그림 11-24〉는 계통연계형 태양광 발전시스템의 구성도이다. 주택이나 건물의 외부에 설치한 태양전지에서 발생한 직류 전기를 필요한 전압과 전력으로 바꾸는 직류분전반을 거쳐서 계통연계형 인버터(inverter)로 연결한다. 계통연계형 인버터는 전기가 충분히 발전되는 주간에 직류 형태로 축전기에 충전하거나 교류로 변환하여 주택 내의 각종 가전제품을 작동시킬 수 있도록 교류로 변환하는 장치이다. 물론 이 인버터는 태양광 발전이 멈추는 야간에는 축전기에 전기를 축전할 수 있도록 직류를 그대로 공급한다. 계통연계형 인버터를 거친 교류 전기는 교류 분전반에서 필요한 전압과 전력으로 바꾸어 가전제품과 조명 등에 공급한다. 만약에 태양전지로부터 발전된 전력량이 충분할 경우에는 계통연계형 인버터에서 변환한 역조류의 교류 전류를 역조류 전력량계로 역조류 전력량을 기록하면서 주택 외부에 있는 주상 변압기를 통하여 상용계통선을 통하여 외부의 발전 회사로 보낸다. 한편 축전기에 저장된 전기가 부족해지거나 태양전지로부터 발전

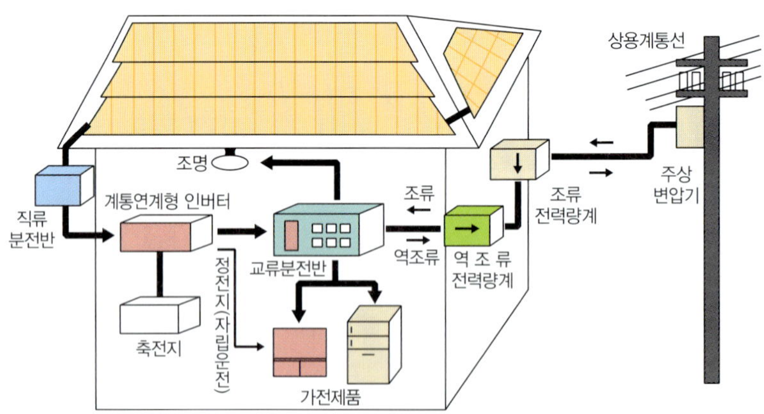

그림 11-24 계통연계형 태양광 발전시스템 구성도

량이 충분하지 않은 상태가 되면 반대로 상용계통선을 통하여 외부의 전기를 받아들이고 이를 조류 전력량계로 기록한 후에 교류 분전반에서 주택 내의 조명이나 가전제품 등에 추가로 공급한다. 이렇게 조류 전력량계와 역조류 전력량계를 통한 전기 회사로 공급한 또는 공급받은 전력량을 전산하여 비용을 주거나 받을 수 있다. 계통연계형 태양광 발전 시스템과 다른 시스템이 〈그림 11−25〉에 나타낸 독립형 태양광 발전 시스템이다. 당연히 외부 발전 회사에서 설치한 상용계통선과는 완전히 단절된 상태로 태양전지판에서 발전한 직류(DC)를 충전조절기를 통하여 축전기에 전기를 충전하면서 인버터에서 교류로 바꾸고 태양전지의 직류 또는 축전기의 직류를 교류로 바꾸어 가정 내의 조명이나 가전제품에 공급하는 시스템이다.

이러한 태양광 발전 시스템에 사용하는 태양전지를 이용 목적과 태양전지의 물리학적·화학적 구조에 따른 분류를 정리한 것이 〈그림 11−26〉이다. 먼저 태양전지는 용도에 따라 상온에서 작동하는 지상용 태양전지와 극저온에서 작동하는 위성용 태양전지로 나눌 수 있다. 그리고 지상용 태양전지는 결정형과 박막형으로 구분되며, 지상용으로 사용하는 결정형 태양전지 소재는 실리콘을 소재로 한 단결정(single crystalline), 다결정(multi−crystalline or poly−crystalline), 비정질(amorphous), 그리고 실리콘만을 상용한 경우와는 다른 GaAs/Si 복합결정으로 소재별로 나누어 구분할 수 있다. 지상용으로 사용하는 박막형 태양전지 소재는 CuInSe2 계열과 CdTe와 Zns 계열이 있다. 한편 위성용으로는 4가 원소를 기반으로 하는 SC−Si이나 Ge 등과 3가−5가 혼합 다중 접합(multi junction) 태양전지들의 집합인 탄뎀(Tadem) 구조를 갖

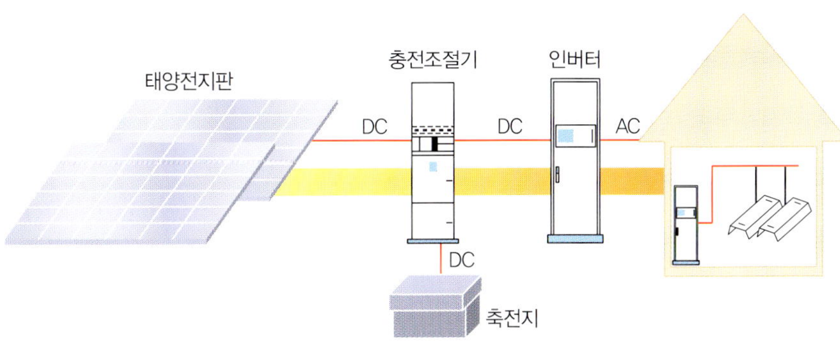

그림 11−25 독립형 태양광 발전시스템 구성도

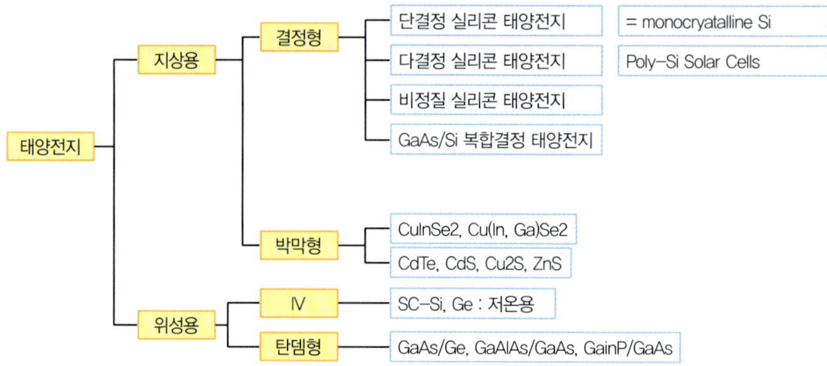

그림 11-26 태양전지의 이용 목적과 구조에 따른 분류

는 GaAs/Ge 등을 사용한다. 그러므로 용도, 환경, 가격, 개발 정도, 크기, 순도 등에 따라 〈그림 11-26〉에서 제시한 여러 가지 태양전지 소재들을 알맞게 선택하여 사용하면 된다.

이제 소재는 결정했으므로 필요한 태양전지의 소요면적을 계산할 수 있어야 한다. 태양전지를 사용한 발전량은 다음 식으로 계산하면 된다.

$$\text{태양전지 발전량} = \text{일사량}(W/m^2) \times \text{태양전지면적}(m^2) \times \text{전지효율}(\%) \times \text{조사시간}(h)$$

위의 식을 사용한 보기로 일사량이 약 1 kW/m^2 (청명한 날)이고, 태양전지효율은 약 10% 정도, 흐린 날을 고려한 조사시간을 연평균 하루에 3.84시간으로 가정한다면, 위의 식에 따라 태양전지 1 m^2 당 태양전지 발전량은 0.38 kWh로 계산된다. 그러므로 이를 바탕으로 하루 12 kWh 전기 소모하는 가정인 경우에는 12 kWh/0.38 kWh/m^2=31.6 m^2이다. 태양전지에서 발전된 직류 전기를 교류 전기로 전환하는 과정에서의 손실률을 약 30%로 본다면 실제로 필요한 태양전지면적은 31.6 m^2/0.7=45.1 m^2로 계산된다. 그러므로 이를 넉넉하게 잡아서 약 50 m^2의 태양전지판을 설치하면 충분한 태양전지 발전량을 얻을 수 있다.

보통 태양전지의 수명은 25~30년 정도로 추정된다. 태양전지의 발전부의 주소재가 실리콘이므로 반영구적이지만 이 부분을 제외한 태양전지판을 실제로 조립하는 데 사용하는 유리, 알루미늄, 접착제 등의 수명이 30년 내외이므로 이 소재들의 수명과 연결부의 수명으로 최종 결정된 것이다. 이런 수명을 갖는 태양전지판을 사용하여 태양광 발전 시스템을 우리나라에서 구축할 때, 사용자가 지불해야 하는 비용을 추가로 알아볼 수 있다. 우리나라의 계통연계형 태양광 발전 시스템은 ㈜한국전력의 계통선과 연계시켜 낮에 발전되는 전력 가운데 일부는 소비하고 잉여 전력은 계통선으로 보내며, 야간이나 흐린 날에는 전기를 받아서 쓴다. 2022년 기준으로 1 가정 규모(3 kW)를 기준으로 계통연계형 태양광 발전 시스템을 설치하는 비용은 대략 600~700만 원 정도 소요되지만, 정부, 지자체, 한전 등의 보조금을 약 400만 원 정도 받을 수 있으므로 저렴하게 시스템을 설치할 수 있다. 다만 이 비용은 매년 상승하고 있으며, 보조금도 정부 정책과 지자체 재정에 따라 수시로 바뀔 수 있으므로 해당 공공기관이나 설치 업체에 문의해야 한다. 이에 반하여 독립형 태양광 발전 시스템은 2022년 기준으로 3 kW 규모에서 태양전지모듈, 인버터, 컨트롤러, 축전지의 비용으로 약 1,000만 원 정도가 필요하다. 이 경우에는 보조금이 거의 없거나 아예 없을 수도 있다.

〈표 11-4〉는 〈그림 11-26〉에서 분류한 태양전지의 소재 분류를 다시 정리하여 크게 실리콘계, 무기화합물계(화합물계), 유기화합물계(유기계)로 구분하여 놓은 것이다. 실리콘 기반은 결정계와 박막계 소분되며, 결정질은 bulk형인 단결정과 다결정으로 나뉜다. 화합물 기반으로는 CdTe계, CIGS계(구리, 인듐, 갈륨, 셀레늄의 화합물), 집광계로 소분되고, 유기계는 염료감응, 유기박막으로 나눌 수 있다. 각 태양전지 소재별로 특징과 광효율, 제품화 단계를 차례대로 상세히 기술하여 놓았다. 단결정, 다결정, 박막계, CIGS계, CdTe계는 모드 실용화단계에 있으며, 집광계, 염료감응, 유기박막은 현재도 연구단계에 있다.

〈그림 11-26〉과 〈표 11-4〉에서 실용화 단계로 현재 대부분의 태양전지의 소재로 사용 중인 실리콘계의 단결정 실리콘과 다결정 실리콘의 구조와 특징들을 상세히 살펴본다. 단결정 실리콘은 전체 구조가 동일한 결정 또는 단결정에서부터 성장하기 때문에 재료의 분자구조는 균일하며, 이러한 균일성은 물질을 통하여 효율적으로 전자를 전달하는 데 이상적이다. 그러나 단결정 실리콘은 순도가 높고 결정의 결함 밀도

표 11-4 태양전지 종류별 특징과 변화효율 및 제품화 단계

종류			특징	변화 효율	단계
실리콘계	결정계	단결정	• 200μm 정도의 얇은 단결정 Si 기판 이용 • 장점: 성능, 신뢰성 • 과제: 저가격화	~20%	실용화
		다결정	• 작은 결정이 집합된 다결정 기판 이용 • 장점: 단결정보다 저렴 • 과제: 단결정보다 효율 낮음	~15%	실용화
	박막계		• a-Si이나 미세결정 박막을 기판 위에 형성 • 장점: 대면적으로 양산 가능 • 과제: 효율 낮음	~9% (비정질)	실용화
화합물계	CIGS계		• Cu, In, Se 등을 원료로 하는 박막형 • 장점: 자원절약, 양산가능, 저가격 • 과제: In의 자원량	~14%	실용화
	CdTe계		• Cd, Te을 원료로 하는 박막형 • 장점: 자원절약, 양산가능, 저가격 • 과제: Cd의 독성	~13%	실용화
	집광계		• Ⅲ족과 Ⅴ족 원소로 된 화합물 다접합, 집광기술 적용 • 장점: 초고성능 • 과제: 저가격화	셀 효율 ~38%	연구 단계
유기계	염료 감응		• TiO_2에 흡착된 염료가 광을 흡수하여 발전하는 새로운 타입 • 장점: 저가격화 가능성 • 과제: 고효율화, 내구성	셀 효율 ~14%	연구 단계
	유기박막		• 유기반도체를 이용한 박막형 • 장점: 저가격화 가능성 • 과제: 고효율화, 내구성	셀 효율 ~12%	연구 단계

가 낮은 재료를 사용하기 때문에 효율은 높지만 고가이다. 이에 반하여 다결정 실리콘은 11장 6절에서 가볍게 언급하였던 여러 개의 작은 결정 또는 경계를 제공하는 그레인(grain)으로 구성되어 있으며, 이러한 경계는 전자의 흐름을 방해하고 정공들의

재결합을 촉진시켜 전지의 출력을 감소시킨다. 그러나 다결정 실리콘은 단결정 실리콘보다 생산비가 적기 때문에 그레인 경계면의 효과를 최소화하는 연구가 지속적으로 진행 중이다. 이런 단결정 실리콘 태양전지와 다결정 실리콘 태양전지의 사진을 〈그림 11-27〉에서 각각 볼 수 있는데, 이 그림과 같은 태양전지판을 실리콘 셀이라고 부른다.

〈그림 11-28〉에서 단결정 실리콘의 제작과정과 실리콘 다결정 제작과정을 통하여 〈그림 11-27〉에서 보여준 단결정 실리콘 셀과 다결정 실리콘 셀을 제작하는 과정을 단계적으로 설명하고 있다. 단결정 실리콘은 11장 6절에서 초크랄스키 공정으로 만들기 시작하였다고 설명하였다. 단결정 실리콘을 만들기 위해서는 고순도의 다결정 실리콘 덩어리를 고온의 도가니에서 1,500℃ 이상의 온도로 녹인 후에 실리콘 씨드(seed)를 이 액체에 붙여서 아주 천천히 균일한 회전속도 및 당기는 속도로 거의 균일한 온도에서 1개월 이상의 매우 긴 시간에 걸쳐서 식히면서 잡아당기면 고순도의 단결정 봉, 즉 〈그림 11-28〉의 위쪽 그림에 볼 수 있는 잉곳(ingot)이라고 하는 길고 동그란 단결정 실리콘 덩어리가 만들어진다. 그리고 잉곳을 식혀서 얇게 자르면 실리콘 웨이퍼가 되고, 이 실리콘 웨이퍼가 반도체 제조공정을 통하여 한 장의 실리콘 웨이퍼상에 수천 개의 미세한 pn 접합 광다이오드(photodiode)가 제조된다. 이들이 모인 집단이 단결정 실리콘 셀(cell)이다. 또한 1,500℃ 이상의 실리콘 액체를 틀에 부어서 천천히 식히면 커다란 다결정 덩어리가 나오고, 이를 얇게 자르면 다결정 실리

그림 11-27 다결정 실리콘 태양전지와 단결정 태양전지의 사진
자료: Klaus Mueller, Wikimedia Commons

콘 웨이퍼가 된다. 다결정 실리콘 셀을 만드는 이후의 공정은 단결정 실리콘 셀을 만드는 공정과 동일하다. 〈그림 11-29〉는 〈그림 11-28〉에서 제조한 실리콘 셀을 수십 개 모아서 한 장의 틀에 모은 태양전지 모듈(module)이 되고, 다시 이 태양전지 모듈을 필요한 만큼 연결한 것이 태양전지 어레이(array)가 된다는 것을 순서대로 보여주는 그림이다. 앞에서 가정집이나 건물의 전력에 맞추어 계산된 태양전지 면적을 태양

그림 11-28 단결정 실리콘 셀과 다결정 실리콘 셀을 만드는 과정(아래 그림)과 단결정 실리콘 만드는 과정에서 생산된 실리콘 잉곳(위 그림)

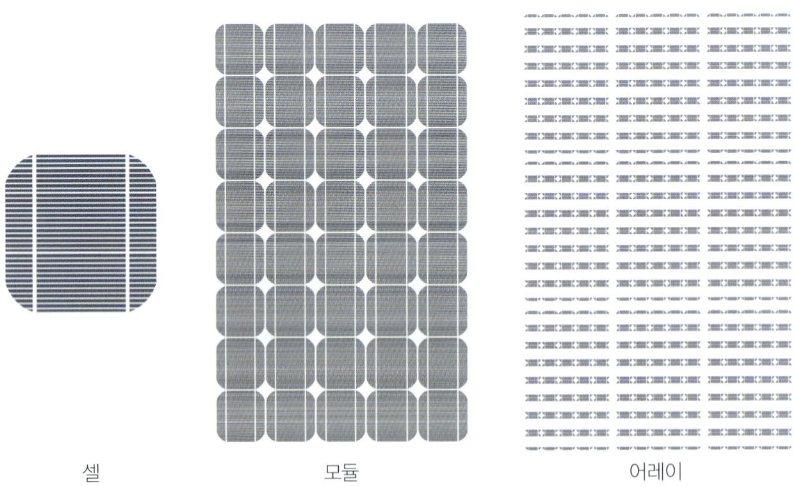

그림 11-29 태양전지의 셀, 모듈, 어레이의 제품화 단계

전지 모듈로 계산한 후에 필요한 모듈 개수를 연결한 태양전지 어레이를 지붕이나 마당 등에 설치하면 된다.

8 태양광 발전 정책

〈그림 11-30〉은 태양전지의 가치사슬(value chain) 구성도를 보여주는 그림이다. 여기에서 가치사슬이란 고객에게 기업이 만드는 제품들의 가치를 주는 기업의 활동과 이 활동을 가능하게 하는 생산과정이 밀접하게 연결되어 고객의 욕구를 만족시키는 전체 과정을 말하는 것이다. 이 가치사슬을 통하여 기업은 최저비용, 운영효율성, 이익 마진 향상, 공급자와 고객 간의 관계 향상과 같은 경쟁력 강화를 시켜주는 여러 요소들을 이루게 해준다. 그러므로 태양전지 기업들의 가치사슬을 〈그림 11-30〉과 같이 태양전지의 소재 분야인 업스트림(up-stream), 태양전지 제품 분야인 미드

업스트림	다결정 실리콘	태양전지의 핵심 원재료로, 모래 등에 있는 규소를 용융해서 제조
	잉곳	고순도 폴리실리콘을 녹여 블록 형태로 만든 것
	웨이퍼	잉곳을 얇은 막 형태로 자른 것
미드스트림	태양전지	태양의 빛에너지를 전기 에너지로 바꿔주는 태양광 발전 시스템의 핵심 구성요소
	태양광 모듈	여러 장의 셀과 백시트, 유리 등을 압력을 가해 넓은 판 형태로 만든 것
다운스트림	태양광 시스템	전체 태양광 시스템은 태양전지, 모듈, 인버터, 전력제어기, 배터리 등으로 구성
	태양광 설치, 시공, 운영, 유지보수	대규모 태양광 발전단지 설계, 설치, 운영 및 유지관리, 태양광 중심 복합발전단지 운영 등

그림 11-30 태양전지의 가치사슬 구성도

스트림(mid-stream), 태양전지 제품을 이용한 태양광 발전 시스템 분야인 다운스트림(down-stream)으로 볼 수 있다. 업스트림 분야에서는 다결정 실리콘 소재, 실리콘 잉곳, 실리콘 웨이퍼가 포함되며, 미드스트림 분야에는 태양전지와 태양전지 모듈 등이, 다운스트림 분야에는 태양광 시스템, 태양광 설치, 운영, 유지보수 등이 해당된다. 각 요소 제품이나 사업의 특징과 간단한 장단점은 〈그림 11-30〉의 오른쪽 칸에 기술하여 놓았다. 그리고 국내의 태양광 에너지 기업들을 가치사슬의 분류에 따라 2021년 기준으로 나누어 놓은 표가 〈표 11-5〉이다. 기존 기업들의 사업확충이나 분야 확대, 신규기업진입 및 사업 철수나 폐업 등이 기업환경에 따라 변할 수 있으므로 〈표 11-5〉는 참고용으로만 사용하면 좋으리라 생각한다.

〈그림 11-31〉은 태양전지 시장 진출을 위한 세부 전략을 가치사슬에 따라 분류하여 정리한 자료이다. 업스트림에서는 저전력, 저단가 제조기술 확보 분야를 집중해야 하며, 미드스트림에서는 탠덤 태양전지 등 차세대 고효율 태양전지 개발에 집중해야 하고, 다운스트림에서는 태양광 발전소 건설 및 운영관리 등의 공급망 참여를 확대하는 방향으로 시장 진출 전략을 세우는 것이 태양광 에너지 기업들의 미래에 좋은 공급망 강화 전략이 될 수 있다.

또한 인도와 베트남과 같은 유망 신흥국가로는 건물일체형 태양광 발전 시스템(BIPV, building-intergrated photovoltaic system)을 공급 확대하는 사업과 국내 그리

표 11-5 태양전지의 가치사슬의 세부 부문에 따른 주요 국내 기업 명단

구분	세부 부문	국내 기업
업스트림	폴리실리콘	OCI
	잉곳 및 웨이퍼	웅진에너지, 한솔테크닉스, SKC 솔믹스
미드스트림	태양전지	현대에너지솔루션(주), LG전자, 한화큐셀코리아, 에스에너지
	태양광 모듈	현대에너지솔루션, 신성E&G, 에스에너지, 한솔테크닉스, 탑선, 솔라파크코리아, 한화큐셀코리아, LG전자
다운스트림	설비, 시공, 운영, 보수	에스에너지, 현대에너지솔루션, 신성E&G, 한화큐셀코리아, 파루, 한국솔라시스템, SDN, 원광에스앤티, 한빛디앤에스, 이원쏠라

자료: 한국태양광산업협회

구분		세부 전략
공급망 강화	업스트림	저전력, 저단가 업스트림 제조기술 확보 지원
	미드스트림	탠덤 전지 등 차세대 고효율 태양전지 개발
	다운스트림	발전소 건설, 운영관리 등 다운스트림으로 공급망 참여 확대
유망 시장 진출	인도	건물일체형 태양광 발전시스템(BIPV) 공급 확대, 국내 그리드(grid) 기업과 공동 진출을 통해 송전망 문제 해결
	베트남	
	미국	모빌리티, 가상발전소 등 태양광 활용 신산업 진입 폐모듈 활용 전략 구체화
	호주	

그림 11-31 태양전지 시장 진출 전략

드(grid) 기업과의 공동진출을 통한 전력공급망 사업에 참여하는 전략으로 진행하는 것이 좋은 전략이다. 이에 더하여 미국이나 호주와 같은 영토가 큰 선진국에는 모빌리티, 가상발전소 등과 같은 태양광을 활용한 신산업 분야에 진출하거나 폐모듈 활용 산업에 진출하는 것을 추천할 수 있다.

Chapter

12

해양 에너지의 이해

1 해양 에너지의 종류

해양 에너지는 앞서 4장 3절에서 파력 에너지 발전과 해양온도차 발전을 중심으로 간략하게 살펴보았다. 이 장에서는 해양 에너지 발전의 4대 방식인 조력발전, 조류발전, 파력발전, 해양온도차 발전을 보다 상세히 살펴보고 서로 간의 장단점을 비교하여 우리의 환경에 알맞은 해양 에너지 발전 방식을 알아보고자 한다.

먼저 조력 발전은 조석간만의 차를 동력원으로 해수면의 상승하강 운동을 이용하여 전기를 생산하는 기술이다. 그리고 바닷물의 지역적 염도차나 온도차에 의한 해수의 유동으로 생긴 바닷물의 운동에너지를 이용하는 기술이 조류발전이다. 그리고 바다 위의 바람이나 바다 속 지형의 변화 등으로 생기는 파랑 에너지(wave energy conversion)를 사용하는 것이 파력발전이고, 바닷물의 수직적 온도차(ocean thermal energy conversion)를 이용하여 바닷물의 열에너지를 기계적 에너지로 변환하여 발전하는 것이 해양온도차 발전이다. 〈표 12-1〉에 이러한 4대 해양 에너지를 이용한 발전방식의 입지조건을 정리하여 기술하여 놓았다. 현재 국내의 서해안에서는 조력발전, 남해안에서는 조류발전, 제주도에는 파력발전에 알맞은 지형들이 있기 때문에 이 장소를 중심으로 해양에너지를 이용한 발전소 시설이나 파일럿 발전소가 설치되

표 12-1 해양 에너지 종류별 입지조건

구분	조력발전	파력발전	조류발전	온도차발전
입지조건	• 평균조차: 3m 이상 • 폐쇄된 만의 형태 • 해저의 지반이 강고 • 에너지 수요처와 근거리	• 자원량이 풍부한 연안 • 육지에서 거리 30km 미만 • 수심300m 미만의 해상 • 항해, 항만 기능에 방해되지 않을 것	• 조류의 흐름이 2m/s 이상인 곳 • 조류 흐름의 특징이 분명한 곳	• 연중 표·심층수와 온도차가 17℃ 이상인 기간이 많을 것 • 어업 및 선박 항해에 방해되지 않을 것

어 가동 중이다. 다만 해양온도차 발전은 수심으로 보자면 동해안이 최적이지만, 국내에서는 아직 연구가 진행되고 있지 않다. 다음 절부터는 이 4대 발전 방식에 대하여 차례대로 자세히 살펴보고자 한다.

2 조력발전

〈그림 12-1〉은 조력발전소의 한 보기로 경기도 안산시 대부동에 위치한 국내의 시화호 조력발전소를 보여주는 전경 사진이다. 국내의 서해안은 국제적으로도 잘 알려진 조수간만의 차가 세계적으로 가장 큰 지역 중 한 군데이기 때문에 조력발전의 최적지로 알려져 있다. 2011년 8월에 준공된 시화호 조력발전소는 수차발전기 10기의 발전시설용량이 254 MW이고 연간발전량은 552 GWh로 소양강댐 발전소의 연간

시화호 조력발전소 개요*

- **발전시설용량**: 254 MW(수차발전기 10기). 준공 시 세계 최대 규모(현재 최대는 프랑스 랑스 조력발전소 240 MW)
- **연간발전량**: 552 GWh(소양강댐의 1.56배, 인구 50만 명인 도시의 1년 사용량)
- **발전방식**: 단류식 창조발전(밀물 때 낙차 이용)
- **사업기간**: 2003~2011년 12월 준공 예정
- **사업비**: 3551억 원
- **시공사**: 대우건설 컨소시엄(주간사 대우건설 45%, 삼성물산 35%, 신동아종합건설 10%, 대보건설 10%)**

*: 이진혁, https://www.dinga.com/news/Economy/article/all/20110904/40066367/1
**: 수자원공사

그림 12-1 해양 에너지인 조력발전의 한 예인 시화호 조력발전소(위치: 경기도 안산시 대부동)의 전경과 개요
자료: 핑크로즈, Wikimedia Commons

발전량의 1.56배에 해당하는 세계 최대 시설이다. 발전 방식은 단류식 창조발전으로 밀물에서 발전하는 방식이다.

〈그림 12-2〉는 조력발전의 종류에서 밀물이나 썰물 중 한쪽의 경우에만 발전하는 단류식 발전을 보여주는 그림이다. 왼쪽 그림이 외해가 저수지보다 수위가 높은 밀물 시에 발전하는 창조 발전(또는 창조식 발전)이고, 오른쪽 그림이 외해가 저수지(내해)보다 수위가 낮은 썰물 시에 발전하는 낙조발전(또는 낙조식 발전)이다. 단류식 발전의 장점은 수위차(ΔH)가 커서 발전량이 크고 발전소의 수명이 길면서 지속가능하다는 것이다. 반면에 단점은 하루에 절반 정도만 작동하고 내해에 바닷물이 가두어져 있기 때문에 생태계에 좋지 않다는 것이다. 한편 한쪽 방향만으로 바닷물이 움직일 때 작동하는 단류식 발전과는 대조적인 것으로 밀물과 썰물에서 모두 발전하는 복류식 발전이 있다. 복류식 발전은 밀물과 썰물에 모두 발전하지만 수위차가 작아서 발전량이 적다는 단점이 있다. 하지만 바닷물을 가두지 않고 사용하므로 생태계에는 단류식 발전보다 상대적으로 좋다는 장점을 가진다. 모든 조력발전은 주기적인 해수면의 높이 변화로 인한 조석간만의 차를 통한 바닷물의 퍼텐셜 에너지를 이용하여 전기를 생산하는 방식으로 기본적으로는 수력발전과 원리가 동일하다. 이렇게 앞서 설명한 조력발전의 종류와 방법은 〈표 12-2〉에 정리하여 놓았다.

조력발전은 다른 발전에 비해서 다음과 같은 장단점을 갖는다. 장점으로는 발전을

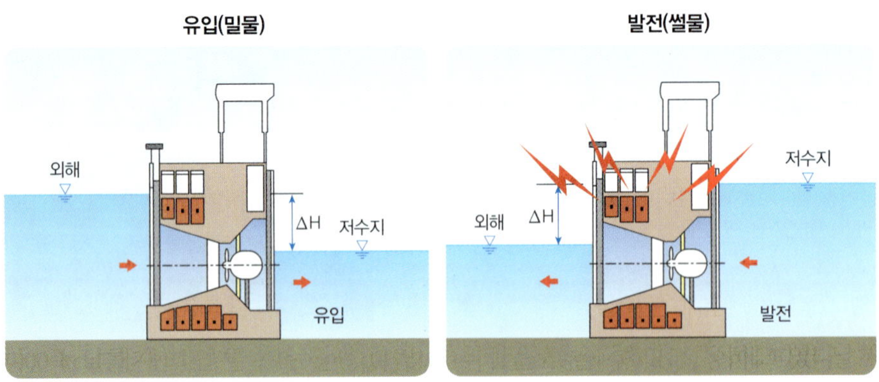

그림 12-2 조력발전의 정의를 보여주는 그림

표 12-2 조력발전의 분류와 방법

단류식		복류식
창조식	낙조식	
• 밀물 시 외해와 호수의 수위차를 이용하여 발전을 하고 썰물 시 호수의 물을 방류하는 발전 방식	• 밀물 시 호수를 채운 후 썰물 시 호수와 외해 수위차를 이용하여 발전하는 방식	• 밀물과 썰물 때 발생하는 외해와 호수의 수위차를 이용하여 양쪽 방향으로 발전하는 방식

하는 지점을 결정하면 그 지점에서의 조수간만차를 정확히 예측할 수 있으므로 조력발전에 의한 발전량과 발전 시간 등을 정확히 예상할 수가 있다는 것이다. 단점으로는 다른 발전 방식들에 비하여 유효낙차가 작고, 밀물과 썰물의 차이가 연·월간으로 균일하지 않으며, 물의 수위가 균일한 시간대에는 발전이 불가능하고, 조수간만의 차가 커야 하므로 지역적으로 한정된 곳에서만 발전이 가능하다는 것이다.

현재 조력발전을 하는 조력발전소로 발전시설용량 세계 5대 발전소로는 한국의 시화호 조력발전소, 프랑스의 랑스(Rance) 조력발전소, 캐나다의 안나폴로리스(Annapolis) 조력발전소, 중국의 장샤(Jiangxia) 조력발전소, 러시아의 케슬라야 구바(Kislaya guba) 조력발전소가 있다. 〈표 12-3〉에서 발전시설용량 크기순으로 앞서 말

표 12-3 국내외 주요 조력발전소들의 현황 비교

발전소명	랑스(프랑스)	안나폴로리스(캐나다)	장샤(중국)	시화호(한국)
최대 조차(m)	13.5	8.7	8.39	9.16
시설용량(천kw)	240(10×24대)	20(20×1대)	3.2(3.2×1대)	254(25.4×10대)
준공연도	1966	1984	1985	2011
연간발전량 (백만kwh/년)	544	50	6.0	552.7
발전 방식	복류식	단류식	복류식	단류식(창조식)
발전개시년도	1967	1984	1986	2011
수문	6련 (15m×10m)	2련 (9.2m×7.3m)	5련 (3.3m×4.2m)	8련 (15.3m×12m)

한 4개 조력발전소의 최대조차, 시설용량, 준공연도, 연간 발전량, 발전 방식, 발전 개시년도, 수문 개수 등을 정리하여 놓았다. 이 중에서 연간발전량이 거의 비슷한 국내의 시화호 조력발전소와 프랑스의 랑스 발전소는 다른 조력발전소보다 크기가 훨씬 크다는 것을 알 수 있으며, 특히 시화호 조력발전소는 세계 1위의 조력발전소임을 확인할 수 있다. 시화호 조력발전소에서 사용하는 발전용 터빈은 〈그림 7-14〉와 〈그림 7-16〉에서 설명한 벌브형 카플란 프로펠러 반동터빈이다.

3 파력발전

파력발전은 파도의 상하운동을 에너지 변환 장치로 기계적 회전운동 또는 축방향으로 변환한 후에 이를 전기에너지로 변환하는 발전하거나 파랑의 작용으로 공기실 내의 수의가 변동함에 따라 공기실 내의 공기가 압축 또는 팽창하는 힘으로 터빈을 돌려서 전기를 생산하는 발전방식이다.

〈그림 12-3 (a)〉는 부유식 가동물체형 파력발전의 원리를 설명하는 그림으로 4개의 관절형 부유물(보통 고유명사인 '펠라미스[Pelamis]'라고 함)을 연결하여 놓았다. 여기에서 위의 그림은 옆에서 바라본 그림으로 파도에 의하여 펠라미스가 관절을 중심으로 위아래(또는 좌우)로 움직이면서 관절 부위에 설치한 수압 펌프를 축방향으로 밀면 저수통 내의 물이 터빈을 돌려서 발전을 하는 시스템이다. 동일한 그림에서 아래의 그림은 바다에 놓여있는 펠라미스 파력발전소의 하늘에서 내려다 본 그림으로 옆으로 파도가 칠 경우에도 관절 부위에 설치한 수압 펌프가 작동하도록 되어 있다. 〈그림 12-3 (b)〉는 실제로 영국의 '펠라미스 웨이브(Pelamis Wave)'사가 포르투갈의 아크카도라(Agucadoura) 해안에 2006년에 설치하여 성공적으로 작동하고 있는 파력발전소의 사진이다.

〈그림 12-4〉는 해안가에 고정형 건물로 설치한 진동수주형 파력발전소의 원리를

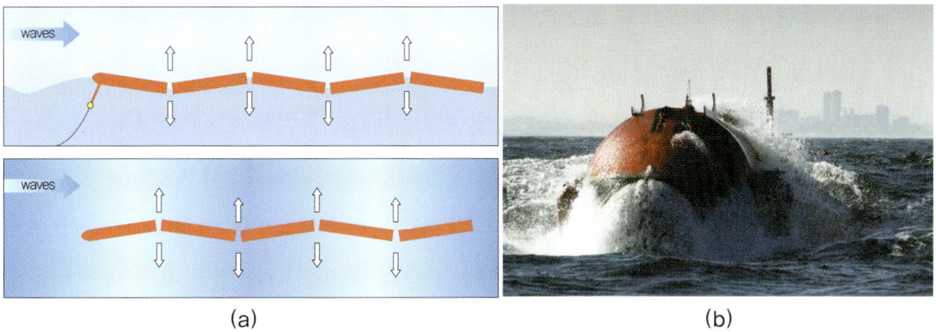

그림 12-3 (a) 부유식 가동물체형 파력발전 원리와 (b) 포르투갈 아쿠카카도라(Agucadoura) 해안에 설치한 펠라미스(Pelamis) 파력발전소 사진(영국의 펠라미스 웨이브사)

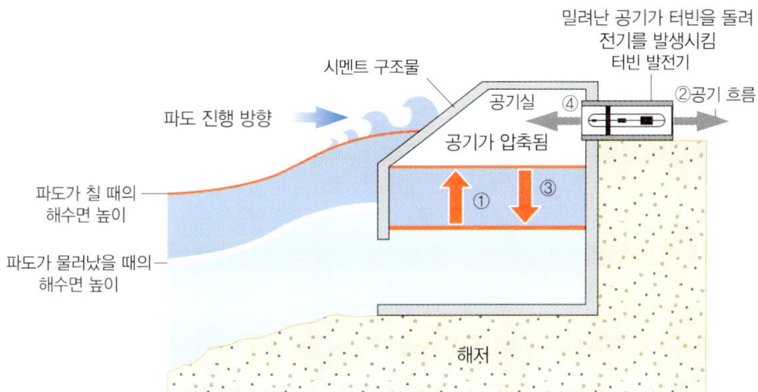

그림 12-4 진동수주형 파력발전소 원리

보여주는 그림이다. 그림에서 보듯이 파도가 칠 때의 높은 수위가 파란색으로 표시되어 있으며, 이 결과로 시멘트 구조물 내의 물의 수위가 같이 높아지면서 공기실 내의 공기를 압축한다. 압축된 공기는 외부로 빠져나가면서 공기통로에 설치된 터빈을 돌려서 발전기가 돌아간다. 그리고 파도가 옅은 하늘색으로 표시된 것처럼 물의 수위가 낮아지면 시멘트 구조물 내의 공기실의 공기가 팽창하고 외부로부터 공기가 빨려서 들어가면서 다시 터빈을 돌리고 이로 인하여 발전이 된다. 이러한 행동이 주기적으로 반복이 되면서 발전이 된다.

앞서서 〈그림 12-3〉에서 설명한 가동물체형 파력발전소와 〈그림 12-4〉에서 설명한 진동수주형 파력발전소를 포함하여 전형적인 파력발전소의 3번째 형태가 월파형이다. 월파형 파력발전소는 파도가 칠 때 넘어오는 파돗물을 고정된 시설에 모아서 발생한 높아진 퍼텐셜 에너지를 갖는 바닷물을 아래로 흘려보낼 때에 발생하는 바닷물의 운동에너지로 터빈을 돌리는 파력발전 방식이다. 〈그림 12-5〉에 이 3가지 방식을 그림으로 설명하면서 비교하였다. 〈그림 12-5〉에서 보여준 가장 전형적인 파력발전 방식 외에도 대략 50여 종류의 파력발전 방식이 제안되어 있으며, 이 중에서 일부는 시험운영 중이다. 〈그림 12-6〉은 〈그림 12-5〉의 전형적인 3가지 방식이 아닌 또 다른 새로운 방식인 부양식 부표장치를 사용하는 파력발전의 원리를 설명하는 그림이다. 그림에서 보듯이 바다물에 뜨는 부표장치(float)에 호스펌프(hosepump)가 들어 있는 기다란 부분이 아래에 붙어서 바닷물 속에 들어가 있다. 이 부분의 더 밑에

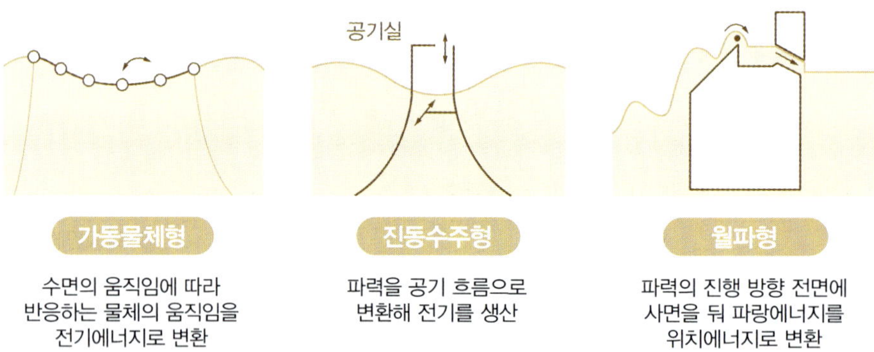

그림 12-5 파력발전의 전형적인 3가지 형태

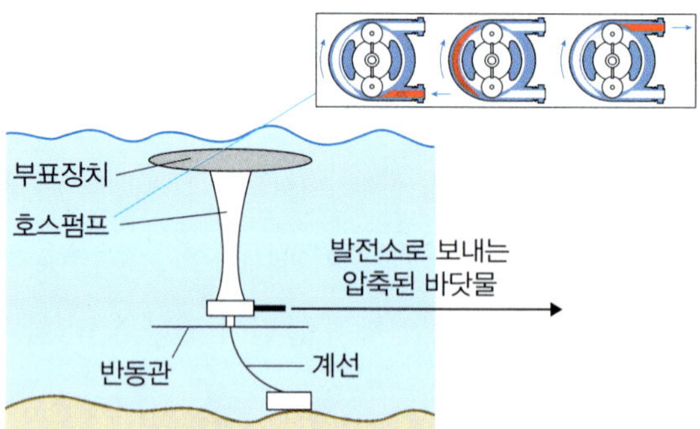

그림 12-6 부양식 부표장치를 이용한 파력발전의 원리

는 반동판(reaction plate)이 호스펌프에 고정되어 있으며, 이 전체는 바다 바닥에 닻으로 계선(mooring)되어 있다. 이 상태에서 파도가 치면 부양장치와 호스펌프가 위로 올라가지만, 반동판이 아래로 힘을 받으면서 반동판에 붙어있는 수직축이 아래로 움직인다. 그러면 이 축과 연동된 호스펌프가 회전되면서 고압의 바닷물을 터빈과 발전기가 설치되어 있는 발전소로 보내어서 발전하게 되는 원리이다.

4 조류발전

조류발전은 전 지구적으로 위도나 지형에 따라 바닷물의 태양에너지의 흡수도가 달라서 온도 편차가 생김에 따라 바닷물의 흐름이 생기는 것이 주 원인이고, 일부 지역적으로 염도가 달라서 바닷물의 흐름이 생기는 원인으로도 조류가 생기기도 한다. 이러한 조류의 흐름이 특히 국소적인 지형에 따라 더욱더 빨라지기도 하면서 조류발전의 최적 환경이 조성되기도 한다. 국내에서는 전라남도 진도의 울돌목에 울돌목 조

(a) (b)

그림 12-7 조류발전 (a) 수평형 조류발전 방식과 (b) 수직형 조류발전 방식

류발전소가 2009년에 설치되었다가 2012년 폐지되었으며, 다시 2025년에 새로이 500 kW급 1기를 다시 추진 중이다.

조류발전 방식은 〈그림 12-7〉에서 보여준 수평형 조류발전 방식과 수직형 조류발전 방식이 있는데, 이는 〈그림 4-4〉와 10장 4절 및 10장 5절에서 각각 설명한 수직형 및 수평형 풍차가 바람 대신에 조류에 적용된 것이라고 보면 쉽게 이해가 된다. 수평형 조류발전은 조류가 흐르는 지점에 수평형 날개를 설치하여 회전운동 에너지를 만드는 방식이고, 수직형 조류발전은 수평형날개 대신에 수직형 다리우스 날개를 사용하여 회전운동 에너지를 만드는 발전방식이다. 국내에 설치하였던 울돌목 조류발전소는 수평형 조류발전 방식을 사용하였다.

5 해양온도차 발전

해양온도차 발전(OTEC, ocean thermal energy conversion)은 1881년 프랑스 물리학자이며 발명가인 자크 아르센 다르송발(Jacques-Arsene d'Arsonval)이 최초로 아이디어를 제안하였으며, 19세기 후반에 들어서야 이 방법으로 발전이 가능함을 알기 시작하였다. 〈그림 4-8〉와 〈그림 4-9〉에서 어느 정도 설명하였던 20℃ 근처의 따뜻한 표층수와 2~4℃인 차가운 심층수의 해양온도차를 이용한 해양온도차 발전을 다시 한 번 설명하면 다음과 같다. 해양온도차 발전기의 증발기에서 따뜻한 표층수가 프레온이나 암모니아와 같은 냉매를 기체로 만들고, 이 기체로 터보발전기를 가동하여 전기를 생산한다. 그리고 터보발전기를 지나면서 식은 기체 냉매는 다시 한 번 해양온도차 발전에서 차가운 심층수로 인하여 액체 냉매가 되어서 증발기에 들어가는 순환과정을 겪는다. 이때 증발기에 들어간 표층수는 약간 온도가 내려간 상태로 다시 바다의 해양면으로 내보내고, 해양온도차 발전에서 사용한 심층수는 약간 온도가 올라간 상태에서 다시 심해로 방출한다. 이러한 과정으로 발전하는 것이 해양온도차 발전이다.

해양온도차 발전은 〈그림 5-3〉에서 보는 것처럼 실제로는 태양에너지의 2차 자원으로 생각할 수 있다. 왜냐하면 표층수와 심층수 사이의 온도가 최소한 20℃ 이상 차이가 나는 열대성 기후지역에서 주로 사용되기 때문이다. 보통 심층수의 충분히 낮은 온도를 보장하기 위하여 바다의 깊이는 1,000 m 이상이 효과적이다. 다만 이 정도로 깊은 바다에 설치할 경우에는 사용처가 있는 육지와 거리가 멀어지기 때문에 발전된 전기의 전송 및 배송에 어려움이 생길 수 있다. 표층수의 온도에서 기화가 되고 심층수의 온도에서 액화가 되는 순환유체(열유체)로는 암모니아와 프레온 가스가 주로 사용되지만 최근에는 환경을 고려하여 암모니아 가스를 주로 선택하여 사용한다.

해양온도차 발전 시스템을 바다에 설치하기 위한 여러 가지 방법이 제안되었는데, 이 중 한 가지 방법인 부유식 해양온도차 발전 시스템의 개략도를 〈그림 12-8〉에서 볼 수 있다. 해양온도차 발전소는 바다에 부유장치로 떠있으며 이곳에서 따뜻한 표층수를 흡입하여 사용하고, 사용 후 약간 온도가 내려간 표층수는 다시 바다로 방출된다. 그리고 발전소에서 약 1,000 m 정도로 내린 파이프를 통하여 차가운 심층수를 빨아들여서 발전소에서 사용하고 나서 다시 심해로 돌려보낸다. 이 발전소는 바다 바닥에 계선되어 있으며, 발전된 전기는 심해의 송전선을 통하여 육지로 전송된다. 다만 이러한 방식의 해양온도차 발전소는 거친 풍랑과 폭풍우에도 견뎌야 할 정도로 튼튼하고 안정되게 설계 및 시공이 되어야 한다.

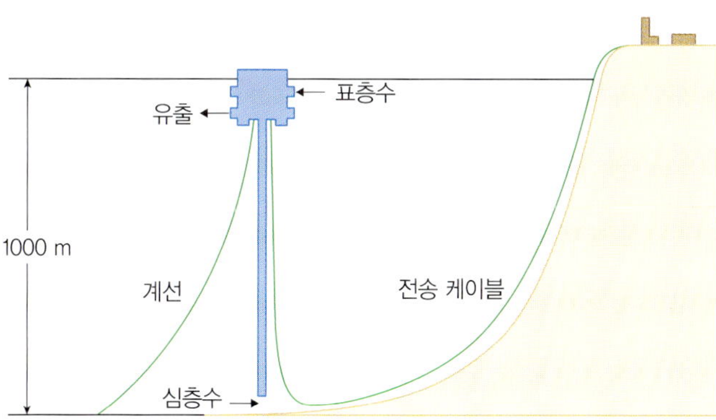

그림 12-8 부유식 해양온도차 발전 시스템 개략도

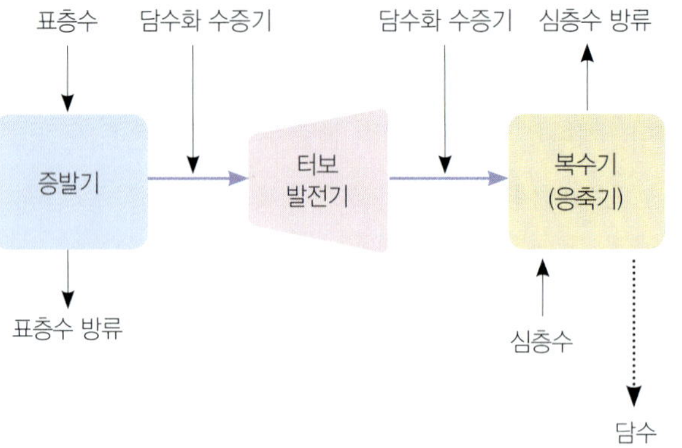

그림 12-9 개방형 주기(open cycle) 해양온도차 발전의 구성도

해양온도차 발전은 크게 개방형 주기(open cycle)과 폐쇄형 주기(closed cycle) 방식으로 세분된다. 〈그림 12-9〉는 개방형 주기 해양온도차 발전을 설명하는 구성도로 26℃ 정도의 따뜻한 표층수가 플래시 증발기(flash evaporator)로 들어오면서 매우 좁은 노즐의 입구를 통과하여 넓은 증발기 통으로 들어오면서 바닷물의 일부는 낮은 압력의 바닷물 기체로 바뀌고 나머지는 온도가 21℃로 식은 바닷물 액체로 바뀌어서 바깥으로 방출된다. 플래시 증발기에서 기체화된 바닷물 기체는 탈염화 과정을 거쳐서 순수한 수증기가 되고, 이 수증기가 터빈을 회전시키고 이 터빈에 연결된 발전기가 회전하여 전기가 생산된다. 복수기(또는 응축기, condenser)에서 이 탈염화된 순수한 수증기를 물로 변환시키는 데 기여한 5℃의 차가운 심층수는 9℃의 심층수로 변하여 뜨거운 표층수와 같이 섞여서 바깥으로 방출된다. 한편 터빈을 작동시킨 탈염화된 뜨거운 수증기는 차가운 심층수로 인하여 탈염화된 순수 물 상태로 바뀌어서 바닷물로 방출된다. 그러므로 플래시 증발기에 수증기로 변한 뜨거운 표층수의 일부분이 한 주기 작동 후에는 바다로 방출되기 때문에 이 방법을 개방형 주기 해양온도차 발전 방식이라고 한다.

〈그림 12-10〉은 암모니아를 열유체로 이용한 폐쇄형 주기 해양온도차 발전의 구성도와 암모니아 열유체의 폐쇄형 순환 방향을 보여주는 그림이다. 이 그림에서 보듯이 26℃ 정도의 온도를 갖는 따뜻한 표층수가 증발기(evaporator)에 들어와서 열유체

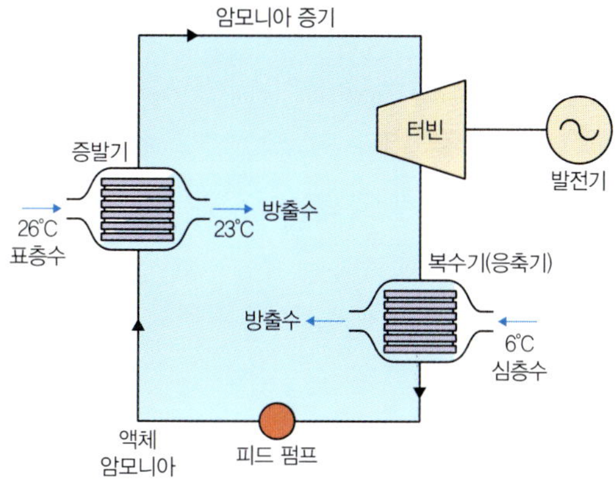

그림 12-10 암모니아를 이용한 폐쇄형 주기(close cycle) 해양온도차 발전의 구성도 및 암모니아 순환 방향

인 액체 암모니아를 기체로 만든 후에 23℃로 식혀서 바닷물로 방출된다. 그리고 증발기에서 만들어진 기체 암모니아는 터빈을 돌리고난 후에 복수기(condenser)로 들어가서 다시 액체가 된다. 이 액체 암모니아는 피드 펌프(feed pump)로 증발기로 돌아감으로써 온전한 순환이 된다. 한편 복수기에서 기체 암모니아는 6℃의 차가운 심층수로 인하여 액체가 되어도, 온도가 조금 상승한 차가운 심층수는 바다로 방출된다. 열유체인 암모니아가 폐쇄된 경로를 따라 순환하면서 터빈을 돌리고, 이 터빈에 연결된 발전기가 전기를 생산하기 때문에 이를 폐쇄형 주기 해양온도차 발전이라고 한다.

Chapter

13

지열 에너지의 이해

1 지열발전의 원리와 종류

지열발전은 땅 속에 굴착한 터널을 통하여 지하에 저장된 고온의 지열유체를 분출시켜서 이 열에너지로 전기에너지를 생산하는 발전방식으로 태양에너지가 아니라 지구 내부의 에너지를 활용하는 신재생에너지의 일종이다. 지구 내부로부터 발생하는 지열 에너지는 풍력이나 태양열처럼 무제한 에너지로 지하로 깊이 파면 팔수록 더 많은 에너지가 나오는 지구 자체에서 내부에 갖고 있는 지구 자체의 에너지이다.

〈그림 13-1〉에서 보는 1974년에 세워진 아이슬란드의 스바르트셍기(Svartsengi) 발전소처럼 보통 그 지역에 존재하는 지하수가 뜨거운 지하 암반과 만나서 생긴 뜨거운 천연수증기로 발전하는 천연증기 발전방식이 대부분이다. 이 지역의 대표적 명소

그림 13-1 지열발전의 한 예: 아이슬란드의 대표적 명소인 블루라군(Blue Lagoon) 스파에서 위쪽에 보이는 스바르트셍기(Svartsengi) 발전소에서 사용하고 남은 지하수를 이용한 온천 사진
자료: Prosthetic Head, Wikimedia Commons

인 블루라군(Blue Lagoon) 스파의 온천수는 이 발전소에서 사용하고 남은 지하수를 이용한 것이다. 그러나 지하수가 없는 곳에서 지하에 존재하는 고온의 지하 암반지대까지 굴착을 한 후에 이곳에 물을 주입하여 만든 고온의 인공 수증기로 증기터빈을 돌려서 전기를 생산하는 고온암체 발전기술이 사용된다. 이 기술은 미국과 일본에서 주로 발전시킨 기술이다. 화산지대가 존재하는 지역에서는 지구 중심부의 4,000℃가 넘는 고온의 마그마에서 유발되는 열에너지를 직접적으로 이용하는 화산발전 기술이 사용된다. 또한 지열 에너지 발전기술과 해양온도차 발전기술이 복합적으로 합쳐진 GEOTEC(Geothermal & Ocean Thermal Energy Conversion) 발전기술도 최근에 연구되고 있다. 다만 국내는 화산지대는 아니지만 온천수가 여러 곳에서 발견되어 활용되기 때문에 지열발전의 가능성이 있다고 본다.

지열발전의 원리는 〈그림 13-2〉로 설명할 수 있다. 지하의 마그마 열로 뜨겁게 덥혀진 지열 저류층의 물이 자체 압력으로 생산정에서 나와서 열 교환기로 들어간다. 열 교환기로 들어간 물이 터빈용 열유체로 열을 전달하여 기체로 만들어지고 이 기체성 열유체가 터빈을 돌리고 이에 연결된 발전기가 돌아가면서 전기가 생산된다. 터빈을 거친 기체성 열유체는 냉각기에서 다시 액체가 되어서 열 교환기로 되돌아간다. 지상으로 퍼올려서 열 교환기를 거쳐서 나온 식은 지하수는 열 교환기를 거친 후에 다시 지하로 방출된다.

〈표 13-1〉은 전세계에서 사용하는 대표적인 3가지 지역발전 방식인 건식 증기(dry

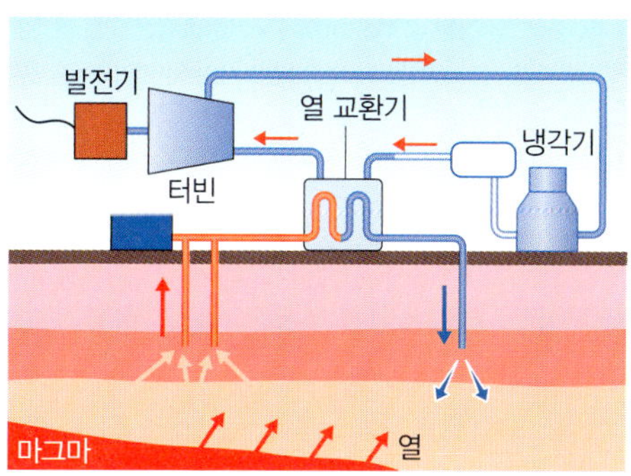

그림 13-2 지열 에너지를 이용하는 지열발전의 원리

stream) 방식, 플래시 증기(flash stream) 방식, 이원 주기(binary cycle) 방식으로 분류할 수 있다. 건식 증기(dry stream) 방식은 지열 저류층의 온도가 높아서 수증기만 존재할 때 생산정에서 분출하는 수증기를 곧바로 터빈으로 보내서 발전을 하는 방식이다. 보통 이 방식에서는 200℃ 건조한 증기를 사용하며, 미국의 더게이서스(The Geysers) 지열발전소, 일본의 마쯔가와(Matsukawa) 지열발전소, 이태리의 라데렐로(Larderello) 지열발전소가 대표적인 건식 증기 방식이다. 보통의 화력 발전소보다 낮은 온도와 압력 그리고 높은 응축 압력을 사용하기 때문에 비교적 열효율은 낮은 편이지만, 지열발전소 1기당 발전시설용량은 35~120 MW로 매우 높은 편이다. 그리고 플래시 증기 방식은 전세계 지역발전소의 62% 정도를 차지하는 주된 방식으로 지열 저류층에 뜨거운 열수나 열수-증기 혼합이 존재할 때 적용하는 방식으로 열수를 저압의 플래시 탱크로 분무하면 플래시 탱크 내의 낮은 압력으로 인하여 열수가 증기로 바뀐다. 이 증기로 터빈을 돌리고 식은 증기는 다시 압축기로 물로 만들어서 지하로 되돌려 보낸다. 이 방식은 1개의 지열발전소당 발전시설용량이 10~55 MW 정도로 높은 편이다. 그리고 앞에서 설명한 지열발전의 작동 원리는 〈표 13-1〉에서 분류한

표 13-1 지열발전 방식과 그 내용

구분	내용
건식 증기	지열 저류층의 온도가 높아서 증기만 존재할 때, 생산정에서 분출되는 증기를 곧바로 터빈에 보내 발전. 고온 지역에서만 사용 가능. unit당 생산 출력 35~120 MV로 매우 높음
플래시 증기	전 세계 지열 에너지 발전량의 62%를 차지하고 있는 발전 방식. 지열 저류층에 열수 또는 열수-증기가 혼합되어 있을 때 적용하는 방식. 열수를 저압의 플래시 탱크로 분무하면 압력 강하로 인해 증기로 바뀌며, 이 증기로 터빈을 돌려 발전. 단위(unit)당 생산 출력 10~55 MW로 높은 편
이원 주기	저류층 온도가 180℃ 이하로 증기 압력이 충분하지 않기 때문에 끓는점이 낮은 유체에 열을 전달한 후 유체의 증기압을 이용해 발전. 유체를 응축하는 데 별도의 에너지가 필요하며, 낮은 온도의 열수로도 발전 가능. 고온 열수 발전에 비해 발전 규모가 작음. 단위(unit)당 생산출력 5~10 WM

자료: 한국투자증권 투자리포트

지열발전의 방식 중 이원 주기(binary cycle) 방식에 해당한다. 이 방식은 지열 저류층의 열수가 다양한 염분과 온도 편차를 보이기 때문에 터빈, 복수기 등의 시설 보호와 일정한 발전용량 유지를 위하여 열수를 그대로 사용하지 않고 열유체를 열교환기 내에서 따로 사용한다. 이 경우 밀폐회로 내에서 사용하는 열유체로는 순수한 물을 사용한다. 이런 이원 주기 방식의 지열발전소 1기당 발전시설용량은 5~10 MW로 낮은 편이다.

2 지열발전의 역사

지열 에너지는 요리, 난방, 의학적 목적으로 1930년 아일랜드에서 관심을 갖기 시작하였다. 지열 발전에 사용하는 증기터빈은 이탈리아에서 증기를 이용하여 1897년

그림 13-3 뉴질랜드 타우포에 1958년에 건립된 와이라케이 지열 발전소 전경 사진
자료: http://www.freenzphotos.com, Wikimedia Commons

에 작은 증기 엔진을 돌린 것이 시작점이다. 이러한 증기 터빈으로 전기를 생산하여 1904년 4개의 진공관 램프를 켜는 데 성공하였으며, 1912년에는 발전 터빈으로 응용하는 데 성공하였다. 미국에서는 1922년에 이러한 증기터빈을 지열발전에 이용하기 시작하였는데, 초기에는 염분이 많은 지열 저류층의 열수가 갖는 부식성과 마멸성 증가를 막는 파이프와 터빈이 제대로 갖추어지지 않아 제대로 된 지열발전이 이루어지지 않았다. 그러다가 1956년이 되어서야 파이브와 터빈에 일반 철 대신에 스테인레스를 사용하여 이러한 부식성과 내구성이 극복되기 시작하였다. 이 당시의 전형적인 지열 발전소는 〈그림 13-3〉에서 볼 수 있는 뉴질랜드 타우포에 1958년에 세워진 와이라케이 지열 발전소이다.

2009년을 기준으로 지열 에너지 생산은 전 세계적으로 2,360 MWe(Energy Briefing & Ficuses, EIU, April 2011)가 생산되었으며 지열 에너지를 이용한 지열발전과 난방 이용은 지속적으로 증가하고 있다. 여기에서 MWe라는 단위는 에너지 출력로 사용하는 원자로의 에너지 용량 단위이다. 일반적으로 사용하는 열출력을 나타내는 MWth라는 단위와는 3000 MWth≈1000 MWe의 관계를 갖는다.

국내에서는 아직 온천으로 이용하는 것 외에는 지열 에너지를 사용하고자 하는 본격적인 움직임이 없다. 국내의 지열자원인 지열 저류층의 뜨거운 열수는 대부분이 염수이기 때문에 지열발전을 할 경우에는 이원 주기 방식을 선택하여 진행하여야 한다. 특히 전문가들은 국내에서는 백두산과 한라산 지역이 수백 년 전과 수천 년 전에 분화한 기록이 있는 휴화산이므로 이 지역을 중심으로 상당한 지열 에너지가 지하에 존재한다고 지속적으로 언급하고 있다. 그 결과 현재는 전국을 대상으로 한 지열 에너지에 대한 탐사작업이 시작되었다.

3 지열발전의 현황과 전망

2016년 발전, 지역난방, 온수공급, 공업적 용도, 담수화, 농업 등에 사용되는 지열의 용량은 20.4 GW인데, 이 중에서 전 세계 25개국에서 지열발전으로 약 12.6 GW(기가와트)의 전력을 생산하였다. 2016년에 사용한 지열 에너지의 전력 20.4 GW는 2007년에 사용한 8 GW에 비하면 두 배 이상 늘어난 수치로 지열 에너지는 해를 거듭할수록 급속도로 증가하는 추세이다. 〈그림 13-4〉는 세계 지열 에너지 발전규모 현황(2016년 기준)을 주요 국가별로, 그리고 지역별로 합산하여 보여주고 있다. 그림에서 보듯이 대륙별 지열발전시설용량은 크기 순서대로 보면 아시아 태평양 지역이 4.81 GW, 북아메리카 지역이 3.45 GW, 유럽이 2.13 GW, 남아메리카 지역이 1.64 GW, 아프리카 지역이 0.6 GW이다. 특히 나라별로 발전시설용량을 보면 미국, 필리핀, 인도네시아, 멕시코, 뉴질랜드, 아이슬란드, 이탈리아, 인도네시아, 케냐, 일본 등이 지열발전이 활발함을 알 수 있다. 주로 지열발전의 필요성을 일찍 깨달은 화산지대나 온천지대로 경제가 발달하여 전력이 필요한 나라들이다. 이러한 사실은 〈그림 13-5〉에서 빨간 점으로 보여준 전 세계 지열발전소 위치(2016년 기준)를 보면 더욱 확실하게 이해

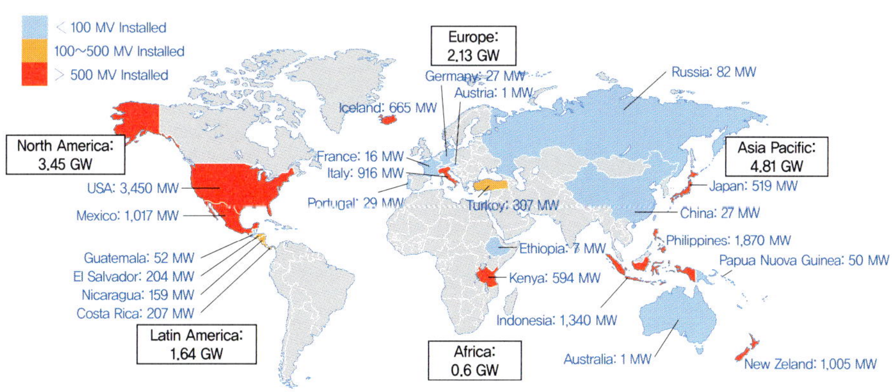

그림 13-4 세계 지열 에너지 발전규모 현황(2016년 기준)

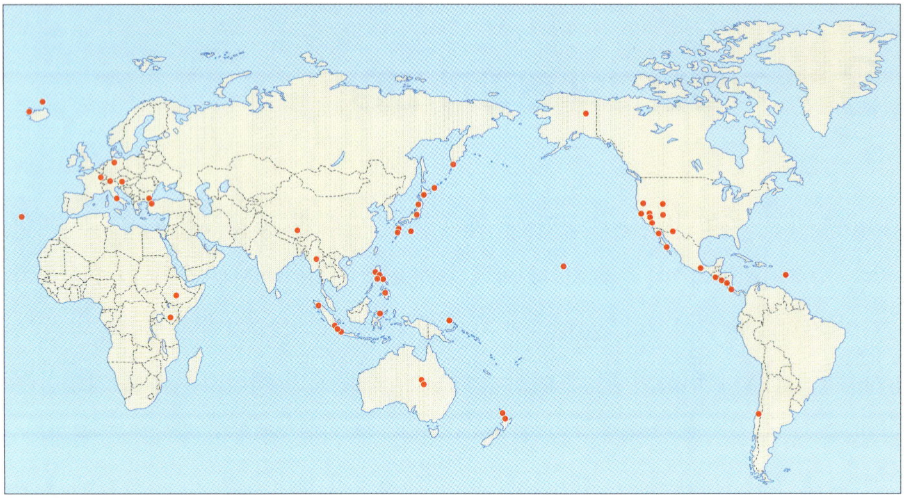

그림 13-5 전 세계 지열발전소 위치(2016년 기준)

할 수 있다. 즉 이 그림에서 보듯이 대부분의 지열발전소는 전 세계적인 화산지대와 일치하는 지역에 위치한다. 이를 정리하여 국가별 지열발전 설비 용량(2016년 기준)과 진행 중인 국가별 지열발전 프로젝트 용량을 그래프로 나타낸 것이 〈그림 13-6〉이다. 〈그림 13-4〉, 〈그림 13-5〉, 〈그림 13-6〉은 서로 같은 연관관계가 있고 대부분이 화산지대라는 지역적 특성, 즉 지열발전에 특화된 지형적 특성을 갖는 이 지역에 위치한 국가들이 지열발전소를 지어왔으며 앞으로도 지속적으로 지열발전소를 증가시킬 예정이라는 것을 알 수 있다.

〈그림 13-7〉은 지열발전의 기술별 전망을 2010년부터 2050년까지의 발전시설용량의 그래프로 2018년에 발표된 내용이다. 그래프에서 보듯이 자연적인 지열 저류층이 잘 형성되지 않는 지역에서 사용하는 고온암체 발전기술을 사용하는 인공 지열 저류층 생성시스템(EGS, enhanced geothermal systwm), 지열 저류층의 온도가 낮을 때 이원 주기 방식을 사용하는 저온(low temperature) 지열발전, 건식 증기 방식이나 플래시 증기 방식을 사용하는 고온(high temperature) 지열발전으로 나누어 분류한 것이다. 3가지 기술에 대한 지열발전소 용량은 급속도로 늘어날 예정이지만, 특히 지역적 구속을 어느 정도 벗어나게 한 EGS 기술로 지어지는 지열발전소가 2020년 기준으

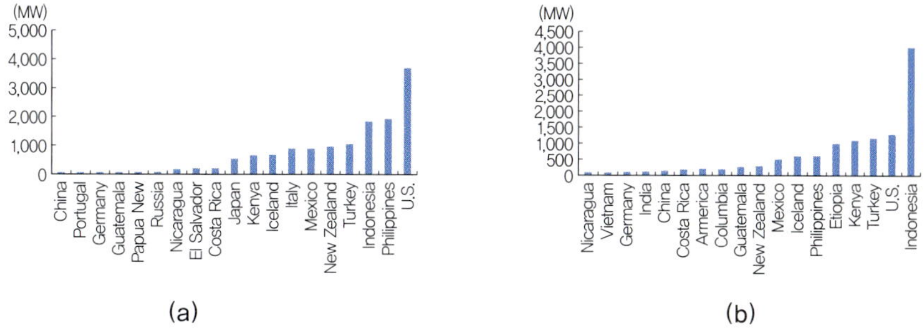

그림 13-6 (a) 국가별 지열발전 설비 용량(2016년 기준)와 (b) 진행 중인 국가별 지열발전 프로젝트 용량

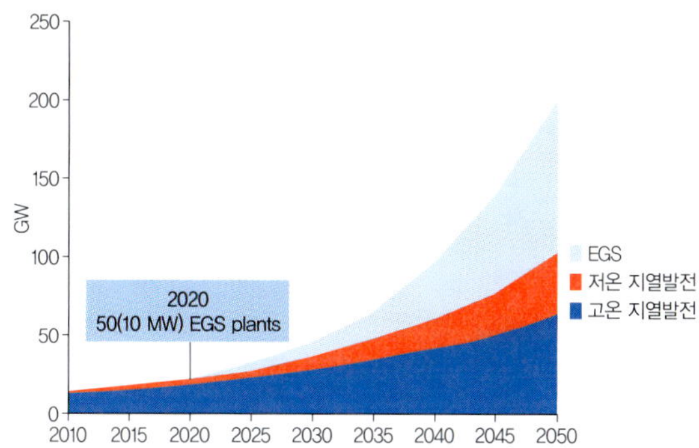

그림 13-7 지열발전의 기술별 전망

자료: IEA Geothermal Rode Map

로는 50개의 EGS 발전시스템이 구축되어 10 GW 정도를 생산할 시설이 지어질 예정이며 이후로는 더욱더 급속도로 증가할 것으로 전망된다.

〈그림 13-8〉은 대한민국 지열 에너지 보급용량(2016년 기준)과 우리나라의 지열 에너지 사용처별 현황(2016년기준)을 각각 보여주는 그래프이다. 국내의 지열 에너지 응용은 지열발전을 포함하여 그 양이 미미하였지만 지구온난화 방지 및 탈탄소화 정책으로 인하여 지열발전의 시설용량이 급속도로 커지나가 2015년 기준으로 0.18 GW 정도까지 증가하였다. 앞으로 이에 대한 연구와 투자는 EGS 기술을 기반으로 진행될 예정이다. 현재까지는 국내 지열 에너지의 이용분야 대부분이 공공시설과 교육시설과 같은 시범적 시설에 구축되어 활용되었지만, 앞으로는 산업용과 가정용으로 그 응용범위가 확대되어야만 한다.

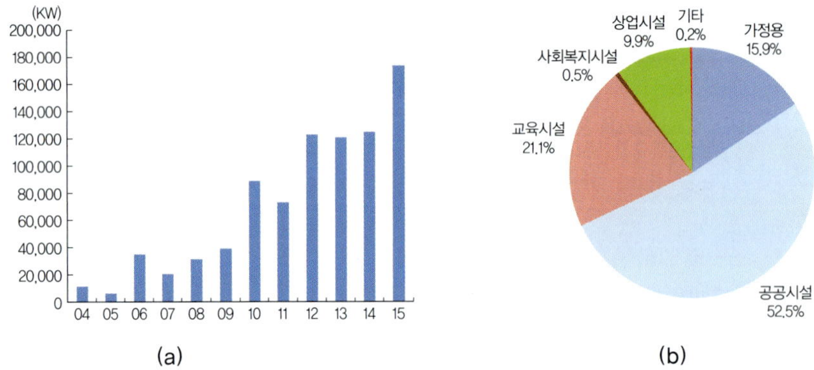

그림 13-8 (a) 대한민국 지열 에너지 보급용량(2016년 기준)과 (b) 우리나라의 지열 에너지 사용처별 현황(2016년기준)

자료: 한국에너지공단, 한국투자증권

Chapter

14

연료전지의 이해

1 연료전지의 작동원리와 장단점

신재생에너지의 일종이며 미래의 에너지 기술인 수소연료전지(줄여서 연료전지라 고 함)는 5장 2절에서 이에 대한 역사, 작동원리, 종류, 특징, 응용 분야 등을 간단하게 살펴보았다. 14장에서는 6가지 중요한 연료전지에 대한 성능 비교, 연료전지의 구조와 작동원리, 효율 및 환경적 요인, 장점, 응용분야, 개질기를 보다 상세하게 설명하고자 한다. 수소연료전지의 작동원리는 〈표 5-2〉에서 살펴본 인산염형 연료전지(PAFC)를 기준으로 〈그림 5-7〉에서 설명하였다.

연료전지의 화학반응은 전기화학에서 취급하는 분야이다. 특히 수소와 산소 사이에서 벌어지는 화학반응은 대부분 산소 또는 공기의 환경에서 수소가 폭발적으로 불타면서 엄청난 열을 통해 에너지를 방출하는 과정이지만, 연료전지는 수소와 산소의 화학반응이긴 해도 열 대신 전기로 나타난다는 점이 다르다. 이와 같이 연료전지는 수소와 산소가 가진 화학적 에너지를 직접 전기에너지로 변환시키는 전기 화학적 장치로서 수소와 산소를 각각 음극과 양극에 공급하여 연속적으로 전기를 생산하는 새로운 발전기술이다. 즉 연료전지에 필요한 연료로 음극에 필요한 산소는 공기에 있는 산소를 그대로 사용하며, 수소를 여러 가지 방법으로 만들어서 양극에 공급한다. 특히 연료전지에서 화학 반응 후 나오는 잔여물은 이론적으로 물만 있기 때문에 오염물질 배출이 거의 없는 양질의 에너지원으로 각광을 받고 있다. 연료전지에서 가장 중요하고 널리 연구 및 사용하고 있는 AFC, PAFC, MCFC, SOFC, PEMFC, DMFC에 대해서 전해질 종류, 촉매 종류, 동작온도, 열효율, 사용용도, 특징, 문제점, 제조사 등을 2021년 기준으로 〈표 14-1〉에 정리하여 놓았다. 6가지 연료전지는 앞으로 차례대로 자세히 작동원리와 각동 특성 및 응용분야에 대하여 살펴보고자 한다.

연료전지는 연료의 화학에너지를 전기에너지로 직접 변화시키는 고효율의 무공해 발전장치이기 때문에 대규모 발전소 건설 대안인 차세대 분산형 에너지원이면서 미래형 초저공해 자동차 기술의 핵심기술로 각광받고 있다. 현재 제안되었거나 실제로

표 14-1 수소연료전지의 종류와 특징들

구분	알카리	인산형	용융 탄산염형	고체 산화물형	고분자 전해질형	직접매탄올
	AFC	PAFC	MCFC	SOFC	PEMFC	DMFC
전해질	수산화칼슘	인산염	탄산염	세라믹	이온교환막	이온교환막
촉매	니켈, 백금	백금	Perovskites	니켈	백금	백금
동작온도 (℃)	120 이하	250 이하	700 이하	1,200 이하	100 이하	100 이하
	저온형	저온형	고온형	고온형	저온형	저온형
효율(%) HHV	85	70	80	85	75	40
용도	우주발사체	중형건물	중 · 대형 건물	소·중·대 용량	가정·상업용	소형이동
	전원	200kW	100kW~MW	발전 (1kM~MW)	1~10kW	1kW 이하
특징	-	CO 내구성이 큼, 열병합대응이 가능	발전효율 높음, 내부개질 가능, 열병합 대응 가능	발전효율 높음, 내부개질 가능, 복합발전 가능	저온작동, 고출력 밀도	저온작동, 고출력 밀도
과제	전해질에서 누수현상 방지	재료부식, 인산유출	재료부식, 용융염휘산	고온열화, 열파괴	고온운전 불가, 재료비/가공비 높음(고가의 촉매 및 전해질), 낮은 효율	고온운전 불가, 재료비/가공비 높음, 메탄올 크로스오버 문제
국내 기업		두산, 에스퓨어셀	포스코 에너지	STX 중공업, 미코, 경동나비엔	두산, 에스퓨어셀	프로파워

자료: 에니지공딘, H2World, IBK 두사증권

사용하는 연료전지의 주요 사용처는 가정용 전원 및 온수공급, 빌딩 및 아파트 분산형 전원 및 온수 및 식수공급, 비상전원, 도서지역 전원공급, 무공해 자동차의 에너지원 등이다.

참고로 연료전지와 비교되는 전기차용 리튬이온 전지(battery)의 동작원리는 충전과 방전 원리로 구분하여 〈그림 14–1〉에서 설명할 수 있다. 충전과정은 〈그림 14–1 (a)〉와 같다. 전원장치의 +극과 연결된 양극인 $LiCoO_3$ 전극에서 전자가 도산을 타고 나가고, 동시에 리튬이온(Li^+)이 전해질로 녹아들어간다. 이어서 이 리튬이온이 전기력에 의하여 분리막(separator)을 거쳐서 탄소로 이루어진 음극으로 들어가서 도선을 타고 들어온 전자와 만나서 LiC가 된다. 이 과정에서 동시에 전자가 도선을 타고 전원장치에서 음극으로 들어감으로써 전체 충전회로가 완성되면서 충전이 이루어진다. 즉 전원장치에서 기전력에 의한 전류가 음극에서 양극으로 흐르면서(전자는 양극에서 음극으로 흐름) '충전 전: $LiCoO_3$(양극) + C(음극) → 충전 후: $Li_{1-x}CoO_3$(양극) + Li_xC(음극)'의 전기화학반응이 전해질과 분리막을 거쳐서 진행되는 과정이 충전과정이다. 반대로 방전과정은 〈그림 14–1 (b)〉와 같다. 즉 전원장치를 빼고 부하(모터 등)가 음극과 양극을 연결하면 음극에서 리튬이온이 전해질로 녹아서 분리막을 통과하여 양극으로 이동한다. 동시에 음극에서 나온 전자는 부하를 거쳐서 양극으로 이동하여 분리막을 통과하여 도착한 리튬이온과 양극에서 결합하는데, 이 과정이 방전과정이다. 따라서 전류가 양극에서 부하를 거쳐서 음극으로 흐르는 과정에서 '방전 전: $Li_{1-x}CoO_2$(양극) + LiC(음극) → 방전 후: $Li_{1-x-dx}CoO_2$(양극) + $Li_{x-dx}C$(음극)'의 전기화

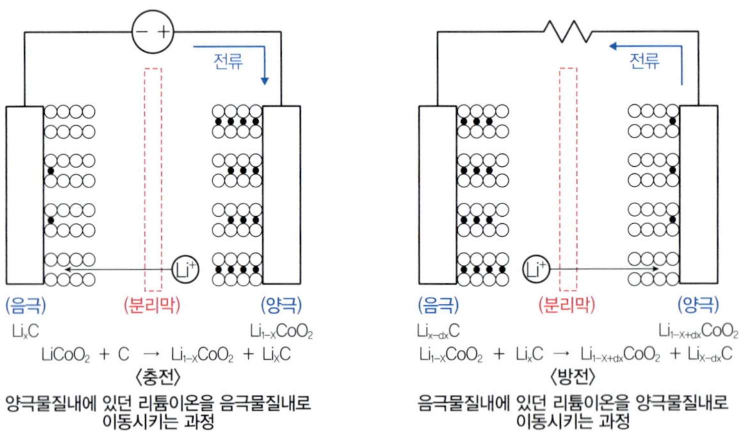

그림 14–1 리튬이온 전지의 (a) 충전 원리와 (b) 방전 원리

학반응이 전해질과 분리막을 통하여 이루어지는 과정이 방전과정이다. 그러므로 〈그림 14-1〉로 보여준 리튬이온 전지의 동작원리와 〈그림 5-7〉에서 설명한 AFC 연료전지의 동적원리는 확연하게 다르다는 것을 알 수 있다. 즉 연료전지는 외부에서 양극과 음극에 수소와 산소를 각각 공급하여 전기를 발생시키면서 외부로 물이 배출되는 구조이기에 리튬이온 전지와는 완전히 다른 것이다. 물론 외부의 산소는 공기로부터 흡입하여 사용하면 되지만, 수소는 여러 가지 에너지원(주로 화석 에너지나 바이오에너지)을 이용하여 생산해서 공급해야만 한다.

일반적으로 석유, 석탄, 천연가스와 같은 화석 에너지로부터 전기에너지나 운동에너지를 생산하기 위해서는 열역학을 적용한 열기관인 가스터빈, 증기터빈, 내연기관 등을 사용하여야 힌다. 이러한 열기관은 이론적으로 본래 최대 열효율이 정해져 있지만, 연료전지는 전기화학 변환효율로 정해진다. 간단한 현대적인 열기관은 이 효율이 약 50%로 제한되지만, 연료전지는 연료 에너지의 약 70% 정도까지 전기로 변환이 가능하다. 이 외에도 연료전지는 기계적으로 움직이는 부분이 없기 때문에 터빈이나 내연기관을 사용하는 경우보다 (1) 유지보수 없이 오랫동안 사용이 가능하고, (2) 수소와 산소를 공급하고 물을 배출하는 펌프가 내는 소음 외에는 연료전지가 만드는 소음이 거의 없으며, (3) 화석 에너지를 기반으로 하는 여러 가지 발전시스템들과 비교해서 공해배출이 상당히 낮다는 장점들이 있다. 이러한 다수의 장점이 있는 연료전지가 아직 대중화가 이루어지지 않은 이유는 가격에 있다. 즉 연료전지의 가격이 다른 발전시스템들보다 비싸기 때문이다. 화석 에너지를 사용하는 터빈이나 내연기관의 원리가 정립된 19세기 초반 이후에 이 기관들의 제작가격 경쟁이 극단적으로 이루어져서 현재의 성능과 가격이 나오고 있다. 반면에 연료전지의 상업적 모델은 1990년대 초가 되어서야 겨우 나왔기 때문에 터빈이나 내연기관과의 가격경쟁은 현재 비교의 대상이 아니다. 그러므로 앞으로 많은 연구와 투자가 연료전지 분야에 이루어진다면 보다 성능이 좋고 가격이 저렴한 새로운 연료전지가 나오면서 대중화가 쉬워질 것으로 예상된다.

만약에 물에 전극을 집어넣고 두 전극에 전지를 연결한다면 물이 전기분해가 되어서 음극 쪽에서 수소가 생성되고 양극 쪽에서 산소가 만들어진다. 이 과정은 가수분해(hydrolysis)라고 알려졌으며 1839년에 윌리엄 그로브 경(Sir William Grove)이 이 과정을 최초로 발견하였다. 이 과정을 역으로 진행시켜서 산이 포함된 물 속에 담긴 특별한 양극에 수소를 반응시키고 산소를 음극에 반응시키면 두 전극 사이에 전압이 발생한다. 이것이 연료전지의 작동원리의 기초가 되는 것이다. 실질적으로는 프란시스 베이컨(Francis Bacon)이 최초로 연료전지를 발견하였으며, 이 베이컨의 기술을 공식적으로 이은 프렛 앤 휘트니 항공사(Pratt and Whitney Aircraft Corporation)가 최초로 미국 우주산업에 이를 적용하여 발전시켰다. 이후에 1960대부터 1980년대까지 연구를 지속하여 1992년에 드디어 상업적으로 성공한 첫 번째 연료전지가 개발되었다. 이후로 21세기 초까지 상업적으로 의미가 있는 연료전지는 AFC를 포함하여 앞서 설명한 6종류가 개발되었다.

〈그림 14-2〉는 PAFC를 사용한 연료전지 시스템의 전체 구성도를 설명하는 그림으로 〈그림 5-7〉의 PAFC에 수소를 만들어서 제공하는 개질기(reformer)라는 연료처리

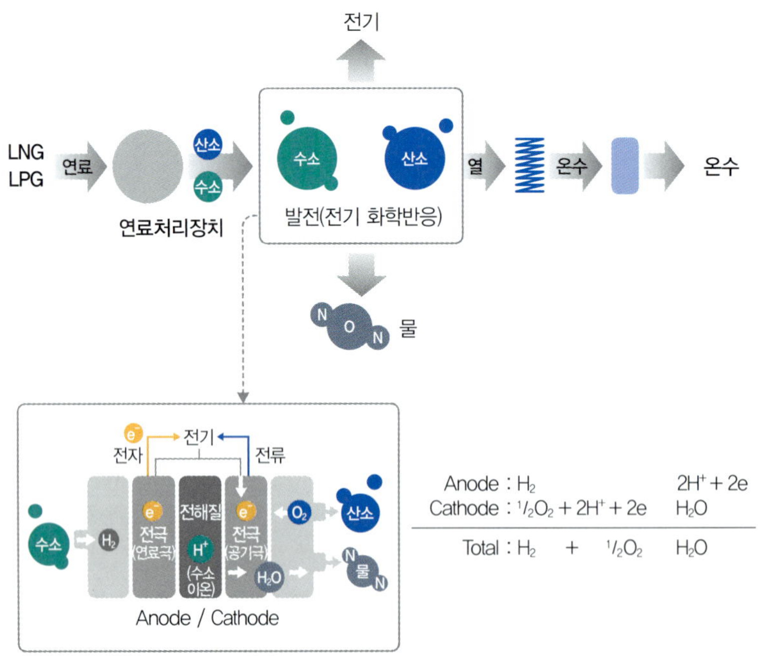

그림 14-2 PAFC를 사용한 연료전지 시스템의 구성도

장치를 포함하여 설명한 그림이다. 〈그림 14-2〉의 위쪽 그림에서 보는 것처럼 LNG나 LPG와 같은 천연가스를 연료로 하여 개질기인 연료처리장치를 통하여 수소를 만들어서 연료전지의 음극에 공급하고, 외부로부터 산소를 흡입하여 연료전지의 양극에 공급하면 앞서 설명한 대로 전기와 물이 생성된다. 동시에 연료전지에서 열이 발생하여 이를 이용하여 급수나 온수를 만들 수도 있고 증기터빈을 돌려서 추가적인 전기에너지를 생산할 수도 있다. 〈그림 14-2〉의 아래쪽 연료전지의 확대그림을 보면 〈그림 5-7〉에서 설명한 연료전지의 동작과정을 다시 한 번 볼 수 있으며, 그 옆에는 음극과 양극에서 진행되는 화학반응식을 적어놓았다.

연료전지 내에서 일어나는 수소와 산소 사이의 화학반응식은

$$2H_2 + O_2 = 2H_2O$$

이다. 2개의 수소분자와 1개의 산소분자가 화학반응을 하여 2개의 물분자를 만든다. 이 화학반응식은 수소가 음극에서 일어나는 단계와 산소가 양극에서 발생하는 단계로 분리하여 생각할 수 있다. 음극에서 수소분자 1개는 2개의 수소 양이온(양성자)과 2개의 전자로 다음과 같이 분리된다.

$$H_2 = 2H^+ + 2e^-$$

한편 산소분자 1개는 양극에서 4개의 전자를 흡수하여 아래 식과 같이 2개의 산소 음이온이 된다.

$$O_2 + 4e^- = 2O^{2-}$$

음전하로 하전된 산소이온 1개는 음전하로 하전된 수소 양이온 2개를 끌어당겨서 물분자 1개가 완성된다.

$$O^{2-} + 2H^+ = H_2O$$

보통 수소가 공기 중에서 불이 붙으면 순식간에 여러 과정의 화학반응이 격렬하게 발생하면서 다량의 열이 발생한다. 그러나 연료전지에서는 근본적으로 수소와 산소가 직접 섞이지 않게 한다. 즉 수소는 음극에만 공급되고 산소는 양극에만 공급되며, 두 전극은 수소나 산소기체가 전혀 스며들지 않도록 비전도성 전해질로 분리되어 있다. 이 전해질은 오직 양전하로 하전된 수소 양이온만을 전달한다. 그 결과 음극에서는 수소분자가 원자로 분리되면서 전자가 떨어져 나가서 양이온으로 하전된다. 그리고 수소 양이온이 전해질을 통과하여 양극에서 산소와 만난다. 현재의 상태에서는 양극에서 산소분자와 수소 양이온이 공존할 뿐이다. 음극에서 수소분자로부터 분리된 전자가 도선을 타고 양극으로 이동하면서 전류가 생성되고, 양극에서는 마침내 도선을 타고 온 전자들과 그곳에 있는 산소분자 및 수소 양이온이 재결합하면서 물을 만든다. 그리고 도선상에 전구와 같은 부하를 걸면 전류에 의하여 불이 켜진다. 즉 전자가 두 전극 사이의 전위차(전압)에 의한 기전력으로 이동하면서 일을 하는 것이다. 그러므로 전해질은 연료전지의 가장 중요한 요소 중의 하나이다. 앞서 언급한 6가지의 연료전지들은 서로 다른 전해질을 사용하고 있다. 그렇더라도 모든 연료전지에서 전해질은 음극에 공급된 수소기체가 양극으로 직접 갈 수 없도록 막는 역할은 하면서 일종의 큰 저항을 갖는 분류회로(short circuit)를 구성한다. 즉 연료전지의 전체 회로에서 전자가 볼 때 전해질을 통과하는 분류회로는 저항이 엄청나게 큰 회로이며, 음극에서 양극으로 연결한 도선은 매우 적은 저항의 회로이기 때문에 도선을 통하여 전자가 흐르는 것(전류이 방향은 반대임)이다.

앞의 설명에서 약간 이상한 것은 음극과 양극에서 수소분자와 산소분자가 자동으로 수소 양이온과 산소이온으로 분리되었는데, 이는 상온에서는 절대로 자동으로 일어날 수 없는 상황이다. 이러한 분자를 이온으로 분리하는 가장 쉬운 방법은 분자의 이온화 과정이 지속적으로 자동으로 일어날 수 있을 정도의 고온으로 환경을 조성해주는 것이다. 또 다른 방법은 저온에서 분자가 이온이 될 수 있도록 촉매(catalyst)를 사용하는 것이다. 연료전지에서는 보통 고효율의 촉매로 백금을 선택하여 사용하지만 이 소재는 가격이 매우 비싸서 연료전지의 가격상승을 일으키는 주 원인이 된다.

연료전지의 주 연료인 산소는 공기 중에서 쉽게 구할 수 있는 연료이지만, 수소는 일반적으로 쉽게 얻을 수 있는 연료가 아니다. 다행히도 천연가스나 바이오매스의 메탄가스와 같은 탄화수소를 분리하여 수소를 얻을 수 있다. 그러므로 탄화수소 계열의 연료에서 연료전지의 연료인 수소를 얻기 위하여 탄화수소의 본질을 바꾸는 개질기(reformer)라고 하는 장치를 사용한다. 이 개질기는 보통 2단계로 이루어져 있다. 먼저 천연가스나 바이오매스에 들어있는 메탄가스를 고온에서 수증기와 섞는 과정이 1단계로, 여기에서 수소와 일산화탄소가 대량으로 생산된다. 이어서 워터쉬프트 반응(water shift reaction)이라고 하는 두 번째 단계가 진행되는데, 이 단계에서는 추가적인 수증기가 공급되어 더 많은 수소를 만들면서 일산화탄소가 이산화탄소로 반응이 일어나도록 한다. 저온에서 촉매를 사용하는 연료전지의 경우에는 촉매가 일산화탄소에 대해서는 매우 취약해서 연료전지의 수명과 효율에 악영향을 미치기 때문에 개질기에서 2단계 과정은 매우 중요한 과정이 된다. 천연가스는 연료전지용 수소를 만드는 가장 편리한 원료인 반면에, 메탄올은 극도로 높은 800℃의 고온에서 개질기를 사용하면 수소가 풍부한 가스로 변환이 가능하다. 천연가스와 메탄올을 사용한 개질공정은 상당한 고온에서 진행되기 때문에 보통 저온 연료전지는 수소를 외부로부터 공급받는다. 일반적으로 고온의 연료전지 내부에 고온의 개질기를 넣어서 한번에 단순하게 설계하는 것이 더 효율적이다.

2 연료전지의 종류별 작동원리

연료전지의 종류와 특성에 대해서는 〈표 5-2〉와 〈표 14-1〉에 이미 정리하였지만, 여기에서 중요한 6가지의 연료전지 종류별로 작동원리와 화학반응식을 자세히 설명하고자 한다. 프란시스 베이컨이 1930년대에 개발한 AFC는 미국에서 우주왕복선을 포함한 우주선에 동력장치로 사용하였다. 그러나 AFC는 극도로 열효율이 좋지만 백금으로 촉매 겸 전극을 만들었기 때문에 지상형 연료전지로 사용하기에는 너무나 고가이다. 수소보다 메탄을 사용하는 DMFC는 아직 초기 실험단계이다. 이외에 나머지 4가지 연료전지는 발전소를 포함한 다양한 응용분야를 위해서 개발되었다. PAFC는 1992년에 최초로 상업용 연료전지로 사용되었다. PEMFC는 내연기관을 대체하는 전기 공급장치로 개발되었기 때문에 국내외 다수의 자동차회사들이 관심을 갖는 연료전지이다. 이 연료전지는 자동차용으로 먼저 개발되었지만 컴퓨터용 휴대 전원장치와 많은 소형 고정용 발전소와 같은 다양한 응용분야에 적용이 가능하다. PAFC와 PEMFC는 상대적으로 다른 연료전지에 비해서 저온에서 작동하기 때문에 시간당 유의미한 전류를 만들기 위해서는 고가의 촉매를 사용해야 한다. 나머지 MCFC는 650℃ 근처의 온도에서 녹는 용융탄산염을 전해질로 사용하며, SOFC는 1,000℃ 근처에서 효과적으로 작동하는 고체산화물을 전해질로 사용한다.

〈그림 14-3〉은 AFC의 작동원리를 보여주는 그림이다. 먼저 음극에서 수소가 들어오면 촉매로 인하여 저온에서 수소 양이온과 전자로 수소분자가 분리된다. 수소 양이온은 알칼리염 전해질을 통하여 음극에서 전송된 알칼리 음이온(OH^-)과 화학반응하여 물을 만든다. 음극에서 만들어진 전자들은 전해질을 통과할 수가 없으므로 음극에서 양극으로 연결한 도선을 타고 이동한다. 양극에서는 음극에서 만들어진 일부의 물과 외부에서 공급된 산소가 이온화되고 도선을 타고 온 전자들과 반응하여 최종적으

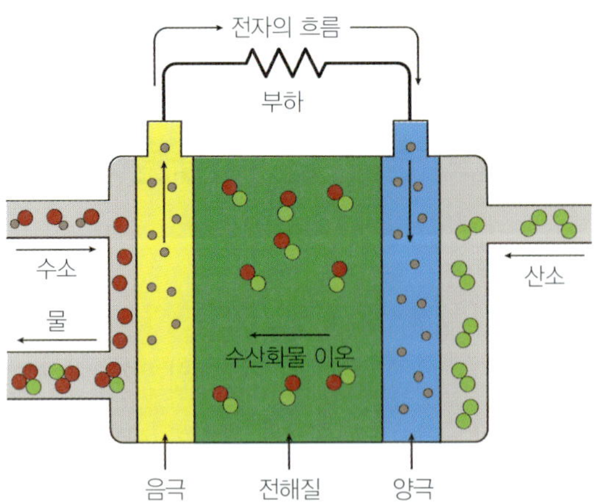

그림 14-3 AFC의 작동원리와 화학반응식

로 OH^-가 생성되면서 전해질을 통하여 음극으로 이동한다. 그 결과 수소분자와 산소분자가 AFC에 공급되어서 물이 발생한다. 이를 나타내는 화학반응식은

$$음극: 2H_2 + 4OH^- \rightarrow 4H_2O + 4e^-$$

$$양극: O_2 + 2H_2O + 4e^- \rightarrow 4OH^-$$

$$전체: 2H_2 + O_2 \rightarrow 2H_2O$$

이 된다. 이 결과 음극과 양극 사이에서는 1.23 V의 전압이 발생한다.

PAFC는 상업적으로 최초 성공한 연료전지이므로 최초로 개발된 연료전지인 AFC와 같이 중요한 의미를 갖는다. PAFC의 작동원리는 〈그림 14-4〉에 자세히 나와 있는데, 이미 5장 2절의 〈그림 5-7〉을 설명하면서 화학반응식과 작동원리를 1차로 설명하였으므로 여기에서는 주로 연료전지의 구조에 대하여 설명한다. PAFC의 전해질은 순수 인산인 H_3PO_4이다. 이 산은 수소 양이온에 대해서는 별로 안 좋은 전도체이지만 200°C까지는 물성이 안정적이기 때문에 개질기에서 공급된 수소와 공기로부터 공급된 산소로 작동하는 연료전지에서는 기본 전해질로 사용한다.

전해질은 그물구조의 탄화규소(SiC)막의 미세한 구멍에 모세관 현상으로 들어가서

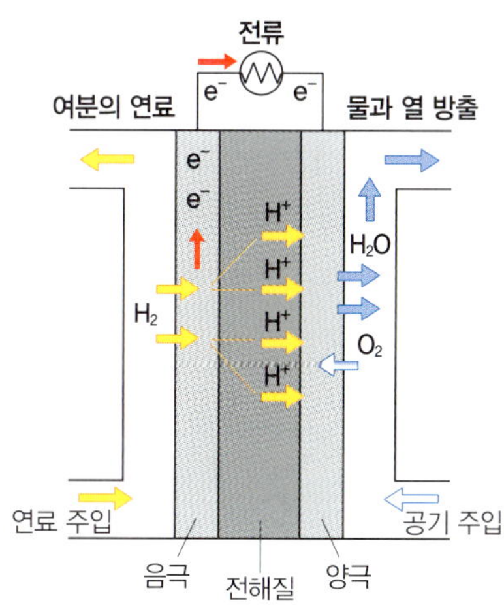

그림 14-4 PAFC의 작동원리

고정된다. 이 전해질은 액체이기 때문에 증착이나 이동 시에는 아주 조심스럽게 취급해야 하며, 전해질에 문제가 생길 시에는 연료전지의 효율과 수명이 심하게 나빠진다. 구멍이 많은 탄소로 만든 두 전극은 테프론 틀에 고정하여 전해질을 담고 있는 그물구조의 탄화수소막과 접착하여 붙여버린다. 탄소 전극의 구멍에 백금이 미세 코팅이 되도록 백금을 전극 전체에 코팅하여 덮어버린다. 전극의 뒷면에 긴 홈들을 평행으로 만들어서 이 홈들을 따라서 수소와 산소가 연료전지 셀 안쪽으로 운송되도록 만들었다. 전극소재로 사용된 탄소는 좋은 전기전도체이기 때문에 연료전지 셀로부터 전류가 이 두 전극에서 잘 흐르는데, 각 연료전지 셀에서 두 전극 사이의 전압은 0.65 V이다. 연료전지 셀들은 서로 직렬로 묶어서 원하는 전압으로 올린다. 이렇게 직렬로 묶인 연료전지 셀들을 스택(stack)이라고 한다. 이 스택들을 다시 병렬로 묶어서 원하는 전류가 나오도록 만들면 최종적으로 소비자가 원하는 전압과 전류를 내는 연료전지 묶음이 된다.

AFC의 셀을 작동시키기 위한 수소는 바이오매스 에너지원인 바이오가스를 사용하기도 하지만, 보통 천연가스를 개질(reforming)하여 사용한다. 이 연료전지가 가동되는 동안 나오는 폐열(waste heat)은 이 AFC의 작동온도에 필요한 열원으로 재사용한다. 이렇게 사용하고도 남은 열에너지는 온수나 난방용으로 사용할 수 있다. 연료전지 셀은 약 42%의 이론적 열효율을 보이지만 실제 연료전지 셀은 이론적 열효율보다는 작다. 그래서 열병합 시스템(cogeneration unit)을 연료전지 셀과 같이 병행하여 사용하면 하나의 PAFC에서 이론적으로 최대 87%까지의 열효율을 낼 수 있다.

〈그림 14–5〉는 MCFC의 작동원리를 보여주는 그림이다. 음극으로 수소분자가 들어와서 고온에서 수소 양이온과 전자로 분리된 후에 수소 양이온이 양극에서 전해질을 통해서 공급된 CO_3^{2-}와 결합하여 물과 이산화탄소가 된다. 음극에서 생성된 이산화탄소는 양극으로 회귀하여 외부에서 유입된 이산화탄소와 같이 양극으로 공급된다. 이 이산화탄소와 양극에 유입된 산소분자와 도선을 타고 양극에서 들어온 전자들이 결합하여 CO_3^{2-}가 되어서 전해질을 타고 음극으로 이동한다. 이 과정에 대한 화학반응식은 아래와 같이 정리할 수 있다.

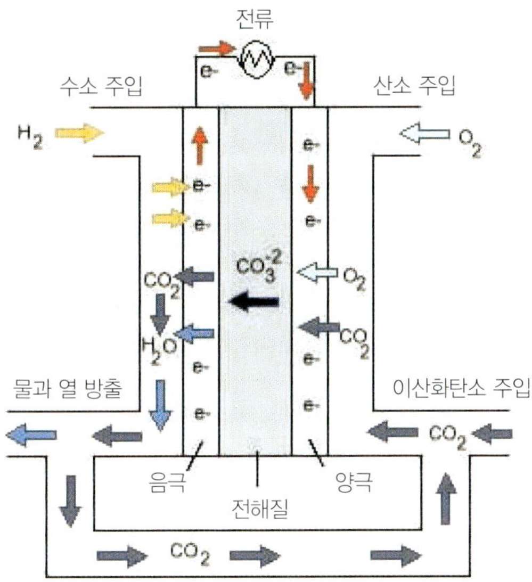

그림 14-5 MCFC의 작동원리

$$음극: H_2 + CO_3^{2-} \rightarrow H_2O + CO_2 + 2e^-$$

$$양극: (1/2)O_2 + CO_2 + 2e^- \rightarrow CO_3^{2-}$$

$$전체: H_2 + (1/2)O_2 + CO_2(음극) \rightarrow H_2O + CO_2(양극)$$

전해질은 알칼리 금속 탄산염의 혼합물로 이루어져 있으며, 이 전해질은 상온에서는 고체이고 650°C에서 액체로 변하면서 연료전지가 작동할 수 있게 한다. 이 전해질의 역할은 음극에서 만들어진 전자와 수소 양이온을 통과시키지 않고, 양극에서 생성된 CO_3^{2-}만을 음극 쪽으로 통과시키는 역할을 한다. 고온 MCFC는 1950년대에 연구가 시작되었으며, 1990년대 후반이 되어서야 주로 미국에서 250 kW급의 연료전지 셀이 테스트되면서 상용화의 길을 걷기 시작하였다. MCFC는 개발 중이거나 개발된 연료전지 중에서는 화학반응이 가장 복잡한 연료전지이다. 결과적으로 전해질을 녹이는 고온 때문에 MCFC는 백금 촉매 없이 니켈로도 충분한 역할이 가능하다. 전해질은 다공성 내화타일의 구멍에 들어가 있고, 니켈전극이 이 다공성 내화타일의 표면에 붙어있다. 고온으로 작동하기 때문에 일산화탄소에 대해서도 덜 민감하다는 장점도 있다. 사실상 양극에서 나타나는 약간의 일산화탄소가 생기지만 이마저도 고온의 환경에서 반응이 가능하므로 이 일산화탄소마저도 추가적인 연료로서 작동한다.

연료전지 셀의 전해질로 인한 고온의 환경은 천연가스 개질기와 연료전지를 한몸으로 설계할 수 있도록 해준다. 그러나 반대로 고온의 액체 전해질이라는 새로운 기술에 도전해야 하는 어려움이 생긴다. 이러한 고온의 전해질과 단열 등에 대한 기술적 문제가 이 연료전지의 성공여부를 결정하게 된다. 어쨌든 이렇게 복잡한 연료전지의 개발여부는 전기변환효율에 달려있다. 현재까지는 약 54% 전기변환효율을 달성했지만 이론적으로는 60%까지 가능하다고 되어있는데, 이 정도의 값은 현존하는 가장 좋은 열기관보다 훨씬 더 높기 때문에 이 연료전지를 개발할 가치는 충분하다. MCFC는 고온의 폐열이 발생하기 때문에 이를 추가적인 연료소비 없이 더 많은 전기를 생산하는 보조 가스터빈을 활용할 수 있다. 이렇게 폐열을 활용한 전기생산까지 고려하면 MCFC는 이론적으로 75~80%까지의 열효율을 얻을 수 있다. MCFC 기술은 액체 전해질을 사용하여 작동하는 연료전지 중에서 가장 복잡한 기술이기 때문에 가격도 가장 비싸다. 만약에 이 연료전지의 가격을 낮출 수만 있다면 모든 연료전지 중

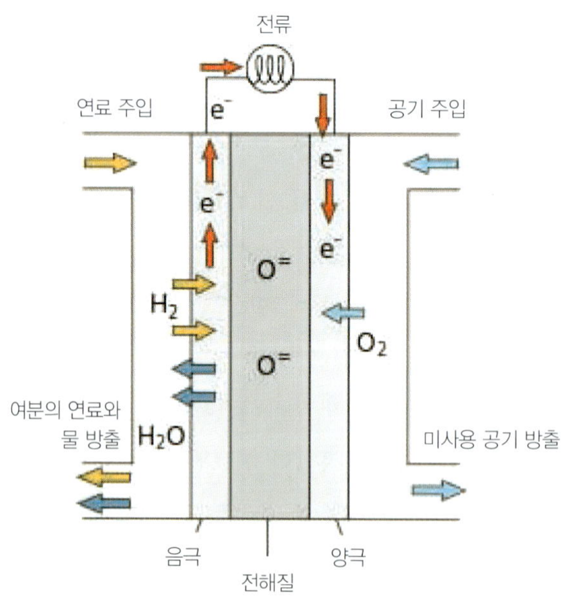

그림 14-6 SOFC의 작동원리

에서 가장 높은 열효율을 갖는, 그리고 연료에서 전기로 변환할 때 가장 좋은 변환효율을 갖는 상업성이 충분한 연료전지가 될 것이다.

〈그림 14-6〉은 SOFC의 작동원리를 보여주는 그림이다. SOFC에서 음극으로 들어온 수소는 고온의 환경에서 수소 양이온과 전자로 분리된다. 전자는 도선을 타고 양극으로 이동하고 수소 양이온은 양극에서 전해질을 통과하여 음극으로부터 도착한 O^{2-}와 결합하여 물이 된다. 한편 고온의 환경에서 양극에 주입된 산소분자는 도선을 타고 들어온 전자와 반응하여 O^{2-}가 되어서 전해질로 이동하여 음극으로 이동한다. 즉 저온 PAFC에서 음극에서 양극으로 전해질을 통과하는 것이 수소 양이온인 데 반하여 고온의 SOFC는 양극에서 음극으로 전해질을 통하여 산소 음이온이 이동하는 것이 특징이다. 이러한 화학반응식을 정리하면 다음과 같다.

음극: $H_2 + O^{2-} \rightarrow H_2O + 2e^-$

양극: $(1/2)O_2 + 2e^- \rightarrow O^{2-}$

전체: $H_2 + (1/2)O_2 \rightarrow H_2O$

SOFC의 전해질은 산화지르코늄(ZrO_2)으로 지르코니아(zirconia.)라도 하는데, 이는 산화이트리윰(yttrium oxide), 산화칼슘(calcium oxide), 산화마그네슘(magnesium oxide)과 같은 산화물에 포함되어 있으며 용융점이 2,700℃인 고체이므로 산소이온에 대하여 전도성이 있다. 그러나 지르코니아는 고온인 1,000℃ 근처까지 접근해야만 산소이온의 전도도가 크게 증가하여 의미가 있게 된다. 고체 산화물 전해질은 1930년대에 연구되기 시작했지만 별로 성공적인 결과가 나오지 않았다. 그러다가 1950년대와 1960대에 지속적인 연구 끝에 미국의 웨스팅하우스(Westinghouse, 현재는 독일 지멘스사가 소유 중)라는 기업이 미국 에너지부와 합동으로 연구한 결과, 의미 있는 여러 가지 응용이 제안되었다. 고온의 SOFC의 음극에서 발생한 물은 뜨거운 수증기로 변해서 외부로 배출된다. 이 수증기는 식혀서 온수나 난방용으로 이용하기도 하고 다시 증기터빈을 돌려서 추가적인 전기를 생산하기도 한다.

SOFC에서 사용한 전해질의 두께는 10 μm 정도로 매우 얇다. 전극은 이 전해질에

접착되어 있으며, 고체 전해질과 전극이 연료전지 셀의 형태를 지지하는 구조체 역할도 한다. 연료전지 셀의 작동온도가 매우 높기 때문에 연료전지를 구성하는 여러 소재들의 열팽창을 세심하게 일치시켜야 하며, 만약에 이러한 조건을 못 맞출 시에는 고온에서 연료전지가 갈라지거나 깨지는 경우가 생길 수 있다. 연료전지의 온도가 고온에서 작동한다는 것은 음극과 양극에서 촉매가 필요 없다는 의미이다. 보통 음극은 세라믹 구조체에 니켈을 뿌려서 만들고, 양극은 산소와 반응하지 않는 전도성 산화물로 만든다. 이 연료전지의 온도가 고온이기 때문에 직접 음극에 천연가스를 주입하면 음극에 공급할 수소가 음극에서 바로 만들어지는 것도 장점이다. 한편 고온의 SOFC에서 가장 중요한 기술은 수소와 산소를 지속적으로 고온에서 분리시키는 기술이다. 웨스팅하우스는 세라믹 튜브의 내부를 양극으로 튜브의 외부를 음극으로 활용하는 기술로 이 문제를 해결하였다. SOFC는 연료전지 자체로만 현재 약 50%의 전기변환 효율을 달성하였다. SOFC는 구조가 단순하고 액체 전해질을 사용하지 않기 때문에 수명이 극한으로 길다. 현재 테스트된 결과로는 약 60,000시간 동안 문제 없이 작동하였으며 20년 이상의 수명을 보장하고 있다. 현재는 앞서 말한대로 SOFC의 폐열을 활용하여 추가적인 발전을 하기 위한 가스터빈이나 증기터빈을 사용하는 열병합 발전 기술이 추가적으로 적용되고 있다. 이 결과 열병합 전을 추가하면 총 70% 이상의 열효율을 낼 수 있다.

〈그림 14-7〉은 PEMFC의 작동원리를 보여주는 그림이다. 이 그림에서 보듯이 작동원리와 화학반응식은 〈그림 14-4〉의 PAFC와 거의 동일하다. 다만 PAFC에서는 전해질이 액체인 H_3PO_4이었는데 PEMFC는 고체인 고분자막이 이를 대신하여 이온교환막 역활을 한다는 차이가 있다. 이 연료전지는 1960년대 초에 미국 GE(General Electric)사가 발명하고 미군이 이를 테스트하여 검증하였다. 미국 해군이 개발한 후에 1980년대부터는 영국 해군도 이를 채택하여 잠수함 등에 사용하고 있다. 특히 이 연료전지는 작동온도도 낮고 고체로 부피와 무게가 작기 때문에 자동차용 내연기관을 대체하는 수소차의 동력원으로 자동차 회사들로부터 큰 관심을 받고 있다. 그리고 다른 많은 회사들이 중소형 지상용 발전소로의 가능성을 가지고 연구개발에 집중하고 있다. 보통 PEMFC의 전해질인 고분자막은 과불화화합물(poly-PFCs, poly-

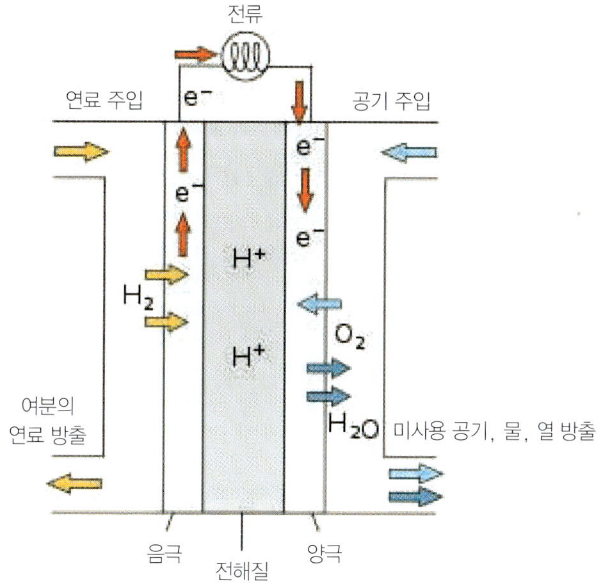

그림 14-7 PEMFC의 작동원리

perfluorocarbon sulphonate)로 만든다. 이 물질은 테프론(Teflon)과 매우 비슷하지만 소분자 시슬의 백본(backbone)에 설폰산(acidic sulphonate) 분자 그룹이 붙어서 전도성을 나타낸다는 것이 테프론과 다른 점이다. 정상 상태에서의 고분자막은 비전도성 물질이지만 이 고분자막에 물이 가득 차면 이 고분자막은 수소이온에 대해서 전도성 물질로 변한다. 고분자막의 두께는 50~175 μm 정도로 가장 두꺼운 경우를 보더라도 종이 7장 정도의 두께이다. 그리고 이 고분자막 위에 백금이 구멍마다 박혀있는 다공성 탄소를 인쇄하여 전극을 만든다. 두꺼운 다공성 탄소 전극층은 전류가 흐르는 회로 역할을 하면서 연료전지 구조물을 버티게 해주는 골격 역할도 한다. PAFC 셀을 직렬과 병렬로 엮어서 충분한 전압과 전류가 나오도록 연결한다.

이 연료전지 셀이 작동하기 위하여 고분자막에 물을 담고 있기 때문에 연료전지 셀은 항상 물의 끓는점 이하로 온도를 유지해야만 한다. 실제로 PEMFC 셀은 80°C 근처의 온도에서 작동한다. 이 연료전지도 작동하기 위해서는 수소와 공기로부터 공급되는 산소가 필요하다. PEMFC는 매우 낮은 온도에서 작동하기 때문에 개질기에서 수소를 만들 때에 일산화탄소가 전혀 없는 수소를 만들어서 양극에 있는 백금 촉매에 공급해야만 한다. 수소를 연료로 작동하는 PEMFC는 60% 정도의 전기변환효율을 갖는데, 이는 본질적으로 PAFC보다 더 높은 전기변환효율이다. 이 연료전기의 기본 구조물들이 가볍기 때문에 자동차용 동력장치로 매력이 충분하다. 그러나 실제로는 연료로 사용하는 수소를 천연가스로부터 만든다는 점을 고려해야 한다. 즉 낮은 작동온도는 개질기에서 천연가스로부터 메탄을 개질하여 수소를 만들 때 필요한 충분한 폐열이 이 연료전지로부터 나오지 않는다는 것을 의미한다. 그러므로 개질기를 작동하기 위한 충분한 열을 만들기 위하여 어느 정도 연료를 태워야 한다. 이 때문에 이 연료전지의 전체 열효율은 42% 정도로 낮아지고, 전기변환효율은 PAFC의 전기변환효율과 비슷해진다.

〈그림 14-8〉은 DMFC의 작동원리를 나타낸 그림이다. DMFC는 양극에 메탄올(CH_3OH)과 물을 공급하면 음극에 있는 백금 촉매가 물과 메탄올을 수소 양이온과 전자로 분해하면서 이산화탄소를 배출한다. 수소 양이온은 전해질인 이온교환막을 통하여 양극으로 이동하고, 전자도 도선을 타고 양극으로 이동한다. 한편 양극에서는 외부에서 공급된 산소분자가 촉매로 인하여 산소원자로 분해되면서 이온교환막을 통하여 이송된 수소 양이온과 도선을 타고 들어온 전자와 결합하여 물이 형성된다. 이러한 화학반응식은 전리하면 다음과 같다.

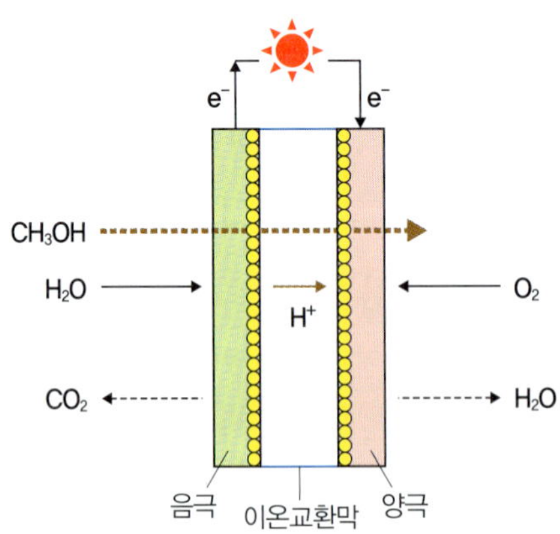

그림 14-8 DMFC의 작동원리

음극: $CH_3OH + H_2O \rightarrow 6H^+ + 6e^- + CO_2$

양극: $(3/2)O_2 + 6H^+ + 6e^- \rightarrow 3H_2O$

전체: $CH_3OH + (3/2)O_2 \rightarrow 2H_2O + CO_2$

현재 DMFC는 연구 중인 연료전지로 구조가 지속적으로 개량되고 있으며, 그 구조가 복잡하여 이를 설명하는 것은 본 교재의 범위를 벗어나기 때문에 이는 다른 전문 서적의 영역으로 넘기고 여기에서는 언급하지 않는다. 다만 DMFC도 이온교환막을 전해질로 사용하며, 전체적으로 PEMFC와 비슷한 구조를 갖기 때문에 작동온도도 낮다. 앞에서 언급한 다른 5가지 연료전지와 다른 점은 수소 대신에 메탄올을 연료로 사용한다는 점인데, 이 때문에 바이오매스 에너지원으로부터 메탄올을 많이 생산하는 나라에서 주로 연구되고 있다.

〈그림 14-3〉부터 〈그림 14-8〉까지 〈표 14-1〉에서 보여준 PEMFC, SOFC, AFC, MCFC, PAFC, DMFC를 〈그림 14-9〉에 한꺼번에 간단하게 비교하여 놓았다. 음극과 양극으로 각각 입력되는 원료 및 배출되는 물질, 그리고 전해질을 통과하는 이온의 종류와 방향을 한눈에 볼 수 있도록 정리하였다.

고온으로 작동하는 연료전지의 폐열을 이용하는 연료전지 시스템의 한 보기로 〈그림

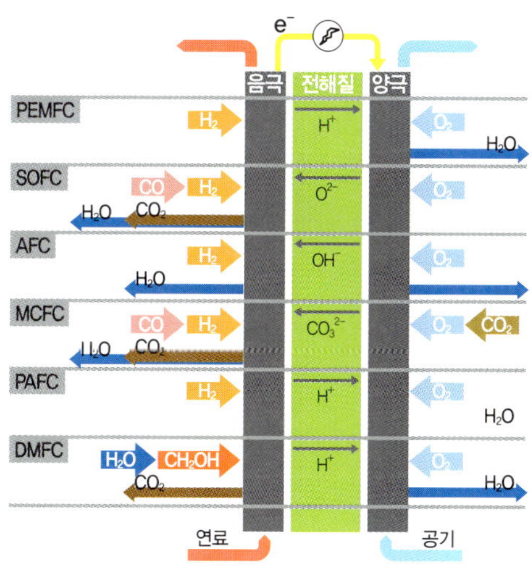

그림 14-9 수소연료전지별 작동원리 비교

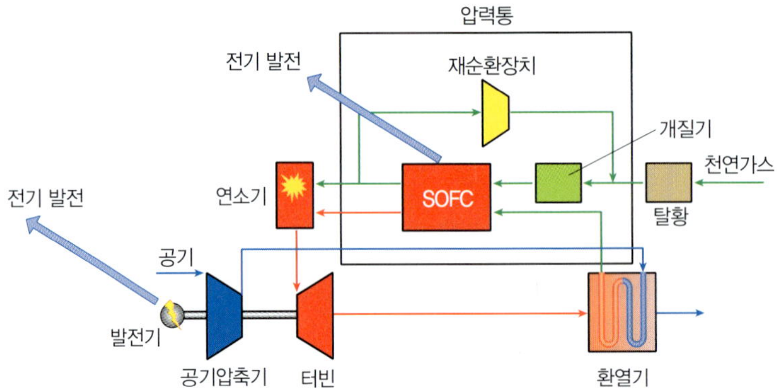

그림 14-10 SOFC/가스터빈 하이브리드 발전시스템

14-10〉인 SOFC/가스터빈이 결합된 하이브리드 발전시스템 전체를 상세히 보여주는 것을 끝으로 이 절을 마무리하고자 한다. 오른쪽부터 보면 천연가스가 원료로 개질기(reformer)에 들어가서 고온의 환경에서 수소를 만들고, 이 수소는 SOFC의 음극에 공급된다. 당연하게도 SOFC에서는 전기가 생산되며, SOFC에서 배출된 고온의 수증기는 연소실을 거쳐서 고압의 증기로 변한 후에 증기터빈을 돌린다. 증기터빈에 붙어있는 발전기가 같이 돌면서 폐열을 이용한 전기가 추가로 생산된다. 그리고 증기터빈에 연결된 공기압축기(compressor)로 외부의 공기를 압축하여 환열기(recuperator)로 보낸다. 환열기는 공기압축기에서 들어오는 찬 공기를 증기터빈을 돌리고 배출된 고온의 수증기로 뜨겁게 만드는 장치이다. 이 뜨거워진 공기는 SOFC의 양극에 공급된다. 그리고 SOFC에서 사용하고 배출되는 수소는 다시 재순환장치(recirculation blower)로 개질기로 다시 보내진다. 이러한 SOFC, 개질기, 재순환장치는 고압통 속에 들어가 있다.

3 연료전지의 장점과 환경적 요인분석

〈표 14-1〉 및 〈그림 14-9〉에서 나열하고 비교한 6가지 주요 연료전지들 중에서 DMFC를 제외한 나머지 5가지 연료전지는 주연료가 수소이며 DMFC는 주연료가 메탄올이다. 수소나 메탄올을 사용하는 6가지 연료전지는 모두 결과물로 물만 배출하거나 물과 함께 일부 이산화탄소가 나오는 경우가 대부분이므로 환경에 미치는 악영향이 미미하다. 이러한 이유로 〈그림 14-10〉과 같은 전체 연료전지 시스템으로 확대해서 살펴보면 환경에 영향을 주는 원인으로는 천연가스를 사용하여 수소를 생산하는 개질기가 배출하는 이산화탄소가 가장 크다. 그러나 개질기에서는 대부분 천연가스를 사용하지만, 일부 석탄의 가스화기술을 사용하기도 하고 또는 다양한 바이오매스 에너지원을 사용하는 기술도 적용하면서 이산화탄소의 배출을 줄이고자 노력하고 있다. 연료전지는 비슷한 규모의 다른 에너지 발전기술들과 비교해보면 상당히 높은 열효율을 갖는다는 것을 알 수 있다. 대략 250 kW의 연료전지 발전소는 200 MW 화력발전소가 갖는 열효율과 거의 비슷하게 나온다. 대부분의 소형 발전시스템에 사용하는 열기관은 덩치에 비해서 열효율이 비효율적이기 때문에 높은 열효율을 갖는 연료전지는 다른 열기관을 사용하는 시스템보다도 분산형 발전소에 더욱더 유리하다. 실질적으로 연료전지 시스템은 인구밀도가 매우 높은 도시에, 그 중에서도 도심지역에 쉽게 설치할 수 있다. 즉 각 건물마다 최적의 규모로 설치한 연료전지 시스템은 건물이 필요로 하는 전기를 적절하게 생산할 뿐만이 아니라 이 시스템에서 배출되는 폐열도 난방과 온수로 사용할 수 있기 때문에 연료전지 시스템은 고층건물이 즐비한 도심지역에 최적화된 에너지 발생기술이다.

〈그림 14-11〉은 연료전지 발전을 가스터빈, 가스엔진, 디젤엔진, 화력발전과 같은 다른 발전 방식들과 오염물질 배출 정도를 서로 비교해 놓은 그래프이다. 이 그래프에서 보듯이 연료전지는 다른 발전방식에 비해서 이산화탄소는 57~106% 줄어들었으며, 질소화합물과 황화합물은 거의 나오지 않는 수준이고, 소음도 35~450%로 줄

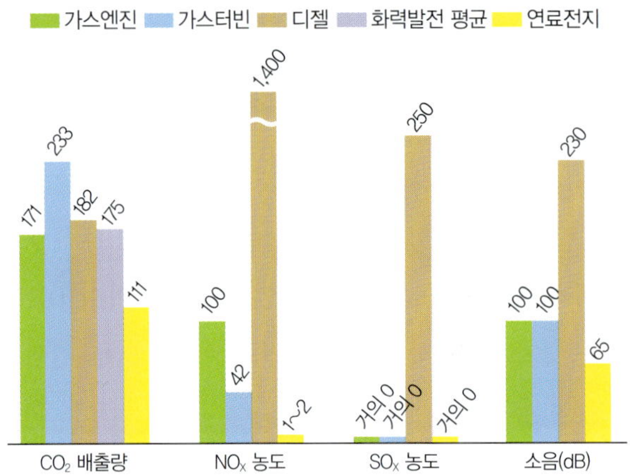

그림 14-11 연료전지 발전과 다른 발전 방식의 오염물질 배출 비교

어들었음을 알 수 있다. 연료전지가 다른 발전방식에 비해서 엄청나게 오염물질 배출이 적다는 것을 알았지만, 이를 다른 에너지원들과 비교하여 본 것이 〈표 14-2〉이다. 〈표 14-2〉를 보면 풍력 에너지와 태양광 에너지는 온실가스인 이산화탄소 배출이 0인 에너지이다. 그러나 연료전지는 유연탄에 비해서는 작지만 LNG에 비해서는 큼을 알 수 있다. 연료전지 개질기에서는 LNG를 사용하면 비슷해지지만 일부의 연료전지는 그 자체에서도 이산화탄소가 발생하기 때문이다. 에너지원 중에서는 비교적 온실가스 배출이 적은 편이고, 다른 발전 방식에 비해서는 이산화탄소를 제외한 다른 오염물질의 배출이 거의 없는 편이기 때문에 열효율, 소음, 오염물질 배출 등으로 보면 연료전지는 확실히 좋은 에너지원임이 분명하다. 다만 가격과 안전, 인프라 구축

표 14-2 발전 연료별 온실가스 배출량

발전원별 구분	온실가스 배출량(gCO_2/kWh)
유연탄	887 g
연료전지	548 g
LNG	389 g
풍력	0
태양광	0

자료: 한국남동발전

문제가 단점이므로 이에 대한 기술, 투자, 법 등이 잘 해결되면 효율적이고 깨끗한 신재생에너지 기술로 널리 사용되리라 예상된다. 현재까지는 PAFC를 제외하고는 아직 확실하게 상업적으로 경쟁력을 갖춘 연료전지가 없지만 조만간에 파일럿 시설과 발전 시스템 구축을 통하여 상업적 경쟁력을 갖추리라 예상된다. PAFC는 그나마 상업적 경쟁력이 있으며 제품이 신뢰할 만하다고 판명되었기 때문에 가격이 중요하지 않은 우주산업이나 국방산업을 중심으로 활용되고 있고, 특히 환경적 요인이 매우 중요한 경우에 있어서는 현재 가장 신뢰할 만한 연료전지이다.

〈표 14-3〉은 2018년 자료로 국내 연료전지의 발전량 추세를 2040년까지 예측한 표이다. 이 표에서 보듯이 대부분의 연료전지는 발전용으로 2018년에 307 MW였는데, 2022년과 2040년에는 각각 1.5 GW와 15 GW로 발전량이 급속히 늘어나고 가정용과 건물용도 각각 50 MW와 2.1 GW로 증가한다. 또한 〈표 14-4〉는 2018년부터 2020년까지 3년간의 유연탄, LNG, 연료전지별 발전단가의 변화를 보여주는 표로 유연탄과 LNG 대비 연료전지의 발전단가가 서서히 격차가 줄어드는 것을 알 수 있다. 즉 연료전지의 기술과 인프라가 점차로 증가하면서 발전단가가 줄어들지만, 유연탄과 LNG는 수입단가가 점차로 증가하여 발전단가가 높아지는 추세를 보여준다. 〈표

표 14-3 국내 연료전지의 발전량 추세 현황

구분		2018년	2022년	2040년
연료 전지	발전용	307 MW	1.5G W(내수 1 GW)	15 GW(내수 8 GW)
	가정, 건물용	7 MW	50 MW	2.1 GW

자료: 산업통상자원부 수소경제활성화 로드맵

표 14-4 유연탄, LNG, 연료전지별 발전단가의 변화(단위: 원/kWh)

구분	유연탄 평균	LNG 평균	연료전지 평균
2018년	80.8	148.7	231.8
2019년	85.1	159.0	228.8
2020년	85.6	132.7	200.2

자료: 한국남동발전

14-3〉과 〈표 14-4〉를 통해 연료전지의 발전량은 증가하면서 발전단가는 내려가기 때문에 이에 대한 꾸준한 기술개발과 투자가 이루어진다면 조만간 연료전지도 상업성이 충분히 확보되리라 예상된다.

연료전지의 친환경적 장점은 〈그림 14-11〉에서 자세하게 논하였다. 즉 다른 발전기관과 비교하여 보아도 개질기의 작동까지 고려한 이산화탄소 배출도 2배 이상 작고, 질소화합물과 황화합물은 거의 배출이 안 되며, 소음도 거의 없다는 것을 이미 살펴보았다. 이러한 환경오염물질 배출이 거의 없다는 장점 외에도 연료전지는 많은 다른 장점들을 갖고 있다. 이러한 장점은 (1) 높은 열효율, (2) 긴 수명, (3) 낮은 오염물실 배출, (4) 낮은 소음, (5) 높은 가동률, (6) 작은 설지면적 등이다. 그러므로 응용분야로는 분산형 전원과 도심형 개별 전원에 특화된 에너지원으로 생각할 수 있다. (1)은 4장 2절에서 연료전지의 종류와 작동원리를 설명하면서 자세히 언급하였고, (2)~(4)는 4장 1절과 이 절인 4장 3절 앞부분에서 설명하였다. 이에 더하여 (5)과 (6)의 장점은 응용분야로서의 장점이다.

〈그림 14-12〉는 다른 발전 방식과 비교한 연료전지의 가동률과 설치면적을 비교한 그래프이다. 일단 열효율, 오염물질 배출, 소음 등에서 비교가 안 되는 화석에너지 발전 및 원자력 에너지 발전 등은 제외하고 환경오염물질 배출이 0인 풍력발전과 태양광발전을 가동률면에서 비교해 보면 풍력발전과 태양광발전은 외부 날씨에 의한 영향이 매우 크기 때문에, 풍력과 태양광의 실질적인 평균 가동률은 각각 대략 25%와 15% 정도임을 〈그림 14-12 (a)〉가 보여준다. 그러나 연료전지는 거의 90%로 풍력과 태양광과 비교해서 아주 높은 가동률을 보여준다. 이에 더하여 설치면적을 〈그

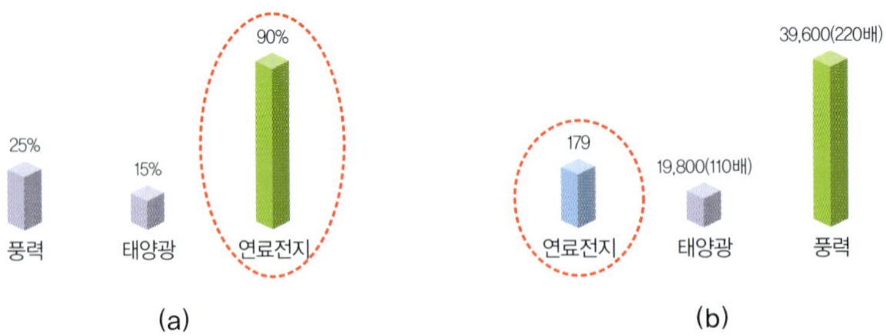

그림 14-12 다른 발전 방식과 비교한 연료전지의 (a) 가동률과 (b) 설치면적

림 14-12 (b)〉에서 비교해 보면, 풍력과 태양광은 연료전지에 비해 110배 및 220배나 많은 면적이 필요하기 때문에 초기 인프라 구축에서 연료전지는 큰 장점을 갖는다는 것을 알 수 있다.

연료전지의 장점들인 (1)~(6)으로 인하여 연료전지는 도심 내에서 최적의 분산 발전 시스템을 구성할 수 있다. 즉 연료전지발전 시스템은 다른 발전 시스템들에 비해서 장거리 전송에 의한 에너지 낭비도 없고, 송전설비의 유지관리 문제도 없으며, 인프라 구축비용도 절감되며, 사용자에게 최적화된 크기와 용량을 적시에 공급이 가능한 거의 유일한 발전시스템이다. 그러나 아직 연료전지에 대한 기술적 문제 및 비용을 낮추는 문제점들과 수소연료에 대한 인프라 구축 투자가 필요하다.

4 연료전지의 응용분야

14장 3절에서 연료전지는 (1)~(6)의 장점들로 인하여 도심용 분산형 발전 시스템으로 좋은 응용이 될 수 있다고 하였다. 이에 더하여 다른 여러 분야로의 응용을 설명하고자 한다. 〈그림 14-13〉은 6가지 연료전지 중 AFC를 제외하고 새로운 μ-FC(마이크로 연료전지)를 포함하여 발전용량별로 응용분야를 표기한 그림과 표이다. 그림에서 보듯이 극소형인 μ-FC는 mW급의 발전용량이 필요한 MEMS(micro-electric mechanical system)에 사용할 수 있으며, DMFC는 3 W와 50 W급의 발전용량을 갖는 휴대폰과 노트북에 사용할 수 있다. 그리고 SOFC는 2 kW와 70 kW급의 발전용량이 필요한 가정용 RPG(residential power generation)와 70 kW급 수송용 전원장치로 사용할 수 있다. SOFC와 MCFC는 MW급인 대형발전용 시스템으로 사용된다. PEMFC는 50 W 급에서 수십 MW 급의 발전용량을 갖는 응용 시스템에 골고루 사용할 수 있다. 응용분야를 크기로 구분한 μ-FC를 제외한 PAFC, MCFC, SOFC, PEMFC, DMFC를 발전용량별로 응용분야를 상세히 구분해 놓은 것이 〈그림 14-13〉의 아래쪽 표이다.

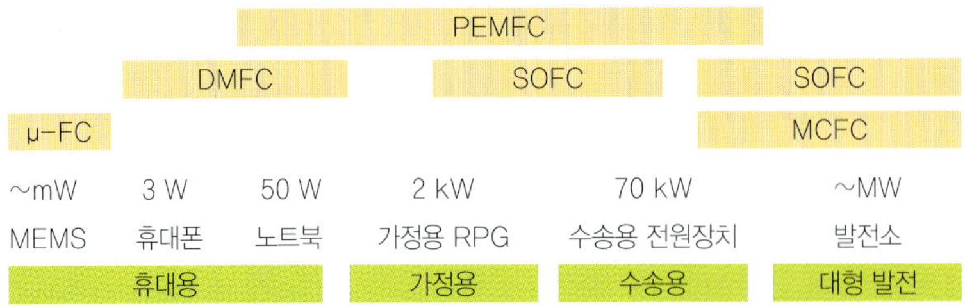

제품 종류		용량	연료전지				
			PAFC	MCFC	SOFC	PEMFC	DMFC
발전	대형	수십 MW	○	●	●	○	○
	분산형	수십 kw ~ 수십 MW	●	●	●	●	○
	가정용	수 kw ~ 수십 kw	○	○	●	●	○
수송		수 kw ~ 수백 kw	○	▲	●	●	○
휴대		수백 W ~ 수 kw	○	○	●	●	●
		수 W ~ 수백 W	○	○	○	●	●

●: 적용 ▲: 일부 고려 ○: 적용가능성 희박

그림 14-13 발전용량별 연료전지 응용분야

5 자동차용 개질기 소개 및 수소생산 기술

개질기에 대해서는 앞서서 14장 1절과 〈그림 14-10〉에서 그 필요성과 구성에 대해서 간단하게 언급하였다. 이 절에서는 개질기의 종류와 개질기의 추가적인 후속기술 등에 대해서 설명한다. 〈그림 14-14〉는 자동차와 같은 수송용 연료전지에서 (a) 연료탑재형 개질기(on-board reforming) 방식의 연료전지 자동차와 (b) 수소주유소형(direct hydrogen or reforming off the vehicle) 방식의 연료전지 자동차를 설명하는 간단한 그림이다. 〈그림 14-14 (a)〉는 자동차 외부에서 휘발유, 메탄올, 천연가스와 같은 탄화수소 연료를 외부에서 자동차 내의 연료통(fuel tank)에 넣고, 이 연료를 자동차의 연료전지 시스템에 내재된 개질기 시스템(fuel processor)에 공급하여 수소를

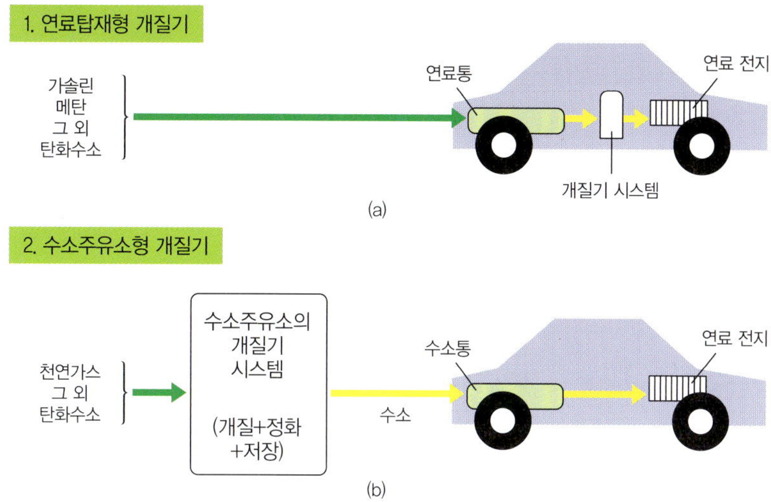

그림 14-14 수송용 연료전지에서 (a) 연료탑재형 개질기(on-board reforming) 방식의 연료전지 자동차와 (b) 수소주유소형(direct hydrogen or reforming off the vehicle) 방식의 연료전지 자동차 모식도

발생시킨 후, 이 수소로 연료전지를 작동시켜서 생산한 전기로 동력용 모터와 각종 전기전자기기를 가동시키는 자동차 그림이다. 〈그림 14-14 (b)〉는 〈그림 14-14 (a)〉와는 다르게 외부에서 휘발유, 메탄올, 천연가스와 같은 탄화수소 연료를 사용하여 수소주유소의 개질기 시스템(fuel processing station)에서 제조한 수소를 수소연료전지 자동차에 수소연료통에 넣은 후, 이 수소연료통에 들어간 수소를 연료로 하여 연료전지를 가동시켜서 움직이는 연료전지 자동차에 대한 개략도이다.

〈그림 14-15〉는 개질기와 열교환기를 사용한 수소 공급으로 가동하는 개질기 시

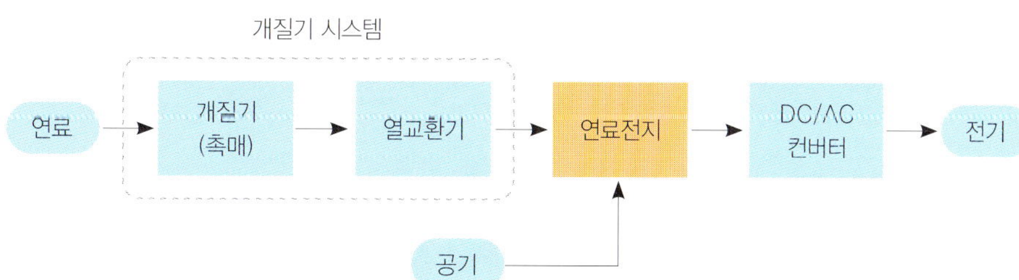

그림 14-15 연료전지 자동차용 개질기와 열교환기를 사용한 수소 공급으로 가동하는 개질기 시스템을 포함한 연료전지 전체 계통도

스템을 포함한 일반적인 연료전지 전체 계통도를 보여주는 그림이다. 개질기는 LNG, LPG 및 휘발류 등 기존 연료를 연료전지에서 사용 가능한 고농도 수소연료 또는 수소 및 CO 혼합가스로 전환시키는 장치로 개질기 시스템(fuel processor)의 핵심기술은 연료개질기(reformer) 및 수소농도를 높이는 후속 처리기술(수소분리막, WGS, PrOx 등)로 구성된다. 여기에 연료전지 종류가 다른 DMFC와 같은 경우에는 연료 종류에 다르기 때문에 다른 기술이 사용되기도 한다. 〈그림 14-15〉에서 보듯이 연료는 개질기와 열교환기로 구성된 개질기 시스템을 거쳐서 나온 수소연료를 연료전지의 음극에 공급하고 외부로부터 흡입한 공기로부터 산소를 연료전지의 양극에 공급하여 직류 전기를 발전한다. 그리고 이 직류 전기를 교류로 변환하는 DC/AC 컨버터로 교류 전기를 만들어서 소비자가 다양하게 사용한다.

〈그림 14-16〉은 수소를 생산하는 부생수소법, 추출수소법, 수전해수소법을 간단하게 설명하는 그림이다. 이 외에도 광생물학, 광생화학, 광촉매, 초임계 가스화 기술 등이 실험실 수준에서 수소를 생산하는 기술로 제안되고 있다. 부생수소법은 제철공장, 석유화학 공장, 정유공장 등에서 가동 중에 만들어지는 부생수소를 전제하여 수로를 만드는 과정이고, 추출수소법은 앞서서 설명한 연료전지용 개질기 시스템을

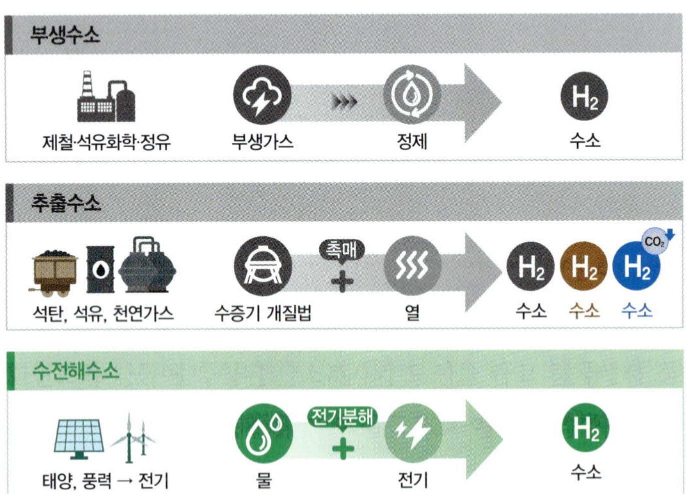

그림 14-16 수소를 생산하는 생산방식

이용한 수소제조법으로 석탄, 석유, 천연가스 등과 같은 탄화수소 연료를 고온의 환경에서 수증기와 1, 2차 반응을 통하여 다량의 수소와 소량의 이산화탄소가 만들어지는 방식이며, 마지막으로 수전해수소법은 14장 1절에서 설명한 물의 전기분해과정을 공정으로 확대하여 수소를 만드는 과정으로 이에 필요한 전기는 풍력이나 태양전지를 사용하여 생산한다. 이 중에서 연료전지에서는 일반적으로 생산과정의 단순화 및 장치의 소형화가능성 및 연료전지의 열을 이용하는 과정을 사용할 수 있기 때문에 추출수소법으로 수소원료를 만든다.

〈그림 14-17〉은 연료전지에 필요한 수소제조/분리법뿐만이 아니라 및 수소저장과 수소 응용 기술을 전반적으로 도표화한 그림이다. 수소는 신재생에너지, 원자력에너지, 화석에너지를 이용하여 제조 및 분리된다. 이렇게 만들어진 수소원료는 고압저장 기술, 액체저장 기술, 고체저장 기술, 화학저장 기술을 통해 저장되고, 수소를 원료로 하는 각종 응용기술이 사용되는 곳까지 수송하여 공급한다. 당연히 가정, 산업, 수송 등의 분야에서 다양하게 사용될 수 있다. 다만 수소는 산소를 직접적으로 만나면 폭발의 위험이 발생하므로 전과정에서 수소 탐지 및 안전기술이 필연적으로 수반되어야만 한다.

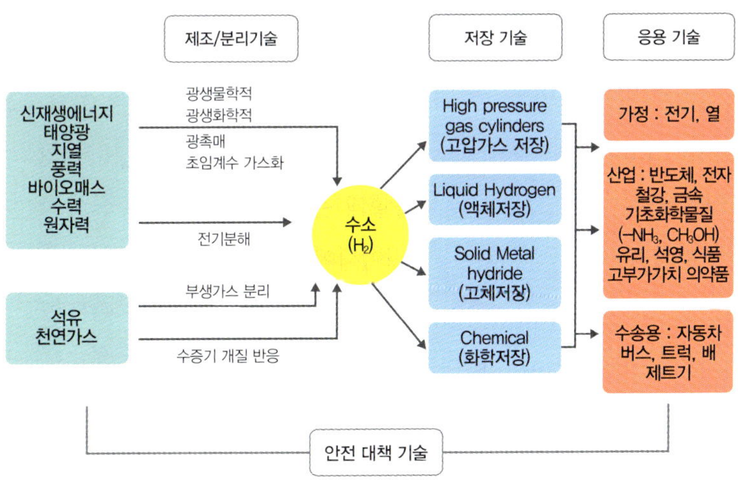

그림 14-17 연료전지에 필요한 수소제조/분리, 저장, 응용 기술

6 연료전지의 정책 방향

〈그림 14-18〉은 2019년부터 2030년까지 2022년을 기준으로 작성된 글로벌 발전용 연료전지 시장 전망을 나타낸 그래프이다. 2019년에는 280.2 MW인 연료전지 발전시설용량은 연평균 성장률(CAGR, compound annual growth rate) 21%로 예측되어 2030년에는 2,260 MW까지 발전시설용량이 증가하는 것으로 예상되고 있다. 〈그림 14-18〉에서 산업용 응용은 파란색 막대그래프로, 건물용은 오렌지색 막대그래프로, 가정용은 보라색 막대그래프로 표기되어 있다. 이에 따르면 산업용과 가정용의 증가가 건물용보다는 훨씬 크다고 예측된다.

〈그림 14-19〉는 2021년 기준으로 작성된 글로벌 수소 자원 및 수요 분포도를 보여준다. 이 연료전지의 핵심 원료인 수소는 결국 다른 에너지원을 사용하여 탄화수소 계열의 연료와 물로부터 생산되는 것이기 때문에 연료전지용 수소는 오염물질을 생각하면 태양전지(PV, photovoltaic cell)와 풍력 에너지로 수소제조용 전력을 만들거나 천연가스로 이를 제조해야만 한다. 그러므로 태양광 및 풍력 에너지가 풍부한 곳이나 천연가스가 풍부한 곳이 수소자원을 만들 수 있는 퍼텐셜이 큰 지역이다. 〈그림

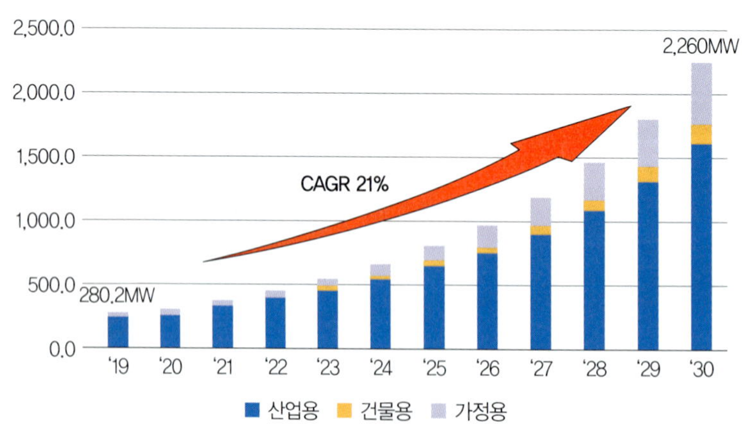

그림 14-18 글로벌 발전용 연료전지 시장 전망

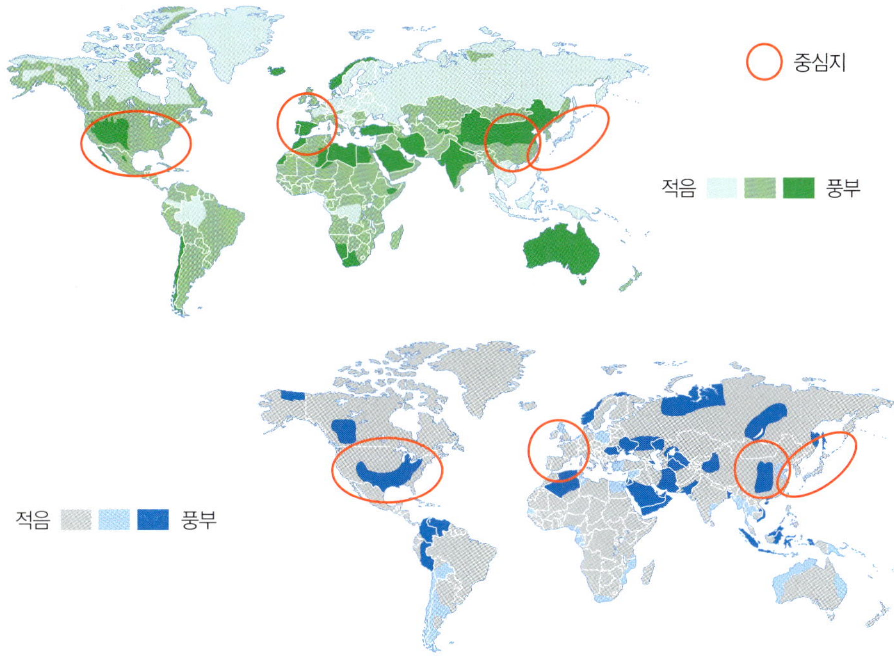

그림 14-19 글로벌 수소 지원 및 수요 분포도

14-19〉에서 상단의 세계지도는 태양광과 풍력 에너지원이 풍부한 곳을, 하단의 세계지도는 천연가스가 풍부한 지역을 표기해 놓은 것이다. 전 세계에서 수소가 주로 요구되는 중심지는 붉은 타원으로 표기하여 놓았는데, 경제가 발전한 선진국으로 미국, 유럽, 중국, 일본과 한국이 속해있다.

〈그림 14-20〉은 2020년부터 2050년까지의 이산화탄소가 없는 수소를 생성하기 위한 로드맵을 보여주는 그래프이다. 여기에서 2020년 기준인 회색으로 표기한 8,000원/kg의 가격으로 생산하는 그레이수소, 2030년 기준인 초록색으로 표기한 4,000원/kg의 가격으로 생산할 그린수소, 2040년과 2050년을 각각 기준인 파란색으로 표기한 3,000원/kg과 2,000원/kg의 가격으로 생산할 블루수소를 목표로 시중에 판매할 공급가격을 기술해 놓았다. 그레이수소와 그린수소를 생산하는 2020년부터 2040년까지는 중형개질수소방식, 2세대 알칼리인 수전해방식, PEM 방식의 수전해방법을 통하여 수소생산효율을 65%에서 82%로, 연료전지 발전시설용량을 0.25 MW부터 10 MW

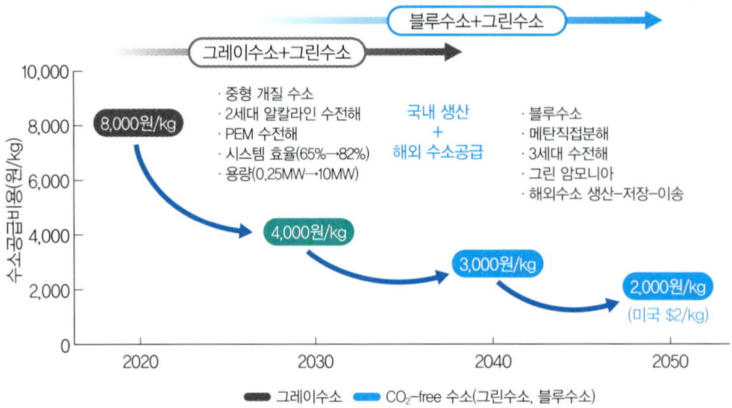

그림 14-20 CO_2-free 수소 생산 로드맵

까지 끌어올릴 예정이다. 또한 2030년부터 2050년까지 생산할 블루소소와 그린수소는 메탄직접분해기술이나 이산화탄소제거 블루수소 제조기술, 3세대 수전해기술, 그린 암모니아 기술, 해외에서 생산될 고품질 수소의 구입 등으로 이를 달성하고자 한다. 즉 국내에서도 연료전지의 개발과 보급 및 이에 필요한 수소제조/저장 등의 기술도 〈표 14-3〉과 〈그림 14-20〉에서 보듯이 정부 및 기업체에서도 충분한 로드맵 및 전망을 하면서 준비하고 있음을 알 수 있다.

참고문헌

1부 에너지에 대한 빠른 이해

1 이종필, “열역학과 엔트로피”, 2020.6.25, 동아사이언스, http://m.dongascience.com/news.php?idx=37725.

2 http://contents.kocw.or.kr/KOCW/document/2016/chungnam/leewanghee/7.pdf.

3 https://www.gettyimagesbank.com/view.

4 가장 안전한 지구 사용 설명서: “좋은 에너지가 지구를 살린다”, 사람과사회 2018 겨울 & 2019 봄 통권8 · 9호, 2019.7.12, https://peopleciety.com/archives/15667.

5 문광주, ‘Green Soul, Beautiful Nature’, the SCIENCE plus, http://thescienceplus.com/news/newsview.php?ncode=1065588722044445&dt=m, (자료: University of Colorado at Boulder, Universit?t Wien).

6 https://zigzagworld.tistory.com/57, (자료: BP statistical Review of World Energy & Ember).

7 https://electric-tech.tistory.com/entry/.

8 http://coalchoi.blogspot.com/2013/03/1.html.

9 에너지정보문화재단, “핫한 에너지, 원자핵-핵융합과 핵분열, 헷갈려 하는 이들을 위한 설명서”, https://m.blog.naver.com/energyinfoplaza/222116155895.

10 한국에너지공단 신재생에너지센터, https://www.knrec.or.kr/biz/korea/intro/kor_geo.do.

11 한국에너지공단 블로그, 핵을 에너지로 사용한다?! 핵융합에너지, http://blog.energy.or.kr/?p=21568.

12 William Anderson (Schoolworkhelper Editorial Team) https://schoolworkhelper.net/ Tutor and Freelance Writer. Science Teacher and Lover of Essays. Article last reviewed: 2022 | St. Rosemary Institution ? 2010-2023 | Creative Commons 4.0, https://schoolworkhelper.net/energy-resources-renewable-nonrenewable/.

13 http://www.uky.edu/KGS/coalkinds.htm(https://slidesplayer.org/amp/17329641/.

14 김지호, 보령석탄박물관, Universty of Kenturcky(https://www.geocaching.com/geocache/GC6M3EF.

15 이데일리 김일중기자, "국민 '욕받이'에서 '갓석탄'으로", https://www.edaily.co.kr/news/read?newsId=01230006619409656&mediaCodeNo=257.

16 Jamwa, 석탄가스화/액화: 네이버 블로그, https://m.blog.naver.com/ksjin0212/221779497225.

17 https://www.briangwilliams.us/power-generation-technologies/traditional-coalburning-power-plant-technology.html.

18 정구영, 석탄화력발전의 역사, 전기저널, http://www.keaj.kr/news/articleView.html?idxno=4032.

19 갯츠비, '나라별 석탄 매장량 순위', 2021.10.8, https://everydictionary.tistory.com/entry/%EB%82%98%EB%9D%BC%EB%B3%84-%EC%84%9D%ED%83%84%EB%A7%A4%EC%9E%A5%EB%9F%89-%EC%88%9C%EC%9C%84.

20 김광수, '호주 탓 아니다, 중앙정부 과욕이 자초한 중국 전력난... "연말까지 갈 수도"', 한국일보, 2021.10.3, 2022.11.4, https://m.hankookilbo.com/News/Read/A2021100312400002586.

21 광물피디아. 2019.6.25, https://m.blog.naver.com/mineralpedia/221570464708, 자료: KORES 한국광물자원공사, www.kores.net.

22 하인리히 뵐 재간, 분트, 역자: 움벨트: 김인건 외 4인, '석탄 아틀라스(KOHLEATLAS 한국어판 2020)', 2020,12,11, https://hk.boell.org/sites/default/files/2022-02/ATLAS%20COAL-korean_pdf_final_end_220208.pdf. (자료: 기후책임연구소(Climate Accountability Institute) 데이터베이스, 예측: 리차드 히데(Richard Heede), 2015).

23 에듀넷, '교과주제별 학습자료: 새로운 에너지를 찾아서', 한국교육학술정보원, https://down.edunet4u.net/KEDNCM/A000800002_20180227/A3B7365F-F822-1EA3-204E-78C808866415.pdf.

24 레포트샵, '정유산업의 이해&석유생산 및 제품', https://www.reportshop.co.kr/biz/691772.

25 BP Global (Statistical Review of World Energy 2018), https://semiconductor-digest.tistory.com/386).

26 여천NCC, https://www.yncc.co.kr/ko/product/chemistry/oil2.do).

27 Skinno News, https://skinnonews.com/archives/48028.

28 삼성증권 투자 알파벳, '하반기 주식시장의 New Face: 화학주', https://www.samsungpop.

com/mobile/invest/poptv.do?cmd=fileDown&FileNm=alphabet_chemi_170913.html).

29 Hanwha Solutions 케미컬 부문 블로그, "생활 속의 고분자", https://www.chemidream.com/292. (사진출처: agrilifetoday, ART2PRINT, StephenMitchell, idreamofdatlight).

30 제이의 집, https://houseofj.tistory.com/6.

31 https://slidesplayer.org/slide/17863827/.

32 해밀러 홈페이지, https://hemiliar.tistory.com/303. (원자료: https://yearbook.enerdata.co.kr/natural-gas/gas-consumption-data.html)

33 가스신문, 유재준, 2021.02, '지난 해 대한민국 천연가스 4000만톤 수입', http://www.gasnews.com/news/articleView.html?idxno=94467).

34 https://kr.123rf.com/photo_58110705_%EB%B0%A4-%EB%8F%99%EC%95%88-%EC%9B%90%EC%9E%90-%ED%8F%AD%ED%83%84%EC%9D%98-%EB%B0%9D%EC%9D%80-%ED%8F%AD%EB%B0%9C.html.

35 위키백과, 태양, https://ko.Wikipedia.org/wiki/%ED%83%9C%EC%96%91.

36 연합뉴스, 박영석, 김영은 기자, '핵융합과 핵분열 비교', 2022.12.13. (자료: 워싱턴포스트(WP), 과학기술정보통신부), https://www.yna.co.kr/view/GYH20221213001600044).

37 사이언스토리텔러, '질량과 에너지의 동등성(정지 에너지와 핵변환)', 뻔하지만 Fun한 독서노트, 2021.6.8, https://gooseskin.tistory.com/192).

38 키스세븐, '원자폭탄과 수소폭탄의 차이는 핵분열영과 핵융합의 원리 차이', 2015.12.17, https://kiss7.tistory.com/585.

39 연합뉴스, 박영석, 김영은, 2021.07.09, (원자료: 대한민국수력원자력, 대한민국원자력산업협회), https://www.yna.co.kr/view/GYH20210709002700044).

40 연합뉴스(2010.11.14), https://www.yna.co.kr/view/AKR20101113049100003).

41 뉴스1 포토, 자료/사진 산업통상자원부, 수력원자력(주), 최수아 디자이너, '한원전 13년만에 축포… 이집트 3조 사업 수주', 2022.08.26, https://www.news1.kr/photos/details/?5546184.

42 탐구생활/재미있는 과학이야기, '[고등화학] 원자의 구조', 2020.12.1, https://greenspace456.tistory.com/65.

43 흥미로운 우주학, SHIM04302, '물리학의 기초적인 구성 단위', 2018.3.15, http://nicegrowup.com/%EB%AC%BC%EC%A7%88%EC%9D%98-%ED%95%B5%EC%8B%AC-%EC%9B%90%EC%9E%90-%EB%B6%84%EC%9E%90-%EA%B7%B8%EB%A6%AC%EA%B3%A0-%EC%BF%BC%ED%81%AC/.

44 나무위키, '수소 원자 모형', 2023.07.07, https://namu.wiki/w/%EC%88%98%EC%86%8C%20%EC%9B%90%EC%9E%90%20%EB%AA%A8%ED%98%95.

45 연합뉴스, '합참의장 "북, 수소폭탄 전 단계 핵실험 가능성"', 반종빈, 2013.2.6, https://www.yna.co.kr/view/AKR20130206156000043.

46 서울경제신문, 양철승, '타협없는 원자력 안전을 향해' 3. 한전원자력연료, 2016.4.11, https://m.sedaily.com/NewsView/1KUYGQMIZU#츄.

47 잡다구리, '원자로 유형 1-PWR', 2017.1.11, https://ppkpk.tistory.com/155.

48 동아사이언스, 조승한, '27번째 원전 신한울 1호기 가동 시작…핵심 설비 국산화 첫 원전' 2022.5.22, 사진제공: 대한민국수력원자력제공, https://m.dongascience.com/news.php?idx=54362.

49 Chosun Biz, 이길성, '세계 관심 끈 대한민국과학자 농축실험', 2004.9.3. (그림출처: 연합뉴스그래픽, https://biz.chosun.com/site/data/html_dir/2004/09/03/2004090370366.html).

50 http://bh.knu.ac.kr/~ilrhee/lecture/modern/chap8.pdf.

51 한국원자력연구원 웹사이트, '방사선 이야기: 방사선은 무엇일까?', https://www.kaeri.re.kr/board?menuId=MENU00455.

52 출처: (a) 헬로디디, 최동진, '[생활속 과학이야기] 별에 대한 인문과 과학의 시각차', 2014.5.26, 사진제공: NASA 홈페이지, https://www.hellodd.com/news/articleView.html?idxno=48935.

53 과학과 사람들, 2013.12.6, https://www.facebook.com/sciencewithpeople/photos/%ED%83%9C%EC%96%91%EB%B9%9B%EC%9D%B4-%EC%A7%80%EA%B5%AC%EA%B9%8C%EC%A7%80-%EC%98%A4%EB%8A%94%EB%8D%B0-8%EB%B6%8420%EC%B4%88%EC%AF%A4-%EF%BF%BD/390273097774300/.

54 글로벌이코노믹, 김경수, 2020.9.4, https://cmobile.g-enews.com/article/Global-Biz/2020/09/202009040943526 7329ecba8d8b8_1?md=20200904094850_Y.

55 박스리의 산책, 자연과우주, 박스리, '국제핵융합로(ITER), 구조, 장치, ITER 목적, ITER 모델 대한민국KTAR, 2040 상용화발전, 공정표 v1.1', 2019.2.14, (사진제공 ITER, https://m.blog.naver.com/vixlee/221465848590).

56 동아사이언스, 서동준, '대한민국형 인공태양 KSTAR 1억도 초고온 플라즈마 30초 운전 세계 첫 성공', 2021.11.22, https://m.dongascience.com/news.php?idx=50675.

57 헤럴드경제, 구본혁, '대한민국형 인공태양 'KSTAR'…'1억℃ 300초' 상용화의 내일을 달

귀라[미래산업 플러스-대한민국핵융합에너지연구원은 지금]', 2021.8.18 http://news.heraldcorp.com/view.php?ud=20210818000657.

58 권준범, '[연재기획] 땅속 에너지가 우리집으로', 에너지신문, 2011.8.19, https://www.energy-news.co.kr/news/articleView.html?idxno=4905.

59 (주)부-스타 웹사이트, https://booster.co.kr/147.

60 N.H. Mohd Idrus, M.N. Musa, W.J. Yahya, A.M. Ithnin, "Geo-Ocean Thermal Energy (GeOTEC) power cycle/plant", Reneawable Energy, 11(1), (2017) 372-380.

61 박수찬, '[그것은 이렇습니다] Q: 풍력발전기의 바람개비는 왜 4개가 아니고 3개인가요?', https://www.chosun.com/site/data/html_dir/2009/11/20/2009112001621.html).

62 대한민국에너지공단 신재생에너지센터 홈페이지, '신재생에너지 소개: 풍력', https://knrec.energy.or.kr/energy/windpower_summary.aspx.

63 해시넷 위키, 파력발전소, http://wiki.hash.kr/index.php/파력발전소.

64 이상복, 이투뉴스, '국내 첫 파력발전소 가동… 연 580 MWh 생산' 2016.6.30, https://www.e2news.com/news/articleView.html?idxno=94265.

65 동아사이언스 편집부, '파도의 출렁임으로 전기를 얻는다', 디 라이부러리, 과학동아 2007년 11호, https://dl.dongascience.com/magazine/view/S200711N01.

66 이도운, '[2009 녹색성장 비전] 8. 파동의 힘을 전기 에너지로', 서울신문, 2009.2.25, https://www.seoul.co.kr/news/newsView.php?id=2009022500.

67 (주)오션시스템 홈페이지, ghavpdlwlhttp://www.oceansystem.co.kr/sub_4/4_6.php.

68 행복한 지구 사람, [OTEC] 해수 온도차 발전, 2013.5.13, https://happy8earth.tistory.com/51.

69 박정수, '해양온도차발전(thermal difference generation)', 에너지단열경제, 2020.2.2, https://m.kienews.com/news/newsview.php?ncode=1065583857934850.

70 이해성, '[핵융합발전 왜 관심받나] 수소 500g으로 핵융합땐 고리원전 2배 에너지', 네이트뉴스, 2020.6.30, https://news.nate.com/view/20100630n06500.

71 이영식, '지표면이 에너지 수지와 온실효과', 미래해양행정사무소 블로그, 2017.3.2, https://m.blog.naver.com/PostView.naver?isHttpsRedirect=true&blogId=lys_204&logNo=220948476193.

72 하우스헌터 블로그, '태양열과 태양광의 차이?', 2017.12.27, https://m.blog.naver.com/PostView.naver?isHttpsRedirect=true&blogId=jking37&logNo=221171815328.

73 위키백과, '주기율표', https://ko.wikipedia.org/wiki/주기율표.

74 센서로세계로미래로, '광기전력 효과 및 응용', 2-17.12.5, https://m.blog.naver.com/PostView.naver?isHttpsRedirect=true&blogId=iotsensor&logNo=221156172365).

75 송기인, 'RPS에서 태양광 발전의 현황과 전망', 기계저널 Vol. 52, No. 3, pp42-46 (2012), https://m.blog.naver.com/PostView.naver?isHttpsRedirect=true&blogId=stto1004&logNo=221212518695.

76 TheCCE 홈페이지, '[수소]수소연료전지의 종류', https://thecce.kr/229.

77 자본술사 홈페이지, '연료전지 개요 및 원리, 연료전지 종류와 시스템 구성도', https://capitalwizard.tistory.com/28.

78 대학생신재생에너지기자단 홈페이지, https://renewableenergyfollowers.org/2368. (원자료: '신재생에너지 원별 기술동향 제3편 제2장 제2절 연료전지').

79 SCIENCEON, 보고서, https://scienceon.kisti.re.kr/srch/selectPORSrchReport.do?cn=TRKO202000005305. (자료: 장두희, '차세대 친환경 고효율 자기유체역학(MHD) 직접발전 기술개발 선행연구', 대한민국원자력연구원, 과학기술정보통신부 국가과학기술연구회연구운영비지원(R&D)보고서(과제번호: 1711099578)).

80 21세기 콘텐츠랩 홈페이지, 'MHD 발전 동행 및 향후 전망', https://cl21c.com/blog/mhdqkfwjs-기술-동향/.

81 greenvinci 홈페이지, https://ko.vincigenerator.com/news/types-of-biomass-29388242.html.

82 Guttridge Ltd., Homepage, https://www.guttridge.com/eu/en/news/efficient-biomass-conveying).

83 Economic Insight K, https://semiconductor-digest.tistory.com/386. (자료: BP Global (Statistical Review of World Energy 2018), https://semiconductor-digest.tistory.com/386).

84 황준범, '우크라 침공 제재 "러 원유수출 금지' 실현 가능할까?', 한겨레신문, 2022.3.2, https://www.hani.co.kr/arti/international/international_general/1033242.html. (자료: 리스타드에너지, CNN 방송).

85 IRS Global 홈페이지 산업동향 정보, '[에너지/환경] 글로벌 에너지 수급 동향과 전망', 2019.03.25, https://www.irsglobal.com/bbs/rwdboard/14113. (자료: BP 「Statistical Review of World Energy 2017」)

86 출처: Economic Insight K자료, https://semiconductor-digest.tistory.com/386, 자료: 대한민국무역협회.

87 한국에너지공단, '2020 에너지 첫걸음', ch.2 우리나라 에너지소비 모습, 2020년 3월, https://www.energy.or.kr/web/kem_home_new/energy_issue/mail_vol144/pdf/%EC%97%90%EB%84%88%EC%A7%80%EC%B2%AB%EA%B1%B8%EC%9D%8C.pdf.

88 정욱형, '2035년 세계에너지수요를 전망하다', 에너지코리아뉴스, 2013.12.03, http://www.energykorea.co.kr/news/articleView.html?idxno=17556.

89 문광주, '국제 에너지기구, 세계 에너지 시장 전망 (1) "태양광, 역사상 가장 저렴한 전기"', the Sciencr plus 웹사이트, 2021.1.2, https://thescienceplus.com/news/newsview.php?ncode=1065612665913070&dt=m. (원자료: (1) Carbon Brief / Energy 13 Oct. 2020, World Energy Outlook 2020 한글판 요약서, (2) www. Iea.org/weo 출판, https://iea.blob.core.windows.net/assets/8b420d70-b71d-412d-a4f0-869d656304e4/Korean-Summary-WEO2020.pdf).

90 채제용, '[신년특집] 비전통가스자원 개발 붐… 에너지시장 재편 촉진', 이투뉴스, 2012.01.04, http://www.e2news.com/news/articleView.html?idxno=58172.

91 임지훈, '글로벌 비전통가스 개발 추이와 영향', Journal of the Electrical World 2013, 2월호, pp.61~69).

92 노경목, [세일가스 거품론 솔솔] "기술 진보로 세일혁명 계속될 것"…"캐면 캘수록 비용 불어나", 대한민국경제 2023,08.14, https://www.hankyung.com/economy/article/2013102364881.

93 한상연, '전세계 에너지판도 바꿀 핵 '세일가스' 전쟁', 아시아투데이, 2014.5.13, https://www.asiatoday.co.kr/view.php?key=20140512010003409.

94 장승규, '[미국 셰일가스 혁명 현장을 가다] '다시 부활한 아메리칸 드림'…값싼 에너지, 세계를 바꾼다.' 매거진 한경, 2012. 10. 23, https://magazine.hankyung.com/business/article/202102245600b.

95 윤용승, '청정석탄기술(Clean Coal Technology)의 변천과 미래', Bulletin of Korean Chemical Science and Technology, pp.19~23.

96 워터저널 9월호, http://www.waterjournal.co.kr/news/articleView.html?idxno=56576. (원자료: 기상청 2021년 8월 9일자 보도자료)

97 https://www.sciencetimes.co.kr/news/%ED%94%BC-%ED%9D%98%EB%A6%AC%EB%8A%94-%EC%95%8C%ED%94%84%EC%8A%A4-%EB%A7%8C%EB%85%84%EC%84%A4%EC%9D%98-%EA%B2%BD%EA%B3%A0/.

98 KOSMOS (KAIST부설 대한민국영재학교 온라인 과학매거진) 웹사이트, 2022.1.5,

https://www.ksakosmos.com/post/%EC%8B%9C%EA%B7%B8%EB%84%90-%EA%B8%B0%ED%9B%84%EC%9D%98-%EA%B2%BD%EA%B3%A0-%EA%B8%B0%ED%9B%84%EA%B0%80-%EB%AF%B8%EC%B3%A4%EB%8B%A4.

99 이승구, "지구온난화'로 따뜻해지는 바다…산호들 '저산소증' 심각', 세계일보, 2023.03.17, https://m.segye.com/view/20230317510687. (원자료: Yi Bei Liang 제공, 연합뉴스)

100 Synthesis-Based BioFusion Technology Lab in the Department of Chemistry at KHU 홈페이지, https://biochemistry.khu.ac.kr/lab/?p=2878.

101 (재) 환일본해환경역센터 홈페이지, https://www.npec.or.jp/bioseason/kr/warming.html. (원자료: 전국지구온난화방지활동추진센터 웹사이트 https://www.jccca.org/)

102 고은결, '[세쓸통] '에너지 다소비국가', 대한민국..세계 속 현주소는?', 공감언론 뉴시스통신사, 2021.06.27, https://v.daum.net/v/20210627050016432?s=print_news. (원자료: 한국에너지공단 산재생에너지센터 2020 신재생에너지 백서, 자료: World Energy Balance 2020(IEA), Statistical Review of World Energy 2020(BP))

103 wadiz 웹사이트, https://www.wadiz.kr/web/campaign/detail/11405.

104 TheCCE 웹사이트, '[수요]대한민국 에너지소비량(2019년)', 2022.3.18, https://thecce.kr/2996. (원자료: 산업통상자원부)

105 조현숙, '러 원유 금수 여파는, 한 에너지 93% 수입 의존 '초비상'', 중앙일보, 2022.03.07, https://www.joongang.co.kr/article/25053466#home. (원자료: 에너지경제연구원 에너지통계연보 (2022))

106 박영석, '[그래픽] 에너지원별 발전 비중' 연합뉴스, 2020.07.14, https://www.yna.co.kr/view/GYH20200714000600044. (원자료: 브리티시 페트롤리움(BP))

107 권승문, '[에너지전환 Q&A(2)] 대한민국은 에너지를 얼마나 사용할까?', 그린포스트코리아, 2022.02.11, http://www.greenpostkorea.co.kr/news/articleView.html?idxno=200134. (원자료: 에너지경제연구원, 2021 에너지통계연보)

108 조현숙, '러 원유 금수 여파는, 한 에너지 93% 수입 의존 '초비상'', 중앙일보, 2022.03.07, https://www.joongang.co.kr/article/25053466#home. (원자료: 에너지경제연구원 에너지통계연보 (2022))

109 조양준, '"공급 잠재력 무한대"…오일공룡도 수소경제에 수조원 투입', 서울경제, 2020.10.19, https://www.sedaily.com/NewsView/1Z96Z6IE7T. (원자료: 202년 9월 에너지경제연구원 에너지통계연보 2020)

110 고은결, '[세쓸통] '에너지 다소비국가' 대한민국..세계 속 현주소는?', 공감언론 뉴시스통

신사, 2021.06.27, https://v.daum.net/v/20210627050016432?s=print_news. (원자료: 산업통상자원부)

111 (출처: IRS Global 홈페이지 산업동향 정보, '[에너지/환경] 글로벌 에너지 수급 동향과 전망', 2019.03.25, https://www.irsglobal.com/bbs/rwdboard/14113. (원자료: BP 「Statistical Review of World Energy 2017」, 세계은행 「World Development Indicators」)

112 김종남, '탄소중립으로 가는 길', Qstory: Qcells webzine, 2021.5, https://new-q-cells.com/sub.php?idx=851&division=2&page=0. (원자료: 한국에너지기술연구원)

113 김태언, '산자부, 신재생에너지 기술개발 및 실행계획 발표', 한국에너지 웹사이트, https://www.koenergy.co.kr/news/articleView.html?idxno=77901. (원자료: 산업통상자원부)

114 정종훈, '원전 비중 확 늘린다, 2030년 32%로…산재생 목표치는 낮춰', 중앙일보 2022.8.30 https://www.joongang.co.kr/article/25098179#home. (원자료: 산업통상자원부, '제10차 전력수급기본계획', 2023.1.12)

115 이상복, '2036년 신재생에너지 비중 목표 33%로 설정', 이투뉴스, 2022.11.26, https://www.e2news.com/news/articleView.html?idxno=248082.

116 김종남, '탄소중립으로 가는 길', Qstory: Qcells webzine, 2021.5, https://new-q-cells.com/sub.php?idx=851&division=2&page=0. (원자료: 한국에너지기술연구원)

2부 에너지에 대한 깊은 이해

117 덕문 형, '태양에너지 이용기술 태양에너지 자원의 특성 태양열의 이용 태양광발전: 태양에너지 이용기술', SlidePlayer 블로그, https://slidesplayer.org/slide/11236035/.

118 Chiyembekezo S. Kaunda,1 Cuthbert Z. Kimambo,2 and Torbjorn K. Nielsen, 'Hydropower in the Context of Sustainable Energy Supply: A Review of Technologies and Challenges', ISRN Renewable Energy Volume 2012, Article ID 730631, 15 pages doi:10.5402/2012/730631, https://www.researchgate.net/publication/258404306.

119 electricworkbook 웹사이트, 'Hydroelectric Power Plant-Working, Diagram, Construction, Advantages & Disadvantages', https://electricalworkbook.com/hydroelectric-power-plant/.

120 문화유산답사, 영환, '남한강 충주댐 국내 최대 규모의 콘크리트 중력식 댐', 2011. 10.30, https://younghwan12.tistory.com/3411.

121 놀라움, '20세기 공학이 이뤄낸 가장 뛰어난 성과중의 하나-Hoover Dam', 이야기꾼-인생의 희로애락을 담다, 2021.10.23, https://amazing-story.tistory.com/entry/greatest-achievement-20th-century-engineering-hoover-dam.

122 한국대댐회 웹사이트, http://www.kncold.or.kr/ds2_3_1.html?dam=%BC%D2%BE%E7%B0%AD%B4%D9%B8%F1%C0%FB%B4%EF.

123 Mechanical Walkins 웹사이트, 2023. 08. 16, http://www.mechanicalwalkins.com/pelton-turbine-parts-working-applications-advantages-and-disadvantages/. (원자료: Pelton turbine in the Walchensee Power Plant, Germany, CC BY-SA 3.0, via Wikimedia Commons)

124 Sorensen Systems 웹사이트, https://sorensensystems.com/2020/12/10/different-types-of-turbines-used-in-hydroelectric-power-plants/. (원자료: Pelton turbine in the Walchensee Power Plant, Germany, CC BY-SA 3.0, via Wikimedia Commons)

125 Wikimedia commons 웹사이트, https://commons.wikimedia.org/wiki/File:Turgo_Turbine_Sketch.svg.

126 Chongqing Hydropower Wquipment Co., Ltd. 웹사이트, http://www.cchpe.net/ProductInfo.aspx?get=32.

127 wikipedia,'Cross-flow turbine', https://en.wikipedia.org/wiki/Cross-flow_turbine.

128 Sorensen Systems 웹사이트, https://sorensensystems.com/2020/12/10/different-types-of-turbines-used-in-hydroelectric-power-plants/.

129 Dendy Adanta, Warjito, Dwijaya Febriansyah, Budiarso, 'Feasibility Analysis of a Pico-Scale Turgo Turbine Bucket using Coconut Shell Spoons for Electricity Generation in Remote Areas in Indonesia', Journal of Advanced Research in Fluid Mechanics and Thermal Sciences, 69(1) (2020) 85-97, file:///C:/Users/HNU/Downloads/ARFMTSV69_N1_P85_97.pdf.

130 메카럽 블로그, https://3dplife.tistory.com/entry/%EB%B0%98%EC%9D%91-%ED%84%B0%EB%B9%88%EC%9D%B4%EB%9E%80-%EC%9E%91%EB%8F%99-%EB%B0%8F-%EC%9D%91%EC%9A%A9#google_vignette.

131 네이버 블로그, https://blog.naver.com/meparksky/140020886630.

132 pngwing 웹사이트, https://www.pngwing.com/ko/free-png-iaslk.

133 백과사진첩, '수력발전용 프란시스 수차', https://khariles.tistory.com/2217.

134 mechanicalbooster 웹사이트, 'What is Kaplan Turbine and How It Works?', https://

www.mechanicalbooster.com/2018/02/kaplan-turbine.html).

135 Deyuan Marine 웹페이지, https://www.lifeboatdavit.com/Marine-4-Blade-Fixed-Pitch-Propeller-Dy0204-pd023921.html.

136 http://brennen.caltech.edu/fluidbook/Fluidmachinery/Turbines/kaplanturbine.pdf.

137 Energy Education 웹사이트, 'Kaplan turbine', https://energyeducation.ca/encyclopedia/Kaplan_turbine.

138 studypool 웹사이트, '3 francis and kaplan turbine', https://www.studypool.com/documents/5353130/3-francis-and-kaplan-turbine.

139 Wikimedia Commons, https://commons.wikimedia.org/wiki/File:BulbTurbineSketch.svg.

140 SAVREE 웹사이트, 'kaplan Bulb Turbines Explained', https://savree.com/en/encyclopedia/kaplan-bulb-turbine.

141 김훈 위험관리연구소 홈페이지, https://m.blog.naver.com/PostView.naver?isHttpsRedirect=true&blogId=firerisk&logNo=220793720761. (원자료: https://mechanicalengineering.blog/comparison-between-impulse-turbine-and-reaction-turbine/)

142 Sorensen Systems 웹사이트, https://sorensensystems.com/2020/12/10/different-types-of-turbines-used-in-hydroelectric-power-plants/.

143 Morteza Nazari-Heris, Behnam Mohammadi-Ivatloo, 'Design of Small Hydro Generation Systems', ScienceDirect, Distributed Generation Systems, (2017) 301-332, https://doi.org/10.1016/B978-0-12-804208-3.00006-6, https://www.sciencedirect.com/science/article/abs/pii/B9780128042083000066.

144 Chengdu Forster Technology Co., Ltd. 웹사이트, https://www.fstgenerator.com/ko/1300kw-hydroelectric-pelton-turbine-generator-product/.

145 http://elearning.kocw.net/contents4/document/lec/2013/Sangmyung/Huh%20Jin/9.pdf.

146 Deyang Dongsen Hydropower Equipment Co. Ltd. 웹사이트, https://Korean.waterturbinegenerator.com/sale-12910638-bulb-type-tubular-hydro-turbine-generator-hydroelectric0mini-water-turbine.html.

147 한국지역난방공사 블로그, https://blog.naver.com/kdhc2017/221683967451.

148 (주)에이케이알(AKR: Arkenol Korea Renewables) 웹사이트, http://akrcorp.kr/cellulosic-technology/why-biomass/.

149 https://link.springer.com/article/10.1007/s10668-018-0200-5. (원자료: Tamer T. A.

Fahmy, Yehia Fahmy, Fardous Mobarak, Mohamed El-Sakhawy, Ragab E. Abou-Zeid, 'Biomass pyrolysis: past, present, and future', Environment, Development and Sustainability, 22,17-32 (2020))

150 한국에너지공단 블로그, '[신재생 에너지] 친환경 에너지의 선두주자, 목질계 바이오매스를 이용한 바이오에탄올 생산하기', 2021.12.28, http://blog.energy.or.kr/?p=25023.

151 123RF 웹사이트, https://kr.123rf.com/photo_96905014_%EB%B0%94%EC%9D%B4%EC%98%A4-%EC%97%B0%EB%A3%8C-%EC%82%AC%ED%83%95-%EC%88%98%EC%88%98%EC%99%80-%EC%98%A5%EC%88%98%EC%88%98-%EC%97%90%ED%83%84%EC%98%AC-%ED%8E%8C%ED%94%84-%EC%97%AD-%EB%B2%A1%ED%84%B0-%EC%9D%BC%EB%9F%AC%EC%8A%A4%ED%8A%B8-%EB%A0%88%EC%9D%B4-%EC%85%98.html.

152 ThomasLLoyd 홈페이지, https://www.thomas-lloyd.com/en/project/san-carlos-biopower.

153 Bulkaroche 웹사이트, https://bulkagrochem.com/product/strong-larvicide-bioproduct/.

154 researchgate, 웹사이트, https://www.researchgate.net/publication/332013401_Reclamation_of_Degraded_Landscape_due_to_Open_Pit_Coal_Mining_Biomass_for_Renewable_Power_Plants. (원자료: Javier Menendez, Jorge Loredo, 'Reclamation of Degraded Landscape due to Open Pit Coal Mining: Biomass for Renewable Power Plants', WSEAS TRANSACTIONS ON ENVIRONMENT AND DEVELOPMENT, 14, (2018), 251~255.)

155 intechopen 웹사이트, https://www.intechopen.com/chapters/57239. (원자료: Arif Darmawan, Dwika Budianto, Koji Tokimatsu and Muhammad Aziz, 'Analysis of Biomass Waste Cofiring into Existing Coal-Fired Power Plant Using Computational Fluid Dynamics', Computational Fluid Dynamics-Basic Instruments and Applications in Science, 2017.12.20, DOI: 10.5772/intechopen.70561)

156 Gemco Energy 웹사이트, 'The Advantages Of Coal Biomass Hybrid Power Generation', http://www.gemcopelletmills.com/biomass-hybrid-power-system.html.

157 bioenergy Consult 웹사이트, https://www.bioenergyconsult.com/biomass-gasification/.

158 JWC Environmental 웹사이트, https://www.jwce.com/application/digestion-biogas/.

159 photocase 웹사이트, https://www.photocase.de/fotos/3100360-fresh-cow-dung-in-

the-green-grass-natur-tier-kuh-photocase-stock-foto.

160 BioEnergy Consult 웹사이트, Radhouan Ben-Hamadou, 'Everything You Should Know About An Algae Biorefinery', 2023.06.02, https://www.bioenergyconsult.com/algae-biorefinery/.

161 Energy Innovation 웹사이트, http://www.energyinnovation.kr/about-ngo.

162 O. Kay Henderson, 'Iowa ethanol plant to grow algae for feed and fuel', livestockandenvironment.wordpress, 2009.10.15, https://livestockandenvironment.wordpress.com/2009/10/15/iowa-ethanol-plant-to-grow-algae-for-feed-and-fuel/.

163 CK-12 웹사이트, https://www.ck12.org/c/biology/algae-characteristics/rwa/America-Runs-On-Poop/.

164 Paratha Das Sharma 블로그, 'Algae Biodiesel-Tremendous potential for next-generation Green Energy', saferenvironment.wordpress, 2008.10.03, https://saferenvironment.wordpress.com/2008/10/03/algae-tremendous-potential-for-next-generation-green-energy-%E2%80%93-%E2%80%98algae-biodiesel%E2%80%99/.

165 류병곤, '미래의 연료와 환경산업을 주도할 광합성 미생물', NNIBR magazine DAMDA, 14, 22-25, https://fbp.nnibr.re.kr/ebook/pdf/I_NNIBR_Magazine_DAMDA_VOL_14.pdf. (원자료: http://microbes.cae.drexel.edu/ research-2)

166 steemit 웹사이트, chosungyun, '[원자력 이야기] #7 원자력 발전소는 왜 우라늄을 사용하는가?', https://steemit.com/kr-science/@chosungyun/7.

167 https://www.istockphoto.com/kr/%EC%82%AC%EC%A7%84/%EC%9A%B0%EB%9D%BC%EB%8A%84-%EA%B4%91%EC%84%9D-%EC%A0%84%EC%9E%90-%EA%B7%9C%EB%AA%A8-%EC%82%B0%EC%97%85%EC%97%90%EC%84%9C-%EC%82%AC%EC%9A%A9%EB%90%98%EB%8A%94-%EA%B8%88%EC%86%8D-%EA%B4%91%EB%AC%BC-%EC%B6%94%EC%B6%9C-%EA%B0%9C%EB%85%90-gm1281501835-379522540).

168 http://physica.gnu.ac.kr/phtml/nuclear/nuclearreaction/fission/fission.html.

169 shutterstock 웹사이트, https://www.shutterstock.com/ko/image-vector/diagram-standard-model-particle-physics-12-170480570.

170 e역사영상관, '미공개 대한뉴스: 한국형 표준 원자력발전소', https://www.ehistory.go.kr/page/view/movie.jsp?srcgbn=KV&mediaid=30000556&mediadtl=44358&gbn=

DK.

171 김성융, 월성원전 삼중수소 "인체 영향 없다", 한국일보, 2016.2.1, https://www.hankookilbo.com/News/Read/201602012097434711.

172 https://blog.naver.com/kins20/221812156203.

173 https://www.kaeri.re.kr/board?menuId=MENU00458&siteId=null.

174 매일경제신문, '원자력 발전, 연료용 우라늄 농축기술이 핵심', 2007.10.25, https://www.mk.co.kr/news/special-edition/4330340.

175 steemit 웹사이트, chosungyun, '[원자력 이야기] 원자로 : 핵연료집합체1 – 핵연료주기에 관해서', https://steemit.com/kr-science/@chosungyun/5hhagp-1.

176 한국경제신문, '방사성폐기물 부피 10분의1로 줄인다…울산공장내 폐기물에 적용', 2021.7.13, https://www.hankyung.com/economy/article/202107136339Y.

177 신문은, '[재미있는 과학] 지하 500m 이상 깊숙히…10만년은 묻어둬야 안전하대요', 조선미디어, 2020.6.20, http://newsteacher.chosun.com/site/data/html_dir/2020/06/24/2020062400398.html.

178 https://eve0007.tistory.com/4.

179 sungyun7295.tistory 블로그, 2018.10.4, https://sungyun7295.tistory.com/77.

180 sungyun7295.tistory, '원자로 용기에 대하여', 2018.11.9, https://sungyun7295.tistory.com/116.

181 조정형, '원전이라고 다 같은 원전은 아니다', 전자신문, 2016.5.16, https://www.etnews.com/20160506000046.

182 럭키홍, '경수로와 중수로 비교', 푸른발사랑 블로그, 2010.7.2, https://hjs13579.tistory.com/16905137.

183 최세민, '빠른 중성자로 핵연료 무한 이용', 네이버 블로그, https://blog.naver.com/homeline/100155517815.

184 '원자로와 원자력발전', 네이버 블로그, 2014.7.25 https://blog.naver.com/2bfair/220071430842.

185 KIOSK, '제29권 바닷길은 누가 안내하나요? : 지구 자전과 바람', 한국해양과학기술원 사진 DB, 2016.12.10, https://iphoto.kiost.ac.kr/www/selectPhotoInfoWebView.do?key=846&ctgryNo=693&photoInfoNo=130479&pageUnit=12.

186 이은수, '바람이 부는 원리가 궁금해요~', 아하 블로그, https://www.a-ha.io/questions/4221706e15816643847dfe8fbd20fe10/answers/4caba54535d55fd6b12c0240c50a6594.

187 edutown, '주제5 바닷가에서 부는 바람의 방향알아보기', http://edutown.kr/files/big_file/knue-inse/5g/5-035.pdf.

188 느릿느릿, '여행: 돈키호테가 거인이라고 생각했던 풍차', , Bluebus.tistory, 2010.7.8, https://bluebus.tistory.com/282.

189 crowdpic 블로그, https://www.crowdpic.net/photo/%EB%84%A4%EB%8D%9C%EB%9E%80%EB%93%9C-%ED%92%8D%EC%B0%A8%EB%A7%88%EC%9D%84-%EC%9E%94%EC%84%B8%EC%8A%A4%EC%B9%B8%EC%8A%A4-%ED%92%8D%EC%B0%A8-%EC%9C%A0%EB%9F%BD-568464.

190 네이버 포스트, '바람을 가르는 소리! 풍력터빈', 한국가스공사, 2019.3.5, https://post.naver.com/viewer/postView.nhn?volumeNo=18083294&memberNo=6411495. (원자료: (a) https://de.Wikipedia.org/wiki/Datei:Darrieus-Rotor_Ennabeuren-3256.jpg, (b) http://www.wind-works.org/cms/index.php?id=503)

191 Wikipedia, 'Darrieus wind turbine', March 2013, https://en.wikipedia.org/wiki/Darrieus_wind_turbine.

192 네이버 포스트, '바람을 가르는 소리! 풍력터빈', 한국가스공사, 2019.3.5, https://post.naver.com/viewer/postView.nhn?volumeNo=18083294&memberNo=6411495. (원자료: https://www.researchgate.net/figure/Fig-2-Savonius-Vertical-Axis-Wind-Turbine_fig2_319449533, 픽사베이)

193 researchgate, https://www.researchgate.net/figure/Flow-characteristics-around-Savonius-turbine_fig2_354810478. (원자료: Mohamed H. Mohamed, Faris Alqurashi, Dominique Thévenin, 'Performance enhancement of a Savonius turbine under effect of frontal guiding plates', Energy Reports, 7, November 2021, 6069-6076.)

194 https://www.cheric.org/files/research/ip/g200605/g200605-401.pdf. (원자료: 정재학, '신재생에너지-풍력발전')

195 네이버 포스트, '바람을 가르는 소리! 풍력터빈', 한국가스공사, 2019.3.5, https://post.naver.com/viewer/postView.nhn?volumeNo=18083294&memberNo=6411495. (원자료: 픽사베이)

196 windmillstech 웹사이트, 'How does Wind Turbine work?', https://windmillstech.com/how-does-wind-turbine-work/. (원자료: (b) Wind energy dictionary)

197 https://www.cheric.org/files/research/ip/g200605/g200605-401.pdf. (원자료: 정재학, '신재생에너지-풍력발전')

198 David G. Wilson, 'Combined Individual Pitch Control and Active Aerodynamic Load Controller Investigation for the 5MW UPWIND Turbine', Sandia National Laboratories, 2009, https://www.osti.gov/servlets/purl/1142117.

199 행복한 지구 사람[행복지구] 블로그, 'Pitch, Roll, Yae', 2015.11.12, https://happy8earth.tistory.com/492.

20 W.S.Bulpitt, Susan White Stewart, Mary Hallisey Hunt, Sam V. Shelton, (PDF) 'Feasibility of Offshore Wind Power in the South Atlantic Bight (researchgate.net)', Suthern Winds (Summary Project Report 2007: A study of wind power generation potential off the Georgia coast), file:///C:/Users/HNU/Downloads/georgiatech_10-5-2007_southernwinds_01%20(1).pdf. (원자료: https://www.trsearchgate.net/publication/254519151_Feasibility_of_Offshore_Wind_Power_in_the_South_Atlantic_Bright.

201 Zhongzhou Yang, 'Wind Turbine Controls for Farm and Offshore Operation', PhD thesis in University of Winsconsin-Mlwaukee, 2013.12. (원자료: J. M. Jonkman, "Dynamics modeling and loads analysis of an offshore floating wind turbine" PhD, University of Colorado, Boulder, 2007.)

202 Silvio Rodrigues, Carlos Restrepo, George Katsouris, Rodrigo Teixeira Pinto, Maryam Soleimanzadeh, Peter Bosman 5 and Pavol Bauer, 'A_Multi-Objective_Optimization_Framework_for_Offshore Wind Farm Layouts and Electric Infrastructures', Energies, 9, March 4, 2016, 216~258, doi:10.3390/en9030216.

203 깔끔한방, '중2 지구에너지평형 질문있습니다!', 다음카페, 2016.4.12, https://m.cafe.daum.net/s2000/bSD/8730.

204 Nothing, Everything_Soil Deo Gloria 블로그, '태양에너지', 2012.9.18, https://kangsy85.tistory.com/43.

205 에너닷 블로그, '[태양광101] 탄소중립 시대, 알아두면 쓸모있는 태양광과 태양열의 차이!', 2022.1.14, https://m.blog.naver.com/enerdot/222621796459.

206 현무랑 니니 불로그, '[전자기파][파장과 주파수] 전자기파〉전파〉마이크로파', 2016.5.9, https://dreamlog.tistory.com/537. (원자료: 위키토피아 전자기파 스펙트럼)

207 pngwing 웹사이트, https://www.pngwing.com/ko/free-png-toddy.

208 (사)한국패시브건축협회 웹사이트, '기술자료: 6-01. 유리의 특성', 2020.3.10, https://www.phiko.kr/bbs/board.php?bo_table=z3_01&wr_id=617.

209 sonaki.pe.kr, '온실효과', http://sonaki.pe.kr/sonaki1/earthwbi/env/txt/env5.html.
210 유영선, '시설하우스-태양열 온수급탕기', www.nongsaro.go.kr.
211 (주)코리아홀딩스 홈페이지, http://koreahs.kr/shop/item.php?it_id=1316137717.
212 솔라시스코리아 블로그, '태양열 온수기가 작동하는 방식', 네이버 블로그, 2015.9.16, https://m.blog.naver.com/PostView.naver?isHttpsRedirect=true&blogId=enard&lofNo=220483180835.
213 박춘광, '연초면 한내리에 태양열시스템 이용 그린빌리지 조성', 거제타임즈, 2008.2.12, http://m.geojetimes.co.kr/news/articleView.html?idxno=22375.
214 쮸의 블로그, '신재생에너지의이해 [태양열 Solar Thermal]', 네이버 블로그, 2011.3.23, https://m.blog.naver.com/PostView?isHttpsRedirect=true&blogId=special072&logNo=140126278907.
215 Sunplus 웹사이트, http://www.sunplus21.co.kr/bbs/board.php?bo_table=page2_3&wr_id=1.
216 (주)삼진에스코 웨사이트, '진공관형 태양열 집열기(Evacuated Tube Solar Collectors)', https://m.blog.naver.com/PostView.naver?isHttpsRedirect=true&blogId=sjescomail&logNo=220353873754.
217 solarsyskorea 블로그, '태양열집열기', 2014.4.28, https://blog.naver.com/PostView.nhn?blogId=enard&logNo=50193659113.
218 '신재생에너지의이해 [태양열 Solar Thermal]', 네이버 블로그, 2011.3.23, https://m/blog.naver.com/PostView.naver?HttpsRedirect=true&blogId=special0721&logNo=140126278907.
219 '신재생에너지의이해 [태양열 Solar Thermal]', 네이버 블로그, 2011.3.23, https://m/blog.naver.com/PostView.naver?HttpsRedirect=true&blogId=special0721&logNo=140126278907.
220 '신재생에너지의이해 [태양열 Solar Thermal]', 네이버 블로그, 2011.3.23, https://m/blog.naver.com/PostView.naver?HttpsRedirect=true&blogId=special0721&logNo=140126278907.
221 중앙산업건설(주) 웹사이트, '태양열 분야', http:// jybis.com/fire.php.
222 센서로세계로미래로, '태양전지용 페로브스카이트 재료의 발견', 네이버 블로그, 2021.2.17, https://m.blog.naver.com/iotsensor/222246535591.
223 Ghulam Mustafa Shoro(B), Dil Muhammad Akbar Hussain(B), and Dezso Sera,

'Photovoltaic System in Progress: A Survey of Recent Development', Conference Paper in Communications in Computer and Information Science, September 2014, DOI: 10.1007/978-3-319-10987-9_22, 239~250, file:///C:/Users/optics/Downloads/chp 3A10.10072F978-3-319-10987-9_22%20(1).pdf. (원자료: Chen, C.J.: Semiconductor Solar Cell: Physics of Solar Cells, p. 179. Willey, Hoboken (2011). http://books.google.dk/books?id=dFKz6GwSVNEC& printsec=frontcover&source=gbs ge summary r&cad=0&q&f=false)

224 (주)한국대체에너지 웹사이트, '태양광 발전: 01. 태양광 발전시스템의 원리', get-one.co.kr/menu2/main.asp?menu=2&part=4.

225 제너, 태양광 수다방: 계통연계형, 독립형 구성, 2013.7.31, https://m/cafe.daum.net/xanadis/J6wj/4.

226 https://osnsg.tistory.com/218.

227 대학생신재생에너지기자단 웹사이트, '실리콘 태양전지를 넘어설 수 있을까? 주목할 만한 태양전지들', 2017.5.11, https://renewableenergyfollowers.org/2159.

228 solarkorea2161 블로그, '태양광 모듈, 단결정과 다결정', 네이버 블로그, 2018.2.12, https://m.blog.naver.com/PostView.naver?isHttpsRedirect=true&blogld=solarkorea2161&logNo=221206977798.

229 minisolar 웹사이트, www.minisolar.co.kr/community/05.php?admin_mode=real&no=249&PHPSESSID=d9f34c1876533713a9f6c4e708559f05.

230 유창욱, '탄소 중립 이끌 '태양광'…韓, 공급망 확장 · 신시장 개척 필요' 이투데이, 2021.8.4, https://www.etoday.co.kr/news/view/2050688. (원자료: 한국과학정보기술연구원, '태양광 산업의 구조적 개별 시장 및 기업 특성 분석(2017)')

231 김종남, '탄소중립으로 가는 길', Qstory: Qcells webzine, 2021.5, https://new-q-cells.com/sub.php?idx=851&division=2&page=0. (원자료: 에너지기술연구원)

232 한국에너지공단: 신재생에너지센터 웹사이트, '신재생에너지 소개: 해양', https://knres.energy.or.kr/energy/ocean_summary.aspx.

233 이건혁, '[아하!경제뉴스]시화호 조력발전소 가동 효과는', 동아일보 웹사이트, 2011.9.5, https://www.dinga.com/news/Economy/article/all/20110904/40066367/1.

234 prezi 웹사이트, '조력에너지: 조력 발전 ppt', https://prezi.com/p/9inj70aqe-7g/presentation/?frame=8ade7cc9e8341417d7ae792e447742db5799d27f.

235 시화호조력발전소 웹사이트, '발전원리', https://www.kwater.or.kr/website/mtlight/

sub03_01.do.

236 한국해양과학기술원 블로그, '세계 최대 규모의 조력발전소 '시화호 조력발전소' 그곳을 가다!', 네이버 블로그, 20102.6.5, https://m.blog.naver.com/PostView.naver?isHttpsRedirect=true&blogId=kordipr&logNo=90144711410.

237 시화지구지속발전협의회 웹사이트, '시화호 조력발전소', https://www.kwater.or.kr/website/sihwanet/sub02_06.do.

238 김규호, '2장. 신재생에너지', 한경대학교 전자정기공학부 발표 ppt, http://kocw-n.xcache.com/data/document/2020/hknu/kimkyuho0714/2.pdf.

239 chpsungyun, '[신재생 이야기] 5. 바다에서 에너지를?-파력발전편' steemit 웹사이트, https://steemit.com/kr-science/@chosungyun/5.

24 온라인뉴스팀, '세계는 지금, '그린 레이스' 중', NBN뉴스, 2010.3.30, https://www.nbntv.kr/news/articleView.html?idxno=6041.

241 이인호, '파도로 전기 만드는 발전소, 제주도 추자도에 준공', 아틀라스뉴스, 2021.11.15, www.atlasnews.co.kr/news/articleView.html?idxno=4375. (원자료: 해양수산부)

242 한국건설연구원 블로그, '[굿! 연구성과] 지지부진했던 파력발전, 지금은 어디까지 발전했나?', 네이버 블로그, 2019.3.12, https://m.blog.naver.com/PostView.naver?isHttpRedirect=true&blogId=feel_kict&logNo=221486477730.

243 'Energy From the Sea: How can it be done?' www.123seminarsonly.com/Sminar-Reports/037/56677370-Ocean-Energy.pdf.

244 해시넷, 웹사이트, '조류발전소', wiki.hash.kr/index.php/조류발전소.

245 iStock 웹사이트, '조수에너지:제너레이터 오션-스톡 이미지', https://www.istockphoto.com/kr/사진/제너레이터-오션-gm480543372-68795931.

246 C:/Users/HNU/Dowmloads/Jburchell_ThesisFinalSubmission.pdf, 자료: Joseph William Burchell, 'Advancement of Direct Drive Generator Systems for Offshore Renewable Energy Production', Thesis for Ph.D, The University of Edinburgh, 2017. (원자료: "Hydrovolts: The Hydrovolts Turbine." [Online]. Available: http://hydrovolts.blogspot.co.uk/2009/04/hydrovolts-turbine.html. [Accessed: 31-Jul-2017])

247 OceanSysrem 웹사이트, www.oceansystem.co.kr/sub_5/4_6/php.

248 이도운, '[2009 녹색성장 비전] 2. 아이슬란드의 지열 활용법', 서울신문, 2009. 2. 4, https://www.seoul.co.kr/news/newsView.php?id=20090204009004. (원자료: 사진작가 앤드루 보든)

249 해시넷 웹사이트, '지열발전', http://wiki.hash.kr/index.php/%EC%A7%80%EC%97%B4%EB%B0%9C%EC%A0%84.

250 네이버 블로그, https://m.blog.naver.com/PostView.naver?isHttpsRedirect=true&blogId=sonjson&logNo=140022269883.

251 달반, '[증권사 리포트] 지구가 주는 무한에너지, 지열', 네이버 블로그, 2018. 9.4, https://m.blog.naver.com/PostView.naver?isHttpsRedirect=true&blogId=sealight77&logNo=221352120107. (원자료: IEA Geothermal Rode Map)

252 에너지경제신문, '[에경기획|에너지기업 열전-⑥] 이더블유케이, 지열발전 기업 1호 상장...향후 전망은?', 2017.9.17, https://m.ekn.kr/view.php?key=312974. (원자료: 국제재생에너지기구(IRENA))

253 김호건, '연료전지 개요와 현황', K 뉴딜산업 INSIGHT 보고서-3, 한국수출입은행 해외경제연구소, 2021.8.6, https://www.ctis.re.kr/ko/downloadBbsFile.do?atchmnflNo=6882. (원자료: 에너지공단, H2World, IBK투자증권)

254 contents.kocw 웹사이트, 한경대학교 장지훈, 'Electrical & Electronic materials: 리튬이온전지의 원리', 2016, http://contents.kocw.net/KOCW/document/2016/hankyong/changjihun1/5.pdf. (원자료: LG 화학 홈페이지, http://www.lgchem.com/kr/materials/secondary-cell-battery-materials/product-detail-PDDB0000)

255 (주)두산 웹사이트, https://www.doosanfuelcellpower.com/kr/introduce/principle/.

256 한윤수, '연료전지이론: 연료전지 종류별 특징 III - PAFC, AFC & MCFC', http://contents.kocw.net/KOCW/document/2014/cu/hanyoonsoo/6.pdf.

257 자동차역사가, '고체산화물 연료전지(solide Oxide Fuel Cell (SOFC)', 자동차 산업 전문 포털, 2020.10.14, https://www.korea-autonews.com/entry/%EA%B3%A0%EC%B2%B4%EC%82%B0%ED%99%94%EB%AC%BC-%EC%97%B0%EB%A3%8C%EC%A0%84%EC%A7%80Solid-Oxide-Fuel-Cell-SOFC.

258 깜보, '수소경제-고분자 전해질 연료전지(PEMFC)', 네이버 블로그, 2018.12.29, https://m.blog.naver.com/ycl2k/221429539492.

259 김훈, 'DMFC', 네이버 블로그: 김훈위험관리연구소, 2020.7.1, https://m.blog.naver.com/firerisk/222017635872.

260 김호건, '연료전지 개요와 현황', K 뉴딜산업 INSIGHT 보고서-한국수출입은행 해외경제연구소, 2021.8.6, https://www.ctis.re.kr/ko/downloadBbsFile.do?atchmnflNo=6882.

261 ScienceDirect 웹사이트, https://www.sciencedirect.com/science/article/abs/pii/

S0306261918301120. (원자료: Mohammad Ali Azizi, Jacob Brouwer, 'Progress in solid oxide fuel cell-gas turbine hybrid power systems: System design and analysis, transient operation, controls and optimization', Applied Energy Volume 215, 1 April 2018, Pages 237-289)

262 scaadmin, '연료전지 보급: 고효율 분산형 에너지 시스템, 연료전지', SEOUL SOLUTION 웹사이트, 2015.06.17, https://www.seoulsolution.kr/ko/content/3346.

263 유재준, '[국감] 연료전지, LNG 대비 온실가스 배출 1.4배 높고, 비용 1.5배 비싸', H2 수소뉴스, 2021.10.19, http://www.h2news.co.kr/news/articleView.html?idxno=200395. (원자료: 한국남동발전 (총 5개 국내발전사 온실가스 평균 값))

264 SE 그린에너지 웹사이트, '알기 쉬운 연료전지 발전: 연료전지 특성', http://segenergy.kr/sub/sub3.php.

265 한윤수, '연료전지이론: 연료전지 종류별 특징 V - 종류별 종합비교', 대구카톨릭대학교 에너지신소재공학과 수업자료, http://contents.kocw.or.kr/KOCW/document/2014/cu/hanyoonsoo/8.pdf.

266 slideplayer 웹사이트, '연료전지 Fuel Cell', https://slideplayer.com/slide/5832287/.

267 Horizon Fuel Cell Technology, 웹사이트, http://www.horizonfuelcell.co.kr/bbs/board.php?bo_table=hsub02_03&wr_id=35&navi=02&lnb=04.

268 출처: POSCO NEWSROOM 웹사이트, '[궁금한 THE 이야기] ① 수소는 에너지를 어떻게 만들어 낼까?', 2022.6.21, https://newsroom.posco.com/kr/%EA%B6%81%EA%B8%88%ED%95%9C-the-%EC%9D%B4%EC%95%BC%EA%B8%B0-%E2%91%A0-%EC%88%98%EC%86%8C%EB%8A%94-%EC%97%90%EB%84%88%EC%A7%80%EB%A5%BC-%EC%96%B4%EB%96%BB%EA%B2%8C-%EB%A7%8C%EB%93%A4%EC%96%B4/.

269 JAMWA, '수소에너지 시스템', 네이버 블로그, 2020.1.19, https://m.blog.naver.com/ksjin0212/221777569469.

270 신석주, '세계 발전용 연료전지, 2030년 2260MW까지 성장한다', 에너지신문, 2020.5.12, https://www.energy-news.co.kr/news/articleView.html?idxno=82103. (원자료: H2리서치, '글로벌 발전용 연료전지 시장 동향 및 전망', 2022년 5월)

271 김종남, '탄소중립으로 가는 길', Qstory: Qcells webzine, 2021.5, https://new-q-cells.com/sub.php?idx=851&division=2&page=0. (원자료: 한국에너지기술연구원)

찾아보기

ㅈ

ㅊ

ㅎ

기타

인류와
미래에너지

저　　자　조재홍
발 행 인　김지영
발 행 처　자유아카데미
주　　소　경기도 파주시 회동길 37-42
　　　　　파주출판도시
전　　화　031-955-1321
팩　　스　031-955-1322
홈페이지　www.freeaca.com
전자우편　main@freeaca.com(대표)
　　　　　editor@freeaca.com(편집)
　　　　　crm@freeaca.com(영업)
등　　록　제406-2003-017호, 1980. 7. 12
제1판1쇄　2024년 3월 8일 발행

ISBN 979-11-5808-574-2 93450